北方城市
抗旱节水树种的筛选与评价

王玉涛　李吉跃　著

BEIFANG CHENGSHI
KANGHAN JIESHUI SHUZHONG DE
SHAIXUAN YU PINGJIA

中国林业出版社

图书在版编目(CIP)数据

北方城市抗旱节水树种的筛选与评价/王玉涛　李吉跃　著. —北京:中国林业出版社, 2010. 12

ISBN 978-7-5038-6005-8

Ⅰ. ①北…　Ⅱ. ①王…　②李…　Ⅲ. ①抗旱－树种－北方地区　Ⅳ. ①S79

中国版本图书馆 CIP 数据核字(2010)第 232318 号

中国林业出版社·环境景观与园林园艺图书出版中心

责任编辑: 于界芬

电话:83229512　　　　**传真**:83227584

出版　中国林业出版社(100009　北京西城区刘海胡同 7 号)

电话　83224477

网址　lycb. forestry. gov. cn

发行　新华书店北京发行所

印刷　北京顺诚彩色印刷有限公司印刷

版次　2011 年 1 月第 1 版

印次　2011 年 1 月第 1 次

开本　787mm × 1092mm　1/16

印张　12. 5

字数　224 千字

印数　1 ~ 3000 册

定价　38. 00 元

前言

中国是一个严重缺水的国家，人均水资源占有量只有世界平均水平的四分之一。目前，我国供水不足的城市约有300个，其中水源严重短缺的城市有100余个。城市水资源的短缺，不但直接影响工业产值和财政收入，而且制约生态文明城市的建设和发展，特别是严重影响到以乔灌木为主体的城市植被的营建和城市绿色景观的创造。

城市绿化以改善城市生态环境、提高生活质量和促进社会发展为主要目的，是现代化城市生活和生产不可缺少的组成部分。随着城市绿化水平的发展，绿地需水量不断增加与北方城市的水资源短缺形成了鲜明的对比，因此，城市绿地节水技术的研究越来越被人们重视，节水绿化的理念也应运而生。目前城市绿地节水技术主要集中在节水灌溉方面，但当灌溉技术达到比较现代化的水平后，挖掘绿化植物材料自身的节水潜力就显得更为重要。在园林绿化中，水分条件是限制植物分布、成活和配置形式的主要生态因子之一。植物对水分的适应性既受到植物的遗传特性、年龄大小和生理状况等方面的影响，又与植物的进化过程和内在解剖特征密不可分。因此，需要深入了解植物的生物学、生理生态学和遗传学等特性在水分胁迫下的适应机制，充分挖掘植物水分利用效率的潜力和抗旱能力，进而筛选出优良耐旱节水的乔、灌、草等类型的植物材料，科学合理地运用于城市绿化植物配置中，为减少城市绿地灌溉用水，构建抗旱节水型城市绿色景观提供重要的科学依据。

本书针对北京市近年来绿地规划建设的现状和城市水资源缺乏的实际状况，选取北京地区常见的不同生活型绿化植物，从植物的叶解剖结构特征、生理生态学特性、水分利用效率、耗水特性及苗期的抗水分胁迫能力入手，采用野外观测与人工模拟干旱胁迫相结合的方式，进行多角度、多植物下的综合选择，从而筛选出抗旱潜力大、观赏价值高、应用广泛的不同生活型绿化植物，并在此基础上利用灰色关联分析法对绿化植物抗旱节水指标进行综合评价，根据各指标与抗旱节水能力的关联程度确定出一些简便易操作、指示抗旱节水灵敏度高的抗旱能力鉴定指标，为今后科学合理地选择与配置抗旱节水绿化植物奠定理论和实践基础。

本书内容是长期研究的积累，试验资料量较大，涉及的内容较广，敬请专家、学者和广大读者批评指正。

作者
2010 年 6 月

目录

前　言

第1章 北方城市抗旱节水树种筛选的生理生态基础

1.1 树木抗旱节水的基本概念

1.1.1 树木抗旱性及其分类

水分是树木赖以生存的必要因子之一，树木在干旱胁迫条件下，会产生一系列的生理生化反应，从而影响树木正常的生命活动。树木的抗旱性就是指树木在干旱环境条件中生长、繁殖或生存的能力，以及在干旱解除后迅速恢复的能力(黎祐琛，邱治军，2003)。

植物种类不同，抗旱节水机制也不同，表现在植物的形态结构、生长发育(如根系大小及活力)、生理生化代谢等方面存在差异。植物经过长期的自然选择，可通过不同途径、方式和机制来抵抗和适应干旱胁迫，而这种适应特性在很早就受到众多科学家的关注。国外许多学者对植物抗旱节水的生理调控机制进行了大量的研究，目前主要有如下几种观点，以 Levitt(1980)等人为代表，该学派将旱生植物划分为三种类型：逃避干旱型(短生植物)、避免干旱型(高水势避旱)和忍耐干旱型(低水势耐旱)，并认为抗旱能力是一种避免干旱和忍耐脱水的结果；另一种是以 Turner(1979，1986)、Kramer 和 Kozlowski(1979)等人为代表，该学派则认为植物在高水势下的耐旱机理是避免组织脱水，而不是避免干旱，是通过延迟脱水来适应干旱，并把植物适应干旱的能力区划成避旱、延迟脱水和忍耐脱水 3 种类型。另外，Larcher(2003)把植物的抗旱性定义为植物忍受干燥的能力，如果植物能够较好地生存于极端干旱的气候环境中，那么意味着该植物水势可以延迟降低(避免干旱)，并且体内的原生质能够忍耐脱水而并未使之受到伤害(忍耐干旱)。我国学者应用 PV 技术及多种水分生理指标对我国北方主要造林树种的耐旱特性进行了系统深入的研究，也提出了树木耐旱性定量化研究模式，并对树木耐旱机理进行了分类，根据植物水势大小对北方引种的十几种主要树种苗木叶水势进行聚类分析，将它们划分为高水势延迟脱水耐旱树种、亚高水势延迟脱水耐旱树种、低水势忍耐脱水耐旱树种、亚低水势忍耐脱水耐旱树种四种类型(李吉跃，1988，1989，1990，1991a，1993；张建国，1993，1994a；1994b)。

在维管束植物中，由于对忍耐脱水的能力非常有限，因此它们的抗旱性主要通过避免脱水来实现。Baquedano 和 Castilo(2006)对高水势的地中海白松(*Pinus halepensis* Mill.)和低水势的栎树(*Quercus coccifera* L. 和 *Quercus ilex* L.)研究表明，当受到干旱时，地中海白松主要调节措施是关闭气孔，减少水分蒸腾，但不影响碳的同化量，而栎树则是通过降低水势，以此来从土壤中获取水分补充，碳同化量几乎完全受到限制，说明避旱性植物和忍耐干旱的植物在对待干旱的适应策略不同。

逃避干旱型的植物实际不是真正的抗旱植物，它只是在适当的时候产生抗旱的种子或多年生有机体(如根状茎，球茎和块状茎等)来逃避干旱。避免干旱型植物的抗旱机制主要是植物以扩展根系、增加根茎比等方式从土壤中扩充吸收水分，从而增加散失水分的阻力和降低蒸腾的表面积，增加水分的运输能力(增加运输系统的面积和缩短运输距离)和储存能力(增加肉质程度)。而忍耐干旱型的植物则是以忍耐脱水为主，能长期维持低水势状态，原生质抗脱水能力强。因此，该类型植物避免和忍耐干旱的能力大。总而言之，这几种适应干旱的耐旱机理各有优点，也许是同植物长期形成的生物学和生态学特性有关(Larcher，2003)。

根据植物耐旱性理论，通过对树种的水分生理特征进行研究，并以植物的水势来探讨其耐旱机理、评价其抗旱性能，已成为研究和选择抗旱树种的重要技术手段。目前，测定植物水势主要以压力室为主。最早的压力室是由 Dixon(1914)设计制造的，主要用来研究植物蒸腾和萎蔫时所能承受的水分胁迫，后来，Scholander 等人(1964)进一步改进和发展了压力室技术，能够对植物压力—容积曲线(简称 PV 曲线)等内容进行测定分析，PV 曲线在植物抗旱技术研究中具有里程碑式意义，Tyree 等人(1972)为 PV 曲线的应用研究奠定了理论基础，从而得以使 PV 曲线获得广泛的应用(王万里，1984)。通过 PV 曲线的分析可获得多种有价值的水分参数，如水饱和状态总体渗透势、初始失膨点总体渗透势、初始失膨点总体相对含水量和相对渗透水含量、总体弹性模数最大值、膨压与水势总体量最大变化率以及总体水分活化能等，这些指标都可以反映树木耐旱性的特征(李吉跃，1989，1990，1991a；李吉跃等，1993；张建国，1993；张建国等，1994a；1994b；董学军，1998)。另外，压力室技术在其他方面也得到广泛的应用(李吉跃，1989；Maruyama *et al.* ，1997)。通过压力室也可以测定植物木质部栓塞脆弱性，这一指标能够反映植物许多生理生态信息，与植物的抗性存在一定的关系(安锋和张硕新，2005)。

从 20 世纪 80 年代开始，我国一些学者对国内主要造林树种的耐旱特性及其机理进行了大量研究并取得了很大进展，已初步探明了一些重要的生理参数，如低溶质势、渗透调节、保持膨压、细胞弹性调整、气孔反应、水分吸收和贮存能力等与树木耐旱性之间的关系。蒋进(1991)根据植物旱生结构和水分参数对 8 种荒漠珍稀濒危植物的抗旱性进行了分析；郭连生和田有亮(1992)依据嫩枝生长初期初始失膨点总体渗透势对华北常见树种的耐旱性进行排序；Ma 等(2000)对 9 种木本植物在干、湿季节的水势变化进行了研究。近年来，随着基因克隆技术、组织胚胎学、信息技术等的快速发展，植物的耐旱性逐渐向分子水平发展，目前已经开始采用基因工程方法来检测、评价和培育耐旱性植物品种，但是诸多研究主要集中在草本植物上，如水稻(滕胜等，2002)和玉米(高世斌等，2003)等。

植物抗旱性机理研究充分表明，生存于干旱半干旱地区的植物是长期自然选择的结果，它们以一种或几种方式适应其生存环境。因此，不同植物抗旱性的水分特征和生理反应的相关参数是今后重点研究的内容。随着研究的深入，植物抗旱节水性状的代谢方式和遗传方式将被逐步揭示，这些都将为植物抗旱节水性状的精准鉴定评价，新品种选育，以及发展基于生命需水信号和环境信息的作物高效用水生理调控技术建立和应用提供理论依据和物质基础(陈兆波，2007)。

1.1.2　树木抗旱性与节水性的关系

树木抗旱性与节水性有着一致性，但不是完全相同的概念。Levitt(1980)等人认为抗旱能力是一种避免干旱和忍耐脱水的结果；避免干旱型植物的抗旱机制主要是植物以扩展根系、增加根茎比等方式主动从土壤中扩充吸收水分，并不从积极降低地上部分的蒸腾来抵御干旱，从这个意义上说，抗旱植物并不节水，然而根茎比增加，茎叶表面着生绒毛等覆盖物，气孔下陷，又可增加散失水分的阻力和降低蒸腾的表面积，增加水分的运输能力(增加运输系统的面积和缩短运输距离)和储存能力(增加肉质程度)，这些植物适应干旱的措施，可以有效的降低蒸腾，增加水分利用效率，此时植物的抗旱性和节水性相一致。忍耐干旱型的植物则是以忍耐脱水为主，能长期维持低水势状态，原生质抗脱水能力强。因此，该类型植物避免和忍耐干旱的能力大，节水的能力也比较强。

1.2 树木形态发育与抗旱节水的自我调控

植物避免干旱的功能措施也反映在植物的形态上(Larcher, 2003)。形态结构与机能的统一是树木适应干旱环境的生物学基础。长期生活在干旱环境中的植物，在形态结构上都表现出一定的适应特征。有的植物表面密被绒毛和棘刺可使植物表面免受阳光的直射；有的植物体表具有厚厚的蜡质表皮或退化成刺状可减少水分的蒸发；也有些植物的气孔深陷在植物叶内，有助于减少失水；有的植物根系发达可吸收较深处地下水，在干旱瘠薄地区，具有发达根系的树种有明显的生存优势。

1.2.1 根系与抗旱节水

根系是陆生植物吸水的主要器官，通过蒸腾拉力和根压等动力作用，以质外体、跨膜途径和共质体途径等方式，从土壤中吸收大量水分来满足植物体生长发育的需求(潘瑞炽, 2004)。根系具有趋水性，根尖是其吸水的主要部位，根系吸水表面积越大，越容易从土壤中吸收水分。因而，通常生长在干旱环境下的植物根系发达而深扎，根冠比大，这样就能更有效地利用土壤水分，特别是土壤深处的水分，并能保持水分平衡。研究表明土壤逐渐干旱，植物的一部分根系可能枯萎死掉，而另一部分会继续生长，可长达数米，并分支茂密(Larcher, 2003)，而灌溉次数多，灌水量大，会抑制作物根系对土壤贮水的利用能力，造成水资源的无效浪费(邓西平，山仑，1995)。根系与抗旱适应性的关系在农作物上研究的比较透彻，如咖啡(Hugo *et al.*, 2005)，小麦(张正斌，王德轩，1992)。虽然林木根系存在极端复杂性并在研究方法上受到制约，但是，不少研究者也对树木根系与抗旱性之间的关系进行了大量的研究。赵忠等(2000)对渭北4个树种根系抗旱性研究发现根系活力是衡量林木根系抗御干旱能力大小的重要生理指标。在一定的土壤干旱范围内，苗木可以通过提高根系的呼吸强度，释放更多的能量来适应干旱环境，维持对水分和其他物质的吸收功能。当土壤干旱超过一定的阈值后，树木根系将逐步丧失其活力和功能，最终导致地上部分的枯死。并且指出根系活力除了受土壤干旱胁迫程度的影响之外，还受到干旱持续时间的影响。李鹏等(2002)对刺槐根系研究发现其细根的分布深度大于较粗根系的分布深度，有利于刺槐对深层土壤中水分吸收，适应干旱环境，促进地上部分的正常生长。刘志民等(2000)在20种植物幼苗根系研究中也发现在旱化的沙层中，干旱生境的植物的根深趋向于增加，来自湿润生境的植物根系则减少。

在干旱环境下根系除了改变形态适应干旱以外，也会通过分泌物质或改变生理机制来适应。王华芳等人(1999 a，1999b)研究了侧柏[*Platycladus orientalis* (L.) Franco]和大叶相思(*Acacia auriculiformis* A. Cunn. ex Benth.)根系及木质部汁液 ATP 和 ABA 对土壤干旱—复水的响应，发现在两个树种中根系 ATP 含量在在土壤干旱时下降，复水后可以逐渐恢复，而根系中 ABA 的增加和运输两个树种明显不同。Henry 等(2007)也发现干旱胁迫可以增加冰草[*Agropyron cristatum* (L.) Gaertn]分泌物的量并且改变分泌物的成分，从而增加修复能力。

深根型植物具有明显的抗旱性，可以在水分不足的情况下保证植物的正常生长，保证作物的产量，但并不是植物本身节水，只是可以充分利用地下水，来达到减少灌溉，节约用水的目的，例如旱柳(*Salix matsudana* Koidz)，从这个意义上说植物抗旱和节水是不同的概念，有其一致性，也有各自的特点。

1.2.2　叶片与抗旱节水

叶片作为植物暴露在环境中面积最大的器官，由于最易受到并体现环境因子变化所带来的影响。近年来，植物叶片形态结构对环境的生态适应性一直是研究的热点问题。叶片是植物进行同化作用与蒸腾作用的主要器官，受水分、温度、光照等环境因子的显著影响，与其周围环境有着密切联系(史刚荣等，2007b)，尤其是旱生植物叶片，其结构与生境有极显著的相关性。因此，植物对逆境条件的反映也较多地体现在叶的形态和构造上(崔秀萍等，2006)。国内外的学者在这方面做了大量的研究工作，主要集中在优势种群及旱生植物上(史刚荣等，2007a；刘全宏等，2001；方精云等，2000；崔秀萍等，2006；蔡永立等，1999)。国内外许多学者对树木在干旱胁迫条件下叶片的生存策略进行了研究，认为叶片主要通过以下几种方式来适应干旱胁迫。一种是植物通过减小叶面积，降低蒸腾来适应干旱胁迫，这已在乔木树种苹果属(*Malus*)多个种(姚允聪等，2001)、灌木沙棘(*Hippophae rhamnoides* L.)(王国富等，2006)、金银花(*Lonicera japonica* Thunb)(王建伟，周凌云，2007)等树种上得到证实，然而，叶面积减少对光合作用不利，因此，有些旱生植物叶肉通常向提高光合效能方面发展，王建伟和周凌云(2007)研究发现金银花就是通过减少叶面积、增加叶绿素含量来适应干旱胁迫；第二种方式是叶片通过增加表皮的覆盖物来适应干旱环境的胁迫，如沙棘抗旱品种的表皮密被盾状表皮毛和角质层加厚(王国富等，2006)，尤其在植物受到干旱胁迫时，气孔关闭或部分关闭时，叶片表皮覆盖物厚，角质层蒸腾速率小，植物则达到节水耐旱的效果；另外，叶片可以通过改变其组织结构来适应干旱胁迫，通常干旱可以使植物叶片上表皮、叶片栅栏组织和叶片厚度增加，栅栏组织细胞变小且变紧密（史刚荣等，2007b；姚允聪等，2001），叶脉发达（崔秀萍等，2006）。武则敏（2009）研究发现翅果油树（*Elaeagnus mollis* Diels）相对于同科植物沙枣、沙棘来说，其气孔少、角质层厚度比较薄、叶片栅栏组织与叶肉组织的比例也比较小，在叶片解剖结构方面存在一定程度上的缺失，导致抗旱性相对弱，认为这可能是其成为濒危物种的重要原因之一。但是，一些学者对叶片形态随环境条件变化的响应研究，结果与上述几种方式不同，太白红杉（*Larix chinensis* Beissn）叶片上下表皮的厚度则随年降水量的增加而增加，而叶厚度却有变薄的趋势（刘全宏等，2001），亮叶水青冈（*Fagus lucida* L.）叶片随降水量或水分指数的增加，叶片总厚度和各组织厚度均呈增加趋势（方精云等，2000）。另外，史刚荣等（2007b）指出在诸多生态因子中，土壤含水量是影响植物叶片厚度、表皮厚度和叶肉组织厚度的主导因子，风速则与气孔长度密切相关。

另外，多数研究认为，有较强旱生能力的植物，叶片具有许多适应旱生条件的结构，通常反映出两种适应形式，第一种适应形式反应在以下几点：①具有发达的角质层，能够防止植物体内水分的蒸发；②叶表面密被各种毛和鳞片，减少植物体在强光下的水分蒸腾并可反射强光；③具有发达的栅栏组织（Chartzoulakis *et al.*，2002）；④具有发达的维管束，维管束鞘和强化的机械组织，发达的维管束及维管束鞘具有良好输送水、养分功能和保水，贮水作用，强化的机械组织可以减少萎蔫时的损伤；⑤叶肉内有结晶体，它在水分充足时吸水溶解，而在水分缺乏时析出，在一定程度上缓解了水分的匮乏；⑥等面叶；⑦气孔的密度大，气孔器小，下陷。第二种适应形式表现在叶片肥厚，肉质，有发达的贮水组织，细胞液浓度高，保水能力强，如仙人掌。另外，孟庆杰等（2005）研究表明发达的海绵组织加上发达的栅栏组织，可使叶片增厚，从而提高了抗旱能力。同一株植物生长部位不同，对干旱的敏感性也不同，通常阴生叶比阳生叶对干旱敏感。一些学者在欧洲水青冈（*Fagus sulvatica* L.）（Lemoine *et al.*，2002）、北美短叶松（*Pinus banksiana* Lamb.）和北美的颤杨（*Populus tremuloides* Michx.）（Dang *et al.*，1997）、挪威云杉［*Picea abies*（L.） Karst.］（Sellin，Kupper，2004）都发现阴生叶对干旱的敏感性。

水分是限制植物生长和分布的主要因子之一，在水分亏缺的情况下，如何降低水分的消耗对植物至关重要。研究表明，植物的抗旱性与植株的形态解剖构造呈一定的相关性（李吉跃，1991a；邓艳等，2004；史刚荣，2004）。植物叶片在长期进化过程中，通过改变自身的结构特点对一些生理活动进行调节，以适应干旱的环境。叶与环境的关系最为密切，环境不仅影响到叶的外部形态，也影响到叶的内部构造和生理活动。

1.2.3　茎等其他器官与抗旱节水

干旱通常会抑制植物地上部分生长，降低茎叶干重（宋凤斌和戴俊英，2005）。缺水等逆境可促使植物机械组织发达（Fahn，1982），如沙生植物根和茎内维管柱周围普遍分布有厚壁组织，旱生植物通常会具有同化枝，或者具有发达的髓。黄振英（1997）通过研究 30 种新疆沙生植物对沙漠环境的适应性发现，多数旱生植物具有发达的髓，而且发达的髓具有储水功能，保护维管组织免受干旱，且具有同化枝的植物茎的皮层与中柱的比率较大，髓较窄（邓彦斌等，1998），利用同化枝来保水。大多数旱生植物茎和根内木质部管状分子孔径较小，分布的频率较高，这种结构既有利于防止栓塞破裂，促进地下部分的发展及疏导组织的完善和进化，又有利于植物减少液流量，降低蒸腾速率，达到节水抗旱的目的，可见该结构也是节水和抗旱相统一的特征。胡桃（*Juglans regia* L.）中的抗旱品种比不抗旱品种的导管直径和导度要大，而且纹孔膜的强度比后者要高，有利于防止膜的损坏，提高对空穴化的抵抗能力（Tyree *et al.*，1993）。小叶樟［*Deyeuxia angustifolia*（Kom.）Y. L. Chang］茎在干旱的条件下能通过增强输导组织的输导功能保证水分的供应（王晓琦等，2006）。孙会忠等（2009）对山茱萸（*Cornus officinalis* Sieb. et Zucc.）茎结构进行解剖发现，山茱萸是一个极其耐旱的植物种类，其适应逆境的结构比较全面和发达。如山茱萸具有厚的角质层、较大的表皮细胞及其乳头状剧烈增厚的外壁、发达的皮层及皮层细胞中发达的厚角组织、排列致密的维管束及发达的髓部等。

上述是植物在长期进化过程中形成的相对稳定的抗旱节水特征。对于长时间、短时期或临时性的环境水分胁迫，植物也会作出一系列的适应性反应，如通过叶片的卷曲、萎蔫、着生角度或叶片取向的改变来减少叶面积受光，从而降低蒸腾（李吉跃，1990；李吉跃，1991a；Kadiglu，Terzi，2007）。Saglam 等人（2008）研究表明银叶竹芋［*Ctenanthe setosa*（Rosc.）Eichler］受到干旱胁迫叶卷曲下垂可减少蒸腾面积，并且干旱停止后新发枝条上叶的面积减小，叶柄长度下降，再次给予干旱胁迫，叶面卷曲更严重，蒸腾面积下降幅度增大。

1.3 树木气孔调节与抗旱节水

气孔是植物与外界环境进行大气交换的重要器官，是植物细胞进行气体交换和调节生物圈生产力的阀门，在保证最大吸收 CO_2的同时，控制水分的蒸腾达到最小，优化和调控植物的水分利用效率（张正斌，2003；Dominique，Fred，2007）。CO_2和水是光合作用不可缺少的两种主要物质，在不同植物中气孔对它们的调节作用是不同的。在水生植物中，水分不是光合作用的限制因子，气孔在吸收 CO_2和通气方面的作用更突出，而在中生和旱生植物中，尤其在水分匮缺的条件下，光照和 CO_2不是限制因子时，气孔调节水分蒸腾的功能显得更加重要。在干旱胁迫时，植物为了减少蒸腾，气孔保卫细胞水势下降，气孔会较小开度甚至关闭，这样同时减少了气孔对 CO_2的吸收，抑制了植物的光合作用。干旱环境下，植物如何通过气孔的自动调节，减少无效水分蒸腾的同时，又可以保持一定的光合能力，是目前研究者比较关注的热点问题。对于大多数植物，在受到土壤和大气水分胁迫的前期主要是通过气孔调节来避免干旱的（Dawson 和 Ehleringer，1993；Meinzer，1993）。也可以根据气孔响应干旱的行为来把植物分为忍耐干旱型和避免干旱型（Tardieu，Simmoneau，1998）。Anisohydic 植物的气孔控制植物水分的能力差，主要是忍耐干旱，正午叶水势较低，有明显的日变化；而 isohydric 植物气孔控制能力强，维持叶水势在一天内接近常数，因此，isohydric 植物为避免干旱型（Loewenstein，Palladry，1998），并且躲避干旱植物是在湿季有最大化的气孔导度，在湿季完成整个生长。可见，气孔与植物的抗旱节水关系尤为密切，通过以下气孔特征变化阐明气孔在抗旱中的机能。

许多研究表明，单位面积气孔密度大且气孔小（马书荣等，1999；王国富等，2006）、气孔在叶表面突出不明显或深陷（王国富等，2006）和气孔腔有覆盖物等特征有利于抗旱节水。因此，当植物受到干旱等逆境胁迫后，气孔调节能力的高低已成为筛选植物抗旱性的重要指标。沙棘叶片表面形态特征与抗旱性的关系研究中发现抗旱性强的中国沙棘叶片小，气孔小，气孔密度大；抗旱性差的俄罗斯大果沙棘叶片大，气孔大，气孔密度小；两个杂交品种介于两者之间，更趋近于母本，这说明气孔大小、气孔密度等指标与沙棘抗旱性密切相关（王国富等，2006）。另外，在模式植物拟南芥中转入 ERECTA 基因，发现该基因可以调节表皮和叶肉细胞形成、气孔密度和叶片孔隙，进而调节蒸腾效率，这也反映出气孔结构形态与节水有着直接的关系，并且气孔结构受基因调控（Masle *et al.*，

2005）。因此，张正斌（2003）认为不同植物种类和品种的气孔形态、气孔密度、气孔导度有不同的遗传稳定性，因此，利用这一特点，可以开展抗旱性植物杂交遗传改良和基因工程等方面的研究。另外，当植物受到水分胁迫，气孔的形态特征也会发生相应变化，例如番茄叶片的总气孔密度、关闭的气孔数及其与总气孔密度的比值随着水分亏缺程度的增加而增大，气孔器的长、宽和开张度则逐渐变小（齐红岩等，2009）。

1.3.1　气孔分布和结构差异

气孔在茎、叶、花、果中均有，而在气生根中却未发现，但目前多数研究仍集中在植物叶片中。植物叶片气孔分布主要有两种类型，一种是在叶两面都有气孔分布（两面气孔型），这有利于缩短 CO_2 扩散到叶肉细胞的距离从而使 CO_2 的吸收量增加，这类植物光合作用能力较强；另一种是植物叶片气孔分布在一面（单面气孔型），这通常又分为两种类型，一种是气孔只分布在下表皮中，这使植物不易受到伤害更能适应干旱的环境，双子叶植物和木本植物通常属于该类型，但杨属（*Populus*）和柳属（*Salix*）植物却例外；另一种是气孔只分布在叶上表皮，这类多以水生植物居多，气孔分布在上表皮有利于气体交换和蒸腾作用。气孔在植物叶片中分布的多少和气孔的大小随植物种类不同、所处环境不同而差异巨大，一般小气孔植物通常气孔密度较大，该种类植物气孔通常较灵活（章英才和闫天珍，2003），受干旱胁迫时，有利于植物利用气孔不均匀关闭来调控植物的水分状况，小而多的气孔有利于 CO_2 气体扩散（张乃群等，2005），在 CO_2 不足时，保持高的光合速率，是一种抗旱节水的结构。通常，作物叶片气孔密度为 60 ~ 80 个·mm^{-2}，紫花苜蓿（*Medicago sativa* L.）和三叶草（*Trifolium* spp.）为 150 个·mm^{-2}，苹果达 300 个·mm^{-2}，猩红栎（*Quercus coccinea* Muench.）超过 1000 个·mm^{-2}。同一树种叶子的不同部位（Nadeau，Sack，2002），不同基因型（Muchow，Sinclair，1989），气孔的数量变化也很大。在单子叶植物、针叶树种和部分双子叶植物中气孔形成平行的带状，但网状脉序叶子中气孔是分散的，气孔多数下陷，偶尔有气孔突起现象，通常气孔下室在叶肉组织中。由于有特殊结构的保卫细胞的缘故，气孔很容易在放大镜下观察到，保卫细胞明显不同与其他的表皮细胞，通常含有叶绿体。有些植物中还有副卫细胞围绕在保卫细胞周围，与保卫细胞一起起作用。大多数植物保卫细胞为肾形，而禾本科植物和一些莎草科植物保卫细胞为哑铃形。气孔的分布一方面由遗传决定，另一方面是植物长期适应自然条件的结果。气孔形态的多样性导致了气孔机制的多样性，从而引起功能的多样性(Franks，Farquhar，2007)。

1.3.2 气孔开闭调控

通过大量研究表明，气孔运动可以分为三个层次的时间调控，一是通过生物钟和光照调控的昼夜开关变化；二是白天通过气温和空气湿度变化导致的叶片水势变化决定的短时间关闭，如光合午休现象；三是植物以数分钟或数十分钟为周期，进行的有规律和持续的气孔振荡(张正斌，2003)。在土壤干旱不是限制因子时，气孔的运动主要受光照、大气湿度和气温的调控，即受生物钟控制和叶片膨压调节；在土壤干旱的情况下，气孔的运动主要受植物根系水分状况的影响，干旱导致根系 ABA 等信号物质的合成和运输，调节气孔开闭来适应干旱的生境。长期的大气和土壤干旱可以改变植物叶片的大小，气孔的形态、大小和数量。

1.3.3 气孔振荡

Barrs(1971)认为气孔振荡是气孔循环的开关(Steppe *et al.*，2006)。气孔振荡不但能降低蒸腾，提高水分利用效率，而且可使光合速率几乎不受影响(张正斌，2003)，可能是一种植物抗旱节水的机制。气孔振荡的研究在国内开展的比较少，仅在扁豆、棉花、大麦等作物上发现了气孔振荡现象，对于其机理等研究还处于起步阶段(廖建雄，王根轩，2000)。而国外自从 Barrs 提出气孔振荡以后，至少在 30 个植物种上发现了这一现象，气孔振荡通常是在环境突然变化下发生的(Herppich，Willert，1995；Kaiser，Kappen，2001；Prytz *et al.*，2003；West *et al.*，2005)。引起气孔振荡的原因通常认为有两方面，一是由植物水分系统的干扰反馈引起的(Herppich，Willert，1995；张正斌，2003)，这一现象在研究荒漠干旱条件下甘草(*Glycyrrhizain flata* Batalin)的气孔振荡时被发现(王根轩等，2001)，这可能主要是一种水被动过程；二是生态因子及植物生理生化的节律变化引起的气孔振荡(张正斌，2003)，Steppe 等人(2006)研究橘树(*Citrus sinensis* Osbeck)的气孔时，发现在自然无任何干扰的情况下也会发生气孔振荡。气孔振荡可能与木质部水势有关，但具体的机制还需要进一步研究。

1.3.4 光合作用午休

大量研究表明，植物在夏、秋季高温天气下，每天 14:00 左右会出现光合作用下降的午休现象。光照强度、水分状况和 CO_2浓度是影响光合作用和蒸腾作用的主要外界条件。强光和水分匮缺可能引起 3 种机制的光合午休现象，一为由光照和水分条件所引起的植物叶片气孔关闭，胞间 CO_2浓度（C_i）降低而导致的光合午休，如梭梭［*Haloxylon ammodendron*（C. A. Mey.）Bunge］（赵长明等，2005；鞠强等，2005）、多种相思树和桉树（马焕成等，2001）、各种作物（郁继华和秦舒浩，2001）所发生的午休现象。二为光抑制的发生或光动力下降所引起的光合午休（Bergmann *et al.*，2002；冯玉龙等，2001）。另外，强光和高温引起各种酶的钝化、叶绿体和细胞质结构破坏，使光合产物积累从而引起的光合午休，如作物谷子（廖建雄，王根轩，1999）。光合午休可以被认为牺牲短时间光合量，减少水分蒸腾，来保持长期的光合能力，也可以认为是植物在光温水胁迫时，干旱节水的一种机制和能力。

1.3.5　光合作用的气孔限制和非气孔限制

植物在一定的水分胁迫条件下，其光合作用能力明显下降（林金科等，2000；李吉跃，朱妍，2006；兰小中等，2007；Cornic，2000；Flexas，Medrano，2002），主要原因可能是由气孔限制和非气孔限制两种因素所造成的。这一机理是否是由气孔关闭或者是代谢减慢而引起光合作用下降仍存在着大量的争议（Medrano *et al.*，2002）。以前，学者普遍认为在轻度和重度干旱时，气孔关闭会引起光合作用能力的下降（Medrano *et al.*，2002；张正斌，2003），且随着干旱胁迫的加重和时间的持续，非气孔限制因素则逐渐占据主导作用（敖红和张羽，2007）。然而，目前有些研究表明干旱引起光合能力的下降主要是由于光合磷酸化、RuBP 更新和 Rubisco 活性下降所导致的。Lawlor 等（Mderano *et al.*，2000）发现即使在轻度干旱时也会引起向日葵（*Helianthus annuus* L.）光合磷酸化和 ATP 合成下降。魏爱丽等（2004）还发现小麦不同绿色器官叶绿体 Hill 反应活力、光合电子传递活性及光合磷酸化随干旱下降的幅度不同。所以，干旱引起的光合能力下降是一个复杂的过程，是气孔导度和其他反映植物水分状况的参数如水势、相对含水量等共同作用的结果。植物的光合能力下降是否由气孔或非气孔限制所引起，是否是对干旱胁迫的适应，仍然是目前研究的热点，主要是由于气孔运动是一动态变化的过程，受多种因素的调节，因此要根据不同植物种或基因型、不同外界环境去综合判断。

1.3.6　气孔的不均匀关闭

气孔的不均匀关闭与叶片的解剖构造有关，植物叶片是一个复杂的不均匀结构，可以平衡光、水、CO_2、营养物质和碳水化合物的进出叶片。某种程度上，气孔的不均匀关闭可以解释植物叶片生理的异质性(Shabala *et al.*，2002)。有研究表明，冠层的外侧，由于叶片的抖动较大，气孔导度增加，导致光合速率下降，在冠层的内侧，随叶片抖动加快，气孔导度不变，而光合速率增加，这可能是叶片抖动使气孔发生了不均匀关闭所造成的(Vanderklein *et al.*，2004)。由于气孔的不均匀关闭，以传统的气孔导度平均值来推算 C_i 值，C_i 值肯定会偏高(许大全，1995)。因此，有些学者尝试利用三倍体毛白杨叶片，寻求一种直观显示单个气孔在叶表面的不均匀关闭状况途径，并把这种不均匀关闭以百分比数量化，在计算 C_i 值时以该百分比作为修正系数，从而反映实际的 C_i 值(张守仁和高荣孚，1998)。

1.4 树木耗水特性与抗旱节水

树木作为森林的主体，对森林的组成、结构、功能等起决定作用。水分经由土壤到达植物根表皮，在进入根系后，通过植物茎到达叶片，再由叶气孔扩散到空气中，最后参与大气的湍流交换，形成一个统一的、动态的相互反馈系统，即土壤—植物—大气连续体(Soil-Plant-Atmosphere Continuum，SPAC)(Philip，1996)。水分运动在 SPAC 中最活跃，而植被蒸腾、土壤蒸发在其过程中占有极为重要的地位。树种蒸腾耗水特性一直受到国内外许多学者关注，从水分生理生态、土壤水分动态、蒸腾耗水、树干液流、林地水分平衡等方面对林木耗水特性进行了广泛的研究，并取得巨大成果。

1.4.1 树木耗水途径

从 SPAC 系统水分传输途径看，树木的耗水主要由根系吸水、水分传输和冠层蒸腾扩散 3 方面决定(Jones，1990)。植物根系有 2 种吸水机制(吉喜斌等，2006)，一种是在蒸腾作用较弱的情况下由离子主动吸收和根内外的水势差作用下的主动吸水；另一种是由于蒸腾作用产生的水势差而使根系吸水的被动吸水。根系吸水也要受到一定阻力，主要是土壤阻力及根-土界面阻力、根系径向的阻力和轴向的阻力。径向水流阻力是根系吸水的主要阻力，水分在根内径向运输沿三个途径：质外体途径、共质体途径和跨细胞途径，沿共质体途径细胞间的水分转运受胞间连丝调节，而沿跨细胞途径的水流必须跨过原生质膜。各个途径对径向水流的贡献随植物种、根系发育程度以及水分吸收驱动力性质的变化而变化。

引起质外体水流变化的原因在于细胞壁性质的改变，而细胞-细胞途径水流变化的原因除了胞间连丝还涉及水通道蛋白，甚至包括ABA的调节作用。Quintero等用向日葵离体根系同时研究了ABA对根系水力导度的影响，发现ABA可增加根系水力导度(张岁岐和山仑，2001)。树体内部水分传输格局变化近年来很多学者也非常关注。水分传输效率受边材面积或比例、导管或管胞直径及纹孔特征、导管空化阈值及木质部栓塞脆弱性等方面的影响。研究表明，一般树干边材贮水量对日蒸腾量贡献的比例在10%～25%，而且个体较大树木的这种贡献要大于个体较小的树木(刘建立等，2009)。同时，由于这种树木本身的调节作用，致使树体内的液流传输随水势变化呈现出滞后效应，时间从几分钟到几个小时。植被向大气的水分扩散由植被冠层-大气界面的水汽压梯度与扩散阻力决定，其中植被冠层-大气界面的调控起着关键作用，可以用冠层导度来表示，它包括与植物生理有关的叶片气孔导度和与植物生理无关的边界层导度。气孔导度的控制可分为植物生理和水力结构特征2大因素(Katul *et al.*，2003)，生理控制主要考虑的是气孔对光合驱动和水汽压亏缺的响应，适用于植物水分供应良好的状态；水力结构特征主要考虑木质部导管输运能力的限制，当水势低于一定阈值时木质部导管会出现空穴化，导致土壤—根—木质部水力传输结构的失效，导水率迅速下降，从而影响气孔的开闭。基于以上关系，许多学者提出了很多经验或半经验模型来定量描述气孔导度对环境因子的响应，其中应用较为广泛的有因子阶乘模型和组合因子模型。高照全(2006，2009)分别对桃树(*Prunus persica* var. *nectarina* Maxim.)和苹果(*Malus pumila* Mill.)的冠层蒸腾进行模拟，表明在晴天单位果园面积上最大蒸腾速率约8 mmol·m^{-2}·s^{-1}，阴天约3 mmol·m^{-2}·s^{-1}。晴天1株苹果树(叶面积为37.95 m^2)全天能够蒸发50～70 L水，在阴天只蒸发约15 L水。

1.4.2　树木耗水机理

1.4.2.1　不同尺度的植物蒸腾耗水

水分是影响树木生长的重要条件和基础，而蒸腾耗水则是树木水分散失的主要途径。树木蒸腾耗水量的准确测算不仅对于造林树种选择、造林密度控制，干旱半干旱地区林业生态工程的建设至关重要，而且对于城市绿化树种的建植和配置以及科学合理的灌溉非常必要。因此，树木蒸腾耗水研究对于提高林木水分利用率、调控林分密度、优化防护林体系配置和城市森林的结构具有重大的理论和现实意义。

从研究的内容上看，国内外对于森林植被蒸散耗水的研究多集中在四个层次上，即叶片水平、单木水平、林分水平和区域以及更高的水平(孙鹏森，2000)。

(1)叶片水平蒸腾耗水研究

叶片水平(leaf scale)包括离体水平和用现代仪器检测的非离体单叶水平。国外对于叶片蒸腾的研究较早，测定方法主要有快速称重法、空调室法、气孔计法以及目前常用的光合系统测定法(如 licor - 6400)。使用快速称重法测定方法简便易行，适用于在不同的时间，不同的天气条件下对不同的树种的蒸腾量进行比较。缺点在于测定的间断性，在测定过程中必须将枝叶与树体分离，取叶次数增多将影响树木生长，尤其对幼树或苗木的影响比较明显，因而常常不可避免地带来误差。空调室法设计上有很多种，最大的空调室可容纳高度大于 20m 的树木，但不适于大面积应用，而且空调室内环境无论如何控制温湿条件，与自然条件相比较总有很大的差别，所得到的测定结果不能代表实际的结果。随着近年来英、美等国对于相关研究仪器设备的研制生产以及推广使用，离体水平快速称重法逐渐被气孔计法和光合系统测定仪法取代，可以与光合作用的测定结合起来，同时观测植物的水分生理参数如植物的气孔导度、胞间 CO_2浓度、水分利用效率等。1989 ~ 1991 年，巨关升、刘奉觉等用五种蒸腾测定方法对杨树耗水量进行测定比较，结果表明稳态气孔计得到的测定结果要高于其他几种方法的测定结果，同时也高于自然状态下植物的实际蒸腾耗水。因此在实际应用上要进行系数修正。目前常常被用来进行环境因子胁迫下植物的适应性反应和不同树种之间的生理特性的比较研究(郭孟霞等，2006)。为了提高准确度，许多科学家不断在研究和改进气孔计法，如李延成等(2010)用标准浸水法校正稳态气孔计法测定的蒸腾耗水速率，表明两种方法测定的蒸腾耗水速率呈较好的线性关系，相关性均达到显著水平，这一研究可以作为利用稳态气孔计测定杨树无性系蒸腾耗水校准值参考。

(2)单木蒸腾耗水

单木水平(whole-tree scale)蒸腾耗水量通常用来研究水分胁迫对于苗木耗水特性影响(李吉跃等，2002，2006；何茜等，2006，2007，2010；王玉涛等，2008)、水力导度(Meinzer *et al.* ，1988，1995；Meinzer 和 Grantz，1990；Sperry 和 Pockman，1993；李吉跃等，2000；王继强等，2005)以及树干边材的贮水能力和茎流速率(Hinckley *et al.* ，1994；Meinzer *et al.* ，1995；Loustau *et al.* ，1996)；与其他研究尺度相比之下，目前对于单株水平蒸腾耗水量的研究方法最多、手段也最为成熟，其方法主要包括盆栽称重法(李吉跃等，2002)、称重式蒸渗仪法(孙洪仁等，2007)、非称量测渗仪(赵明等，2003)、大树容器法、空调室法、同位素法以及热脉冲和热扩散等等。盆栽称重法克服了由于离体测定产生误差的缺点，可以人为的控制土壤水分测定不同水分梯度下苗木的蒸腾量，估算苗木的耗水量。但此方法的局限性在于受苗木和叶片年龄的限制，只能测定幼苗或较小的苗木。此外，对于气象因素和自然状态的林分结构无法进行人为的控制和模拟。蒸渗仪法精度较高，但是根系的吸水空间受到限制，并且对总的耗水估计不足，且维修费用昂贵，应用不是很广泛。Wullschleger 等(1998)对于 1970 ~ 1998 年之间 92 篇国外报道树木耗水量研究的文章中，由于热脉冲、热平衡和热扩散等树干液流测定的方法因为具有仪器价格便宜、测定操作简单方便在耗水研究中使用最多，达到 51 篇。且近年来研究主要集中在依据液流速率的尺度扩展来估算林分的蒸腾量(Kumagi *et al.*，2007)及树木的储水量(Čermák *et al.*，2007)等方面，国内在核桃楸(*Juglans mandshurica* Maxim)(严昌荣等，1999)、油松(*pinus tabulaeformis* Carr.)和侧柏(王华田等，2002)、银杏(*Ginkgo biloba* L.)(孙守家等，2006)、湿地松(*Pinus elliottii* Engelm.)(李海涛等，2006)和一些旱生植物如胡杨(*Populus euphratica* Oliv.)和柽柳(*Tamarix* spp.)(张小由等，2003)、梭梭(常学向等，2007)、黄柳(*Salix gordejevii* Y. L. Chang et Skv.)和小锦鸡儿(*Caragana microphylla* Lam.)(岳广阳等，2006)、绦柳(*Salix matsudana* Koidz 'Pendula')(王玉涛等，2008)等上都进行了研究。

(3)林分尺度的蒸腾耗水

林分水平(stand scale)的研究是一个与生产管理紧密相关的层次，也是森林经营者最为关心的内容。通常主要的测定方法包括微气象法、水文学方法和生理学方法(魏天兴，1999)。微气象法又包括波文比—能量平衡法(BEER 法)、空气动力学阻力—能量平衡综合法(AREB)、空气动力学方法和涡度相关法。此类方法的优点是可以测定每小时林分蒸散的变化率，并且可以用来分析蒸散耗水与环境因子之间的关系；但是它对下垫面和气体稳定度要求严格，因此只适应于林相整齐、坡度变化不大的林分，然而在现实林分中，这样的条件往往难以满足，所以使它的应用范围受到限制。水文法即水量平衡法。20 世纪 50 年代苏联学者提出大区域平均蒸发量的气候学估算公式及根据地球水量平衡原理的流域蒸发计算的水量平衡法。本方法的优点在于任何天气条件下都能够应用，可以测定各种森林、森林小流域在不同时段内的耗水量，分析其季节变化规律和立地条件间的差异；缺点是测定时间必须是一周以上，同时此方法还存在无法估计地下水分深层渗漏的缺陷。植物生理学方法主要是通过测定典型天气条件下叶片日蒸腾强度、蒸腾时间、林分叶量来推算出整个林分某一时段的蒸腾量。其优点在于可操作性强、准确，但是个体间的差异，个体部位间的差异及从个体扩展到林分的扩展标准在统计学上很难确定。从近年来的文献可以发现，随着用生理方法（如热脉冲技术）测定单木蒸腾耗水研究的日益完善以及与生态学尺度转换方法的有机结合，直接测定林分蒸腾耗水量成为了可能，这样就克服了传统上森林蒸腾耗水研究常与林地土壤水分蒸发紧密联结在一起而很难分开的缺陷，同时该方法还克服了微气象方法对下垫面和气体稳定度要求严格的限制以及传统森林水文法具有较大不确定性的缺点，可以在坡度较大的山区使用。因此，该方法已在国际上广为应用。

(4)区域尺度的植物蒸腾耗水研究

区域水平（region scale）的研究则是在更大的空间尺度上来预测蒸腾耗水量，它有助于区域水资源水环境管理和植被生态用水限额的制订。目前常用的方法有气候学方法和红外遥感法。气象法是采用自动气象站观测影响蒸发的气象环境要素，测定森林冠层覆盖特征和气孔阻力，运用彭曼修正式来估算流域蒸散。红外遥感法是随着科技的不断发展，20世纪70年代，遥感技术被应用于计算植被蒸散耗水，这种方法被称为红外遥感法，它是一种通过植被的光谱特性、红外信息结合微气象参数来计算蒸散的方法（张劲松等，2004）。遥感技术克服了微气象学方法中下垫面的非均匀性问题、也克服了水量平衡法在时间分辨率上的缺点，为计算区域蒸散提供了一种新方法。Li Fuqin（1999）评价该方法是大面积研究蒸散最经济、有效的估算方法，发展很快。它的缺点是遥感技术受天气条件的影响很大，如阴雨天所得的数据无效，同时由于卫星遥感受卫星围绕地球旋转周期的限制、航空遥感受飞机空中续航能力的限制而无法实现连续的、全天候的观测（王安志，2001）。

对于不同的研究尺度，其所要探索和解决的问题就迥然各异。研究叶片尺度的蒸腾耗水时，其主要目的在于了解不同树种蒸腾作用的生理过程及其对环境条件的适应特性；个体尺度的研究可以用来进行种间的耗水差异比较、苗木不同时期耗水规律研究以及边材输水能力等研究；群落水平的研究可以回答某一林分的实际耗水量问题，有助于解决林分密度等生产管理问题；而区域水平的研究成果可以直接为区域水资源水环境管理和生态用水定额的制定提供服务。

1.4.2.2 树木蒸腾作用及影响因素

植物体内的水分以气体状态向外界散失的过程，称为蒸腾作用（王沙生等，1991）。植物的蒸腾作用是一个物理过程，也是一个生理过程，它是受太阳辐射、空气湿度和温度等环境因子的变化而影响的，同时也受气孔开度等生物机制的调控。因此说，植物的蒸腾耗水要比植被冠层和枯落物的截留耗水等物理过程复杂的多。但概括起来，影响植物蒸腾耗水作用的因子可以分为生物因子、微气象因子及土壤因子等。生物因子影响主要体现在气孔调节和非气孔调节两个方面。在植物蒸腾耗水的研究中，由于树木的气孔特征具有遗传特性，所以不同树种的气孔特性是不同的，因此可以将树种的气孔特性作为反映和评价树木耗水性的一个重要生物学指标(王华田，2002)。植物对于角质层蒸腾等非气孔蒸腾作用也具有一定的调节能力。叶片的大小形状、叶片的结构特征以及表面覆盖物等形态差异，不同植物本身还具有各自的根系吸水调节、木质部水力结构以及传输过程调节和水容调节等多种调节方式，这些非气孔生物学调节机制通过改变植物蒸腾的驱动力和阻力，最终达到调节水分散失的目的。太阳辐射、大气相对湿度、温度和风速是影响植物蒸腾的最主要的微气象因子，其中植被蒸腾与太阳辐射、空气饱和差、空气温度和风速呈正相关关系，与空气湿度呈负相关关系，可以根据这些关系建立相应的统计模型，可以较好地模拟林分蒸腾对微气象因子的响应。土壤因子中土壤水分含量是影响植物蒸腾的主要因子，一般来说，土壤水分含量高，植物蒸腾大，但是很难定量表示。当土壤水分匮乏时，植物会通过关闭气孔和水势调节来减少蒸腾，适应干旱胁迫。另外，边界层导度也是影响蒸腾的一个主要原因，与叶片的形状大小和风速相关，通常阔叶树种边界层导度大于针叶树种，边界层导度大，通常蒸腾则较大。

1.4.2.3 国内植物蒸腾耗水研究现状

国内对于森林蒸散的研究可以追溯到20世纪60年代，王正菲和崔启武等人应用能量平衡法在甘肃的子午岭对山杨和辽东栎林进行了蒸散测定。进入80年代以后，森林蒸散的研究逐渐成为一个研究热点，而且在方法上也呈现出相对多样化。此时研究主要利用气象方法或动力学方法，测定森林总蒸散量，测定的结果并未将林木的蒸腾量与土壤水分蒸发量加以区分(徐德应，曾庆波，1986)。后来逐渐出现了一些将林木蒸腾量与土壤水分蒸发测定加以分离的研究，主要是用氚水作为示踪计测定了油松林的蒸腾和蒸发(满荣洲等，1986)；陈杰和齐亚东(1990)在总结前人的基础上对氚水法测定林木蒸腾量的方法并进行了评价。从20世纪90年代后期，我国对单叶、苗木、大树的耗水特征研究以及干旱胁迫对树木耗水的影响进入了一个全新的阶段，方法也各异，使用较多的是盆栽方法和热技术测定液流的方法。干旱胁迫对苗木耗水量的影响研究，在我国北方主要树种(李吉跃等，2002，2006；周平等，2002；招礼军等，2003；何茜等，2006，2010)，如油松、侧柏、毛白杨、国槐、火炬(*Rhus Chinensis*)和盐肤木(*Rhus typhina*)，抗旱耐风沙树种(哈伸格日乐等，2006；王玉涛等，2008；赵燕等，2008；王海珍，2009)，如沙柳(*Salix psammophila*)、樟子松(*Pinus sylvestris* var. *mongolica*)、新疆杨(*Populus alba* var. *pyramidalisa*)、紫穗槐、胡杨(*Populus euphraticu*)，绿化树种(李吉跃和朱妍，2006；车文瑞等，2008；宋丽华；王世虹，2009)，如红叶小檗、连翘、金叶莸、水蜡(*Ligustrum obtusifolia*)、紫丁香、国槐、金叶女贞、白玉兰、鹅掌楸，黄土区造林树种(王海珍等，2005；杨锋伟等，2008)，如大叶细裂槭(*Acer stendobum* var. *megalophyllum*)、虎榛子(*Ostryopsis davidiana*)、白刺花(*Sophora viciifolin*)、辽东栎(*Quercus liaotungensis*)，干热河谷植被恢复树种(段爱国等，2009)等方面进行了大量研究。利用热技术进行树木的蒸腾耗水研究由于它的技术比较成熟，操作方便且数据稳定，并且包裹式茎流探头在研究直径较小的植物茎干液流时具有明显优越性，因此，在我国应用比较集中。孙鹏森(2000)在北京附近的密云水库防护林中应用热脉冲法测定了刺槐和油松单株的蒸腾量，并通过尺度放大估计了相应林分的蒸腾量。尽管这些方法的使用是在不同的时间、地点进行，同时没有统一规范，所得结果也难以进行比较，但是毕竟为今后的研究提供了宝贵的经验和很高的借鉴价值。

1.4.3 树木耗水与抗旱节水

了解树木的耗水规律，对于培育选育抗旱节水的品种具有一定借鉴意义，但是培育耗水少的品种以达到节水的目的，需要植物生理、林木遗传以及生物化学等多学科共同努力。据研究，树木的耗水99.8%用于蒸腾作用(王沙生，1991)，所以减小树木及林地耗水量对于树木抗旱节水具有更直接的作用。通常减少林地的耗水可以从两个方面来做：一是减小林地水分的无效消耗即蒸散耗水；二是减少林地的蒸腾耗水。如前所述，林地蒸腾耗水与林分生物量密切正相关，在水分缺乏地区，可采用降低林分生物量方法来减少水分消耗如降低林分密度、改乔木林为灌木林等。

1.5 树木水分利用效率与抗旱节水

1.5.1 树木水分利用效率的概念

植物水分利用效率(water use efficiency , WUE)作为植物生理活动过程中消耗水分而形成有机物质的基本效率，成为确定植物体生长发育所需要的最佳水分供应的重要指标之一（Bohn 和 Kershner，2002），并且 WUE 理论已被广泛应用于农作物生产，取得了一定的效果（Petersen，1999）。树木水分利用效率的概念通常借助于对植物水分利用效率的定义，即从以下两个方面来描述其内涵：①根据树木叶片瞬时的气体交换效率，即光合速率与蒸腾速率的比值或气孔导度与蒸腾速率的比值，常称为瞬时 WUE，表示为 WUE_i；②根据树木的生长，即树木消耗每 1g 水分所生产组织的克数，称为长期 WUE，表示为 WUE_L或 WUE_T。

植物水分利用效率通常在四个层次上进行研究：

（1）单叶水平上的 WUE，也称为水分的生理利用效率或蒸腾效率，指光合器官进行光合作用时的水分利用效率，即净光合速率（Pn）与蒸腾速率（Tr）之比：$WUE_i = Pn/Tr$，或者净光合速率（Pn）与气孔导度（Gs）之比：$WUE = Pn/Gs$，这是水分利用率的理论值，反映了植物水分瞬时的生理学特征。

（2）群体水平上的 WUE：作物群体 CO_2净同化量与蒸腾量之比，它更接近于田间实际情况可表征田间或区域的水分利用率，表示 $WUEc = Fc/T$，Fc 为作物群体 CO_2通量，T 为作物蒸腾的水汽通量，由于 Fc 及 T 的测定要采用复杂的波文比能量平衡法（李俊，1997），这项表示方法在国内很少采用。

（3）产量水平上的水分利用率：消耗单位水分所收获的产量，表示为 $WUEy = Y/WU$（Y 为净生产量或经济产量，WU 为作物用水）。

（4）细胞水平和分子水平的水分利用率，用于分析品种间或作物种间 WUE 的差异，为利用分子生物学技术提高作物水分利用效率提供理论依据。除此以外，植物水分利用效率还可以分为瞬时水分利用效率 WUE_i 和长期水分利用效率 WUE_L，前者主要是指利用一些光合仪器测定的叶片水平的 WUE，而后者则是利用碳同位素比率间接反映植物长期的 WUE。另外，澳大利亚 Andrew Rintoul（1999）提出了一个经济 WUE 或价值 WUE（dollars of water use efficiency，$WUE）概念，主要反映全年降水条件下，所有产量和经济价值（张正斌，2003）。

1.5.2 树木水分利用效率与抗旱节水的关系

植物水分利用效率 WUE 与植物的抗旱性有关，但两者不是同一概念，抗旱植物的水分利用效率不一定高，如景天酸代谢植物是抗旱植物，水分利用效率高，但深根耗水型抗旱植物的水分利用效率不高，水分利用效率受品种、栽培技术和环境条件等许多因素的影响。近 50 年来的研究实践证明，水分利用效率随作物产量增加而增加，但作物的抗旱性不一定增加，在正常供水条件下，抗旱品种全生育期耗水量一般不比水敏感品种少，但产量低，水分利用效率也低，在干旱条件下，抗旱品种产量比较稳定，与不抗旱品种比较，水分利用效率通常较高（刘友良，1992）。

面对当前水分短缺的现实，如何根据城市生境选择合适的植物是当前绿化建设工作中一个十分迫切和重要的问题。解决这一问题的首要任务是必须对各植物的水分利用特点有一个比较清楚的认识。把植物的形态解剖结构、机能及其生存环境有机地结合起来，深入地了解它们的水分生理特性，才能准确地把握植物生活特性和抗旱节水的特征。抗旱性是从植物形态解剖构造、水分生理生态特征及生理生化反应到组织细胞、光合器官乃至原生质结构特点的综合反映（李吉跃，1991b），严昌荣等人(2001)认为植物 WUE 是客观评价植物水分利用状况和抗旱特性一个重要指标，它能为不同生境合适树种的选择提供理论依据。

WUE 首先在半干旱和半湿润地区农业研究上成为了热点，随着全球水分缺乏的日益严重，草坪和林木等方面的研究都高度重视筛选和培育高水分利用效率品种。究其原因，一是已经明确了高 WUE 是植物抗旱性的一种重要机制，抗旱性与 WUE 有密切关系；二是 WUE 研究属于从基础到应用的一个中间环节，通过对它的研究有助于解决植物生理学与农业生产以及干旱区绿化等方面的衔接问题，从而为提高植物的抗旱性开辟了一条较为现实的途径。从广义而言，水分利用效率，它既包括了区域水平衡、农田水分再分配、植物本身用水等不同方面，也包括了植物群体、个体、单细胞等不同层次以及自然降水、灌溉水等不同范畴。因而提高水分利用率的一般目标，在于最大限度地提高如下比率，即耗水量/降水量、蒸腾量/蒸发量、生物量/蒸腾量、经济产量/生物量以及绿量/耗水量。从不同学科、不同层次综合研究水分利用率的同时，应明确 WUE 生理机理，这将是未来水分利用效率研究中热点之一。美国、以色列、澳大利亚等国家都在综合提高水分利用方面取得了很大进展，且目前已开始把注意力转向如何改善植物蒸腾效率上。因此，必须致力于植物本身水分利用率的提高，才能在进一步大幅度减少灌溉用水方面取得新突破。另外，还应当寻求提高植物 WUE 的新技术和新途径。

研究需水规律是提高植物本身的水分利用效率的重要内容，进一步提高 WUE 的途径主要有两个方面：一是在不降低植物生长量的情况下大幅度减少植物蒸腾量；二是在不增加植物耗水情况下大幅度增加植物生长量，除了上述途径外，在 C_3 和 C_4 中间型植物的发现，为人们提高 WUE 开辟了一条应用分子遗传学改造植物的新途径。WUE 是一个可遗传的性状，通过引种和选种，提高植物的 WUE 是完全可行的。抗旱品种选育的基本依据是 WUE，但确定控制 WUE 的性状和生理学依据都比较困难。植物在受到干旱胁迫时，可以通过气孔调节来改变水分、光合和WUE，这是植物适应干旱的重要机制。WUE是植物适应干旱的重要特征，WUE的可塑性在种间存在差异(Heschel，2002)。控制交替灌溉作为一种新的农业技术已在小麦、玉米、梨树(康绍忠等，1997；杜太生等，2006；程福厚等，2007)上应用，结果证明交替灌溉技术确能提高WUE。

1.5.3　影响树木水分利用效率因素

1.5.3.1　外部因素

影响植物水分利用效率的外部环境因子有很多，如光照、水分、空气温度、叶温、饱和差、CO_2、干旱、冰冻和降温等均对植物水分利用效率有不同程度的影响。目前，许多学者研究认为，影响水分利用效率的主要环境因子有几个方面：一是水分(Farquhar，1982；渠春梅等，2001；严昌荣等，1998；蒋高明和何维明，1999；Damesin，1997)；二是光照，光照越强，植物的水分利用效率越高(林植芳等，1995)，近期的一些研究表明植物WUE随光强的增强先增加然后下降或者保持基本平衡，如禾本科和藜科植物(孙伟等，2003，2004)、湿地松(*Pinus elliottii*)(龚伟等，2005)；三是空气温度、叶温和饱和差(樊巍，2000)。另外，有些研究也表明降温、冰冻和干旱均可提高植物的水分利用效率，而减压和喷灌则降低植物的水分利用效率(Morecroft 和 Woodward，1990)，目前还有研究表明通过控制性灌溉措施也可以增加水分利用效率(程福厚，2007；刘广明，2005；张建华，2001)。随着生态环境恶化，温室效应加剧，CO_2对植物水分利用效率的影响是目前水分与环境因子之间关系研究的热点领域之一。已有研究初步表明，CO_2浓度越高，植物WUE越高(蒋高明等，1997)，然而WUE不是随CO_2浓度升高而无限升高，CO_2浓度超过某个范围后植物的光合和WUE都会下降(龚伟等，2005)。据报道全球大气CO_2浓度逐渐在升高，随之而来的是大气温度升高，干旱日益严重，目前对这三方面因素同时综合作用的研究还比较少，但可以肯定的是干旱、CO_2和温度升高对光合、蒸发蒸腾及水分利用效率的影响起到互相消长的作用(廖建雄和王根轩，2002)。

1.5.3.2　内部因素

植物水分利用效率不仅受众多外界因素的影响，也与自身的遗传物质基础和一系列生理生化及形态指标密切相关，同时，又受两者共同作用的影响。不同植物甚至是不同品种的WUE都存在较大的差异，有研究发现3个小麦品种WUE在2.5～6.5 $mg \cdot g^{-1}$之间变化(Farquhar，1984)。由于光合途径及固定CO_2的羧化酶不同，C_3、C_4、CAM 等不同植物间具有不同的碳同化能力，进而产生不同的 WUE。另外形态结构不同也会影响 WUE，CAM 植物角质层厚，气孔昼关夜开降低了蒸腾速率，导致高的 WUE，而 C_4植物和 C_3植物在木质部和输导组织结构和功能上的差异也会产生 WUE 的差异。Ferit 等(2004)分析了大量 C_3和 C_4植物，发现大多数 C_4植物与 C_3植物相比，有较低的水导能力和更为安全可靠的输水系统(较高的木质部密度和较短而窄的导管)，因此，这使得 C_4植物在光合过程中能够更高效经济地利用水分以及具有对水分胁迫更强的抗性。

植物的寿命长短和生命形式以及适应干旱的方式也会影响其 WUE，长寿命常绿植物通常比短寿命落叶植物具有更高的 $\delta^{13}C$ 值(Brooks *et al.*, 1997)，因而具有较高的 WUE。植物形态结构也会影响到植物对干旱胁迫的适应，包括根茎叶以及气孔形态，这种适应通常是表现在对植物光合作用和蒸腾作用的调控上，从这个角度来讲也会对 WUE 都有着深刻的影响。

另外，植物的碳同位素比率($\delta^{13}C$)或碳同位素分辨率(Δ)值虽不等同于水分利用效率，但与之关系密切，所以影响 $\delta^{13}C$ 或 Δ 值大小的因素也会引起 WUE 的改变，由于 C_3植物和 C_4植物的光合途径及酶的不同，对其碳同位素分辨影响的因素也有所不同，下一节详细介绍。

1.5.4 碳同位素与树木水分利用效率

碳同位素分辨率作为水分利用效率的间接指标，国内外许多学者对其进行了深入的研究，多数研究对象集中在农作物方面，但近年来以木本植物为研究对象探讨碳同位素分辨率与水分利用效率之间关系的研究也日渐增多。

自然条件下，碳有两种稳定碳同位素，其自然丰度^{12}C 占 98.89%，^{13}C 占 1.11%。Farquhar 和 Richards(1984)根据叶片有较稳定碳同位素^{13}C 的事实，提出这种同位素与大气中固定的碳同位素^{12}C 的比值($^{13}C/^{12}C$)在 WUE 较高的 C_3植物中较大的假设，并且通过实验证明该假设是成立的。

关于$^{13}C/^{12}C$ 的分析是用质谱仪分析样气中$^{13}C/^{12}C$ 的比例，并利用 PDB 化石的碳同位素比为标准，计算试样与标准样品偏离的千分率，以$\delta^{13}C$ 表示：

$$\delta^{13}C(‰) = \frac{(^{13}C/^{12}C)_{sample} - (^{13}C/^{12}C)_{PDB}}{(^{13}C/^{12}C)_{PDB}} \quad (1-1)$$

$$\Delta(‰) = \frac{\delta^{13}C_{air} - \delta^{13}C_{plant}}{1 + \delta^{13}C_{plant}} \times 1000 \quad (1-2)$$

其中，$(^{13}C/^{12}C)_{PDB}$表示 Pee Dee Belemnite 化石(一种来自美国南卡罗莱纳州

海洋中的石灰石)中的$^{13}C/^{12}C$，$\delta^{13}C_{air}$表示空气中的碳同位素比值，其波动范围在-7‰~-8‰，一般取-7.7‰。$\delta^{13}C$值已经被公认为是鉴别植物光合途径最有效的方法之一，C_3植物的$\delta^{13}C$平均为-26‰，C_4植物为-12‰，CAM植物为-16‰。$\delta^{13}C$分析是评估C_3植物叶片中细胞间平均CO_2浓度的有效方法。根据Farquhar和Richards(1984)研究认为植物的$\delta^{13}C$值可由下式来表示：

$$\delta^{13}C_p = \delta^{13}C_a - a - (b - a) \times \frac{C_i}{C_a} \tag{1-3}$$

$$\Delta = \frac{\delta^{13}C_a - \delta^{13}C_p}{1 + \delta^{13}C_p} \tag{1-4}$$

式中，$\delta^{13}C_p$和$\delta^{13}C_a$分别为植物组织及大气CO_2的碳同位素比率，a和b分别为CO_2扩散和羧化过程中的同位素分馏，而C_i和C_a分别为细胞间及大气的CO_2浓度。

由公式(1-1)可明显看出，植物的$\delta^{13}C$值与C_i和C_a有密切的联系。因而，植物组织的$\delta^{13}C$值不仅能反映大气CO_2的碳同位素比值，同时也反映了C_i/C_a的比值。C_i/C_a是一重要的植物生理生态特征值，它不仅与叶光合羧化酶、叶片气孔开闭调节有关，也与环境因子有密切的关系。另外，根据水分利用效率的定义，植物水分利用效率也与C_i和C_a有密切的联系。

$$A = g \times \frac{C_a - C_i}{1.6} \tag{1-5}$$

$$E = g \times \Delta W \tag{1-6}$$

$$WUE = A/E = \frac{C_a - C_i}{1.6 \times \Delta W} \tag{1-7}$$

式中，A和E分别为光合速率和蒸腾速率，g为气孔传导率，而ΔW为叶内外水气压之差。这样，$\delta^{13}C$值可间接地揭示出植物长时期的水分利用效率：

$$WUE = C_a[1 - (\delta^{13}C_a - \delta^{13}C_p)/a(b - a)]/1.6\Delta W \tag{1-8}$$

由于植物组织的碳是在一段时间(如整个生长期)内累积起来的，其$\delta^{13}C$值可以指示出这段时间内平均的C_i/C_a值及WUE值。很显然，这种方法要比常规的叶片光合仪测定方法优越，因为光合仪仅能测定植物瞬时的C_i/C_a和WUE值(Farquhar *et al.*, 1989)。

许多研究已证实，植物叶片$\delta^{13}C$值与胞间C_i之间存在紧密关系，$\delta^{13}C$值随C_i值增大而降低，因此植物叶片胞间CO_2浓度成为影响$\delta^{13}C$值最重要的环境因素(Farquhar *et al.*, 1982；1989；Ehleringer *et al.*, 1991)。而植物水分利用效率与

C_i值显著相关，因此水分利用效率必定与 $δ^{13}C$ 值密切相关。因此，植物的长期水分利用效率可以通过叶片的 $δ^{13}C$ 值来指示(Ehleringer 和 Cooper，1988；Ehleringer，1993；Ebdon *et al.*，1998；Arslan *et al.*，1999；苏波等，2000)。

影响植物气体交换代谢过程的环境因子对许多植物 $δ^{13}C$ 值也产生影响，包括降雨量(Anderson *et al.*，2000；苏波等，2000；John *et al.*，2007)、土壤水分含量(Ehleringer 和 Cooper，1988；Ehleringer，1993；Korol *et al.*，1999)、灌溉强度(Souza *et al.*，2005)；湿度(Madhavan *et al.*，1991；Panek 和 blaring，1997)、温度(Welker *et al.*，1993；Panek 和 blaring，1997)、氮素有效性(Condon *et al.*，1992；Högberg *et al.*，1993；Guehl *et al.*，1995；Duursma 和 Marshall，2006）和大气 CO_2浓度(Williams *et al.* 2001)等。总而言之，在高资源可利用性条件下，植物具有较小的 $δ^{13}C$ 值，即较低的 WUE (Schuster *et al.*，1992)。植物的 $δ^{13}C$ 值不仅代表了其 WUE 水平而且还表明其在水分胁迫下的生存策略，如植物 $δ^{13}C$ 值与年降雨量、年平均土壤含水量呈显著的正相关，则表示干旱生境的植物种或种群的水分利用方式较保守，$δ^{13}C$ 值随水分可利用性的降低而增加。

由于 $δ^{13}C$ 与 WUE 和蒸腾效率之间具有显著的相关性及高度的可遗传性，$δ^{13}C$被作为筛选低蒸腾植物的指标，已应用于经济作物、树木以及牧草育种中，许多研究也表明，△值可以作为 WUE 的替代指标，应用于优良作物品种筛选(Sheshesheayee *et al.*，2003)。在研究不同品种水稻的△值和 WUE 的关系时，发现它们之间的反比关系受品种和环境交叉影响较低(Impa *et al.*，2005)；在温室和田间实验中，研究沙生冰草(*Agropyron desertorum*)和窄颖赖草(*Leymus angustus*)叶片△值时，也发现△值都与其 WUE 和牧草产量表现出负相关(Johnson *et al.*，1990)；另外，还有研究表明葡萄 $δ^{13}C$ 在不同年份和不同品种对干旱的反映比较一致，同时指出果肉的 $δ^{13}C$ 值与 WUE 相关性高于叶片(Souza *et al.*，2005)。

整株植物的碳同位素比率代表着一系列复杂的生理生化过程的长期整合过程。另一个极端的时间尺度范围是，在一个气体交换系统中，通过对比经过叶片前后的空气中的 CO_2同位素组成，可以给出在单叶水平上的同位素组成的瞬间变化。而淀粉和可溶性糖碳同位素比率的变化则反映了中等时间尺度同位素分馏的整合过程，在多数情况下，这个时间尺度大约是一天(Brugnoli *et al.*，1988；Lauteri *et al.*，1993)。Brugnoli (1988)发现白杨 (*Populus nigra* L. × *P. deltoids* Marsh.)、陆地棉(*Gossypium hirsutum* L. ‘Deltapine’) 和大豆(*Phaseolus vulgaris* L. ‘Hawkesbury Wonder’)3 种 C_3 植物叶片淀粉和可溶性糖的△值与一天平均的

C_i/C_a表现出强烈的正相关，这表明淀粉和可溶性糖的△可以用来鉴别 WUE 的不同。在良好供水和水分胁迫两种条件下，4 种向日葵(*Helianthus annuus*)叶片可溶性糖的△值也与 C_i/C_a表现出显著的正相关(Lauteri *et al.* ，1993)。

在测定可溶性碳水化合物的 $\delta^{13}C$ 时，同时测定结构性碳库的 $\delta^{13}C$ 就可以估计在各种不同时间尺度上整合的 WUE 和光合能力的变化。特别是分析不同植物化合物和碳库的 $\delta^{13}C$ 值，可以对时间跨度从一天(叶片可溶性糖)到几个星期(茎可溶性糖)乃至植物的整个生活史(结构性碳)的平均 C_i/C_a和 WUE 进行研究(Brugnoli *et al.* ，1988)。可溶性碳水化合物 $\delta^{13}C$ 的分析可以揭示短期 C_i/C_a的变化，而这些变化有可能被结构性碳中长期的 $\delta^{13}C$ 所掩盖。通过结构性碳与可溶性碳水化合物 $\delta^{13}C$ 的研究可以估计一天、几天、几个星期甚至一个生长季的光合和水分利用状况的变化。此外，树木年轮碳同位素比率的研究为我们了解季节间、年季间或更长时间跨度的变化提供了一个既快捷又准确的方法。

1.5.5　树木抗旱节水研究的展望

1.5.5.1　重视树木整体抗旱节水性的研究

当前植物抗旱性研究的前沿领域之一是分子水平的研究，从分子水平上阐明植物抗旱性的物质基础及其生理功能，在此基础上通过基因遗传工程手段创造抗旱新品种，这无疑是一个前景诱人的目标。然而植物是一个有机整体，植物抗旱性受多基因控制，反映到植物对干旱的适应也是多途径的。单从植物某一方面、局部构件、个别的发育阶段去研究植物的抗旱性，得出的结论具有一定的局限性，很难对植物的抗旱性作出一般性的解释，有时甚至由于研究的材料、植物生长阶段、研究手段的不同而出现相互矛盾的现象。因此，研究植物的整体抗旱性，从植物整体水平上阐明植物与干旱逆境之间的关系十分重要，这即将成为一个新兴的研究热点。

植物的整体抗旱性是植物整体抗逆性研究的一个分支。张正斌(2000)曾对植物整体抗逆性的定义、内涵、调控形式等进行过探讨，但对于植物的整体抗旱性，目前还没有明确的定义。本书认为植物抗旱的整体性主要是指个体的整体性，可以从两个方面理解。横向看，水分胁迫下植物的形态解剖、生长发育、生理生化等特征及其变化，是对植物耐旱、抗旱性形成的不同方面和不同贡献，或者说是不同方面的反应和适应，各个方面相互联系，相互制约形成植物的整体抗旱性。从纵向看，植物的分子、细胞、组织、器官和构件从个体的不同层次上对水分胁迫作出反应和适应，对植物的耐旱性、抗旱性形成作贡献。植物从种子发芽、幼苗生长、成体生长、开花结实等生活史的不同阶段对水分胁迫作出相应的适应性反应，其耐旱性、抗旱性在其生活史的不同阶段发展变化。上述两个方面应构成植物的整体抗旱性。

研究植物的整体抗旱性主要强调从植物整体的角度研究植株在整个生育过程中同一层次上及不同层次间不同生理代谢的相互协同及调节反馈机制，而不是孤立地研究植物个体某一发育阶段、某一器官的单一生理代谢反映，也不是他们之间的简单组合(山仑，陈培元，1998)。可见植物整体抗旱性研究是一个复杂的系统工程，需要进一步探讨和研究。

1.5.5.2 加强树木抗旱性的动态研究

植物抗旱性不仅与植物的种类、品种、基因型、形态结构、生理特性及生化反应等有关，而且受干旱发生的时期、强度及持续时间长短的影响。目前的研究大多只注意植物特别是苗木在水分胁迫下的短期变化及忍耐干旱胁迫的机理研究，而很少与野外植物随时间而积累的性状和整个有机体或群落联系起来，也就是说缺乏对植物抗旱性形成的进化生态学研究。因此，今后应加强植物长时间尺度上抗旱性形成的动态研究，尤其应注重研究植物个体发育不同阶段对水分胁迫的反应和适应，不同时期胁迫强度所造成的生理生化变化和植物最终生物产量构成之间的关系，以及在自然条件下的群体抗旱反应。此外，要打破过去习惯的静态和标准干湿对比的试验方法，有针对性地研究不同水分环境下植物的反应和适应，包括不同环境中可能出现的骤然干旱、渐进干旱、干湿交替等多种水分环境下植物的反应和适应。

第2章 北方城市绿化树种叶解剖结构特征

树木叶片的解剖结构特征是反映树木对干旱生境适应性的非常重要的方面，是树木抗旱性综合评定必不可少的一部分，其抗旱耐旱的形态解剖结构特点一般认为有以下几个方面：叶片厚并有绒毛、蜡片等覆盖物，细胞小，胞间隙小，栅栏组织发达，叶脉密等(李慧卿和马文元，1998)。Rhizopoulou 和 Psaras(2003)认为叶厚、双面气孔、多层叶肉可以增加单位叶面积的光合能力，因而常将这些特征作为植物抗旱的形态解剖指标。为此，我们选择了北方常见的32科、54属、63种绿化植物作为试验材料进行解剖结构特征的比较，分析不同生活型和不同种绿化植物的抗旱性差异。本书中叶片组织结构和气孔特征分别采用石蜡切片法和印迹法进行，每种植物每个部位观察15~30视野，取其均值进行比较。试验材料包括16种落叶阔叶乔木树种和6种常绿针叶乔木树种，灌木或小乔木绿化树种20种，地被绿化植物14种，包括木本地被5种和草本地被9种，攀援植物7种，详见表2-1。

表2-1 试验材料的基本情况表

缩写	拉丁名	科属	类型
cb	侧柏 *Platycladus orientalis* Franco	柏科侧柏属	常绿乔木
kb	桧柏 *Sabina chinensis* (L.) Ant.	柏科柏属	常绿乔木
xs	雪松 *Cedrus deodara*(Roxb.)G. Don.	松科雪松属	常绿乔木
ys	油松 *Pinus tabulaeformis* Carr.	松科松属	常绿乔木
bps	白皮松 *Pinus bungeana* Zucc ex Endl	松科松属	常绿乔木
hss	华山松 *Pinus armandii* Franch.	松科松属	常绿乔木
ybf	元宝枫 *Acer truncatum* Bunge	槭树科槭属	落叶乔木
qs	楸树 *Catalpa bungei* C. A. Mey	紫葳科梓树属	落叶乔木
ss	柿树 *Diospyros kaki* L. f.	柿科柿属	落叶乔木

（续）

缩写	拉丁名	科属	类型
dz	杜仲 *Eucommia ulmoides* Oliv.	杜仲科杜仲属	落叶乔木
ch	刺槐 *Robinia pseudoacacia* L.	蝶形花科刺槐属	落叶乔木
gh	国槐 *Sophora japonica* Linn.	蝶形花科槐树属	落叶乔木
yx	银杏 *Ginkgo biloba* Linn.	银杏科银杏属	落叶乔木
mgm	杂种马褂木 *Liriodendron chinense* × *L. tulipifera*	木兰科鹅掌楸属	落叶乔木
yl	玉兰 *Magnolia denudata* Desr.	木兰科木兰属	落叶乔木
bl	白蜡 *Fraxinus chinensis* Roxb.	木犀科白蜡属	落叶乔木
sz	山楂 *Crataegus pinnatifida* Bunge	蔷薇科山楂属	落叶乔木
mby	毛白杨 *Populus tomentosa* Carr.	杨柳科杨属	落叶乔木
mtl	馒头柳 *Salix matsudana* f. *umbraculifera* Rehd	杨柳科柳属	落叶乔木
lsh	栾树 *Koelreuteria paniculata* Laxm	无患子科栾树属	落叶乔木
cc	臭椿 *Ailanthus altissima*（Mill.）Swingle	苦木科臭椿属	落叶乔木
ds	辽椴 *Tilia mandshurica* Rupr. et Maxim	椴树科椴树属	落叶乔木
dyhy	大叶黄杨 *Euonymus japonicus* Thunb	卫矛科卫矛属	常绿灌木或小乔木
pzxz	平枝栒子 *Cotoneaster horizontalis* Decne	蔷薇科栒子属	半常绿灌木
hyht	红玉海棠 *Malus* ‘Red jude’	蔷薇科苹果属	落叶灌木
bt	碧桃 *Amygdalus persica* f. *duplex* Rehd	蔷薇科桃属	落叶灌木
yym	榆叶梅 *Prunus triloba* Ricker	蔷薇科李属	落叶灌木
zyl	紫叶李 *Prunus cerasifera* f. *Atropurpurea*（Jacq.）Rehd	蔷薇科李属	落叶灌木或小乔木
yj	月季 *Rosa chinensis* Jacq	蔷薇科蔷薇属	半常绿灌木
dt	重瓣棣棠 *Kerria japonica* f. *pleniflora* Wrtte	蔷薇科棣棠属	落叶小灌木
tght	贴梗海棠 *Chaenomeles speciosa*（Sweet）Nakai	蔷薇科木瓜属	落叶灌木
zzm	珍珠梅 *Sorbaria sorbifola*（L.）A. Br	蔷薇科珍珠梅属	落叶灌木
hwz	红王子锦带 *Weigela florida* ‘Red Prince’	忍冬科锦带花属	落叶灌木
hxh	海仙花 *Weigela coraeensis* Thunb.	忍冬科锦带花属	落叶灌木
nmt	糯米条 *Abelia chinensis* R. Br.	忍冬科六道木属	落叶灌木
tmqh	天目琼花 *Viburnum sargentii* Koehne	忍冬科荚蒾属	落叶灌木
jjm	金银木 *Lonicera maackii*（Rupr.）Maxim	忍冬科忍冬属	落叶灌木
zyc	醉鱼草 *Buddleja lindleyana* Fort	马钱科醉鱼草属	落叶灌木
hl	黄栌 *Cotinus coggygria* var. *cinerea* Scop	漆树科黄栌属	落叶小乔木或灌木

（续）

缩写	拉丁名	科属	类型
tph	太平花 *Philadephus pekinensis* Rupr.	山梅花科山梅花属	落叶灌木
zsh	紫穗槐 *Amorpha fruticosa* L.	蝶形花科紫穗槐属	落叶灌木
yyl	银芽柳 *Salix leucopithecia* Kimura	杨柳科柳属	落叶灌木
sj	沙棘 *Hippophae rhamnoides* L.	胡颓子科沙棘属	落叶灌木
dx	紫丁香 *Syringa oblata* Lindl.	木犀科丁香属	落叶小乔木
jynz	金叶女贞 *Ligustrum* ×*vicaryi*	木犀科女贞属	常绿灌木
xb	紫叶小檗 *Berberis thunbergii* ‘Atropurpurea Nana’	小檗科小檗属	落叶灌木
jyy	金叶莸 *Caryopteris clandonensis*‘Worcester Gold’	马鞭草科莸属	落叶灌木
xc	萱草 *Hemerocalis fulva* L.	百合科萱草属	多年生草本
yz	玉簪 *Hosta plantaginea*(Lam.) Aschers	百合科玉簪属	多年生草本
kqc	孔雀草 *Tagetes patula* Linn	菊科万寿菊属	一年生草本
jjj	大花金鸡菊 *Corepsis grandiflora* Hogg	菊科金鸡菊属	多年生草本
ppn	婆婆纳 *Veronica didyma* Tenore	玄参科婆婆纳属	多年生草本
bbjt	八宝景天 *Sedum spectabile* Boreau	景天科景天属	多年生肉质草本
eyl	二月蓝 *Orychophragmus viloaceus*	十字花科诸葛菜属	多年生草本
zhdd	紫花地丁 *Viola philippcia* subsp. *munda* Cav.	堇菜科堇菜属	多年生草本
bh	美国薄荷 *Monarda didyma* L.	唇形科马薄荷属	多年生草本
jyh	金银花 *Lonicera japonica* Thunb	忍冬科忍冬属	半常绿缠绕藤本
lx	美国凌霄 *Campsis radicans*(L.) Seem	紫葳科凌霄属	落叶藤本
nst	南蛇藤 *Celastrus orbiculatus* Thunb	卫矛科南蛇藤属	落叶藤本
xf	小叶扶芳藤 *Euonymus ortunei* var. *microphyllus*	卫矛科卫矛属	常绿藤本
zt	紫藤 *Wisteria sinensis* Sweet	蝶形花科紫藤属	落叶大藤本
sqm	山荞麦 *Polygonum aubertii* (L.) Henry	蓼科蓼属	落叶藤本
dj	五叶地锦 *Parthenocissus quinquefolia*(L.) Planch	葡萄科爬山虎属	落叶大藤本

注：半常绿植物指在原产地常绿但在北京冬季落叶的植物。

2.1　乔木树种叶解剖结构特征

2.1.1　常绿针叶乔木树种

2.1.1.1　叶解剖结构特征

乔木在绿化配置中通常居于上层，受气象因子的影响较显著，叶因此也发生了相应的结构变异。通常，常绿针叶乔木的叶结构分化的变异较小，有特有的输导组织，叶肉组织中有树脂道。北京城市常绿针叶乔木叶角质层的厚度平均为

1.55μm(表2-2)，由厚到薄依次为侧柏2.20μm、油松1.97μm、白皮松1.84μm、桧柏1.49μm、雪松1.26μm、华山松0.53μm；表皮的厚度平均为12.77μm，分别是桧柏(16.88μm)>油松(16.72μm)>白皮松(13.76μm)>雪松(11.68μm)>华山松(10.96μm)>侧柏(6.60μm)；6种常绿针叶乔木树种，下皮层均为单层细胞，平均厚度17.07μm，桧柏(33.84μm)>白皮松(18.16μm)>雪松(17.60μm)>华山松(14.88μm)>油松(12.16μm)>侧柏(5.76μm)；6种常绿针叶乔木叶肉厚度差异较大，在46.72~209.44μm之间变化，以桧柏最小，以雪松最大，内皮层厚度平均为25.86μm，在12.28~35.68μm之间变化，以侧柏最小，白皮松最大；维管束分布在内皮层以内，油松和雪松在叶中央有两个维管束，白皮松、华山松和桧柏只有一个维管束，维管束的木质部和韧皮部厚度也不相同，分别为3.65~91.68μm和2.59~93.12μm，松类大于柏类，木质部的厚度油松(91.68μm)>华山松(70.08μm)>白皮松(63.36μm)>雪松(37.44μm)>桧柏(19.68μm)>侧柏(3.65μm)；韧皮部厚度白皮松(93.12μm)>华山松(49.92μm)>雪松(42.72μm)>油松(36.96μm)>桧柏(32.16μm)>侧柏(2.59μm)(表2-2)。

表2-2　6种常绿针叶乔木叶解剖结构特征及多重比较

树种	CTE (μm)	TE (μm)	HT (μm)	TMES (μm)	ET (μm)	XT (μm)	PT (μm)	SS	SL (μm)	SW (μm)	DSC (μm)	WSC (μm)
kb	1.49c	16.88a	33.84a	46.72e	24.40c	19.68d	32.16e	2	–	–	50.00	55.00
SE	0.07	0.78	1.16	1.85	0.86	1.25	0.80	–	–	–	3.71	13.2
cb	2.20a	6.60d	5.76e	76.40d	12.28e	3.65e	2.59f	2	40.23	26.37	33.2	34.58
SE	0.08	0.21	0.42	1.04	0.39	0.02	0.02	–	2.92	2.11	2.48	6.41
hss	0.53d	10.96c	14.88c	102.48d	26.80b	70.08b	49.92b	2–3	55.28	35.05	63.25	20.25
SE	0.03	0.48	0.41	2.91	0.78	1.05	0.72	–	1.56	1.41	3.34	1.94
ys	1.97b	16.72a	12.16d	131.36c	18.96d	91.68a	36.96d	3–4	19.25	21.25	43.25	53.5
SE	0.06	0.67	0.30	4.25	0.62	1.22	0.80	–	1.72	2.04	4.09	7.75
xs	1.26c	11.68c	17.60b	209.44a	27.04b	37.44c	42.72c	3	58.68	33.38	21.58	20.85
SE	0.04	0.28	0.76	7.26	0.89	0.85	0.65	–	2.09	1.4	2.18	7.09
bps	1.84b	13.76b	18.16b	146.24b	35.68a	63.36b	93.12a	4	39.65	32.38	44.00	19.75
SE	0.07	0.50	1.19	4.17	0.88	0.91	0.48	–	1.77	1.71	4.59	1.94

注：CTE：角质层厚度；TE：表皮厚度；HT：下皮层厚度；TMES：叶肉厚度；ET：内皮层厚度；XT：维管束木质部厚度；PT：维管束韧皮部厚度；SS：气孔带；DSC：气孔下室深度；WSC：气孔下室宽度，下同。其中bps、hss、ys和xs气孔数据来自招礼军博士论文(2003)。

2.1.1.2　叶的气孔特征

常绿针叶乔木气孔呈现带状分布，气孔带多为2～4带不等；气孔的长径和短径(桧柏除外)为19.25～58.68μm，油松最小，雪松最大；气孔的短径(桧柏除外)为21.25～35.05μm，最小的仍为油松，华山松最大；气孔下室宽度和深度也有较大差异，气孔下室宽度为21.58～63.25μm，华山松最大，雪松最小，差异可达到3倍之多，气孔下室的深度为19.75～55.00μm，桧柏最深，其次是油松，白皮松最浅。气孔腔深陷有利于减少水分散失。植物器官的解剖结构是与其生理功能和生长环境密切相适应的，在长期外在生态因素的影响下，叶在形态解剖结构的变异性和可塑性上是最大的，即叶片对外在条件的反应最为明显(梅秀英等，1998)。植物叶对干旱环境的适应也经历着不同的方式和途径，这些特征在各个种中表现的差异程度不一致(薛智德等，2004)。所以，采用方差分析的方法进行比较，结果表明叶片解剖各指标种间均差异极显著(表2-3)。

对各指标进行多重比较(表2-2)，可以根据叶表皮角质层厚度和表皮厚度将6种常绿针叶乔木分为4组，根据下皮层厚度、叶肉厚度、内皮层厚度、维管束木质部分为5组，根据韧皮部厚度差异分为6组，可见对于常绿针叶乔木维管束韧皮部是最灵敏的鉴定指标。

表2-3　6种常绿针叶乔木叶解剖结构特征方差分析

	CTE	TE	HT	TMES	ET	XT	PT
*F*值	1115.53**	55.24**	139.78**	194.48**	109.50**	193.28**	356.47**

＊代表0.05显著性水平，＊＊代表0.01显著性水平，下同。

2.1.1.3　叶解剖结构特征与抗旱节水

目前对针叶树种叶解剖结构与抗旱节水的关系研究还比较少，本书为了综合比较6种常绿针叶乔木树种的干旱适应性，文中选择与常绿针叶树种抗旱性有关的叶解剖结构的8个指标(角质层厚度CTE；表皮厚度TE；下皮层厚度HT；叶肉厚度TMES；内皮层厚度ET；维管束的木质部厚度XT；维管束韧皮部厚度PT；气孔带数SS)进行主成分分析，发现3个主成分可以反映原始数据信息的84.43%。结果表明，气孔的带数、维管束韧皮部、表皮和下皮层的厚度和角质层的厚度等性状对成分的贡献较大(表2-4)，为关键解剖性状(史刚荣等，2007a)。根据这些变量的原始含义可以指出前3个主成分的功能含义：第Ⅰ主成分(Y1)(特征值为3.33)，贡献较大的性状是气孔带数和维管束木质部韧皮部厚度；第Ⅱ主成分(Y2)(特征值为1.94)以下表层和表皮厚度性状贡献较大；第Ⅲ

主成分(Y3)(特征值为1.49)以角质层厚度性状贡献最大，都主要表现植物叶对水分减少的适应。

以第I主成分和第III主成分为横轴和纵轴，对6种常绿针叶绿化用乔木树种进行归类如图2-1。横轴(Y1)的正向沿着气孔带数和维管束韧皮部木质部厚度增加，纵轴(Y3)的正向沿着角质层厚度增加，两轴都反映了植物叶片对水分减少的适应。柏科气孔的带数、维管束韧皮部和木质部厚度上明显小于松科，松科和柏科叶片结构分化不同，各指标间存在明显差异，从而使功能上也存在差异，植物的适应性是长期以来植物对外界环境适应的遗传特性，不仅与其内部生理生化活动和外界条件有关，而且取决于其自身形态结构特征，所以不能单靠叶的组织分化来区分抗旱性。

表2-4　常绿针叶乔木叶解剖结构特征对前3个主成分的负荷量

指标 主成分	SS	PT	XT	ET	TMES	HT	TE	CTE
1	0.98	0.81	0.78	0.73	0.65	−0.16	0.33	−0.01
2	0.06	0.30	0.13	−0.36	0.37	0.88	0.88	−0.03
3	0.16	−0.35	0.01	−0.17	−0.58	−0.36	0.13	0.91

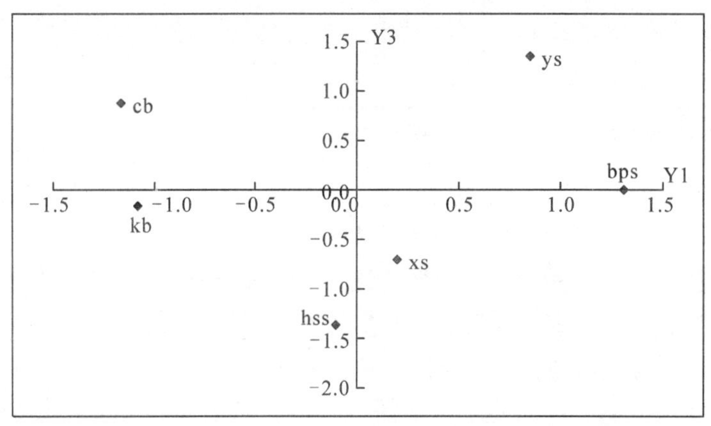

图2-1　6种常绿针叶乔木叶解剖结构特征的主因子排序

对于柏科，侧柏角质层较厚，把气孔和表皮细胞覆盖起来，形成保护结构，减少了较强光照条件和较高温度下叶的蒸腾作用，增强了抗旱能力；桧柏的表皮和下皮层的厚度较大，有利于减少水分蒸发，气孔下陷深度和宽度较大，造成较湿的小环境，抑制叶肉水分蒸腾，桧柏这些特性都体现出对干旱环境的适应性。可见两者对干旱的适应方式不同。从总体来看侧柏的抗旱性强于桧柏(图2-1)，李玉灵等人(2007)研究也表明侧柏比沙地柏和桧柏节水。对于松科的4种植物，抗旱性强弱为油松 > 白皮松 > 雪松 > 华山松(图2-1)。油松和白皮松维管束较粗，气孔带数较多，气孔较小是其抗旱的主要方式，而雪松以较厚的角质层和叶肉来抵御干旱，华山松角质层、表皮和下皮层厚度都较小，气孔带数也较少，因此，它的抗旱性也相对较弱。刘广全等人(2004)应用P-V曲线比较4种针叶树的抗旱性表明白皮松和油松的抗旱性较强，华山松和圆柏较差，与本书的研究结果基本一致，也说明利用主因子排序比较针叶树种的抗旱性有一定的可行性。

2.1.2　落叶阔叶乔木树种

2.1.2.1　叶解剖结构特征

阔叶乔木树种与常绿针叶树种相比叶片分化较明显。所选16种落叶阔叶乔木除银杏为裸子植物外，其余都为被子植物。从表2-5可以看出，馒头柳为近全栅等面叶，其他15种落叶阔叶乔木叶片均为异面叶。叶片厚度平均为203.7μm，在104.1~300.4μm之间变化，以银杏最大，以刺槐最小，相差2.9倍；杂种马褂木上表皮为复层，第一层表皮细胞小而致密，第二层表皮细胞加大，杜仲偶有上下表皮为复层，其他种上下表皮均为单层细胞，上下表皮的厚度分别平均为15.76μm和10.82μm，在10.80~42.64μm和9.28~22.08μm之间变化，都以栾树最小，以杂种马褂木最大；上下表皮角质层厚度平均为2.26μm和1.05μm，分别在0.83~4.08μm和0.24~3.03μm之间变化，上表皮和下表皮角质层厚度都以杂种马褂木最大，椴树和楸树最小。刘家琼等(1982)研究结果表明中生植物角质层平均厚2.9μm，可见从角质层厚度来看，北京常见的乔木绿化树种大多属于中生植物；栅栏组织由1~5层细胞组成，栅栏组织厚度在49.68~142.20μm之间变化，以馒头柳最大，以刺槐最小，栅栏组织细胞的宽度在4.80~17.20μm之间，在10μm以上的有4种，分别是杜仲、杂种马褂木、玉兰和银杏；海绵组织细胞层数为1~8层，海绵组织厚度30.04~197.60μm，大于栅栏组织厚度的变化范围，其中以银杏最大，刺槐最小，海绵组织细胞排列疏松，细胞的宽度在5.68~17.60μm之间，并且大于栅栏组织的宽度；栅栏组织与海绵组织厚度比(P/S)为0.30~1.69，以刺槐P/S最大，以银杏最小，馒头柳为全栅结构，是明显的旱生结构，郝日明等(2004)对8种常绿阔叶树木的叶片P/S研究表明，P/S在0.6以上就具有中旱生特性，本书选择的16种落叶阔叶乔木树种除银杏外，

表 2-5 16 种落叶阔叶乔木叶片组织结构特征及多重比较

树种	CTUE (μm)	CTLE (μm)	TUE (μm)	TLE (μm)	TL (μm)	TST	LST	WST (μm)	TPT (μm)	LPT	WPT (μm)	P/S	CTR (%)	SR (%)
bl	2. 01ef	0. 79d	12. 00fg	11. 44e	175. 6g	85. 92f	4. 5	5. 68j	61. 44g	2. 3	4. 80h	0. 98ab	35. 14e	48. 67b
SE	0. 04	0. 06	0. 16	0. 25	2. 45	3. 60		0. 21	0. 96		0. 00	0. 28	0. 64	1. 70
ch	1. 10h	0. 30e	10. 88ef	10. 08ef	104. 04j	31. 04j	2. 3	7. 12i	49. 68h	1. 9	4. 80h	1. 69a	47. 84c	29. 63h
SE	0. 04	0. 02	0. 30	0. 18	1. 03	1. 40		0. 31	0. 86		0. 00	0. 08	0. 91	1. 09
cc	3. 49b	1. 26c	15. 52de	12. 08e	155. 9i	56. 80i	3. 2	7. 12i	66. 72fg	1. 0	6. 96g	1. 21ab	42. 94d	36. 28g
SE	0. 11	0. 05	0. 55	0. 31	1. 80	1. 64		0. 27	0. 82		0. 13	0. 05	0. 70	0. 77
ds	0. 83h	0. 24e	19. 68c	11. 92e	161. 0hi	61. 84hi	3. 4	13. 60bc	67. 36fg	1. 3	8. 72f	1. 14ab	419. 7d	38. 38fg
SE	0. 05	0. 00	0. 48	0. 44	1. 43	1. 78		0. 47	2. 60		0. 21	0. 07	1. 75	1. 01
dz	1. 86f	1. 07c	17. 52cd	11. 36e	266. 8c	122. 4c	5. 9	10. 08gh	112. 08b	1. 7	10. 8d	0. 96ab	42. 29	45. 57
SE	0. 09	0. 03	0. 40	0. 32	3. 5	4. 48		0. 18	2. 36		0. 30	0. 05	1. 13	1. 15
gh	0. 84h	0. 58d	18. 16c	13. 92cd	170. 2gh	63. 68hi	5. 3	13. 68bc	72. 72f	3. 0	6. 56g	1. 17ab	42. 87d	37. 29fg
SE	0. 03	0. 02	0. 54	0. 45	2. 45	1. 87		0. 38	1. 00		0. 28	0. 04	0. 65	0. 77
ls	1. 86f	0. 36e	10. 80g	9. 28f	195. 7f	69. 28gh	4. 2	10. 88fg	103. 20cd	1. 3	6. 40g	1. 63a	52. 61b	35. 53
SE	0. 10	0. 04	0. 43	0. 30	2. 43	2. 68		0. 30	3. 25		0. 21	0. 14	1. 36	1. 38
mgm	4. 08a	3. 03a	42. 64a	22. 08a	283. 4b	130. 40b	7. 6	18. 16a	85. 92e	2. 2	17. 2a	0. 67ab	2968f	44. 28cd
SE	0. 20	0. 18	1. 22	0. 63	5. 53	3. 75		0. 52	2. 90		0. 48	0. 03	1. 26	1. 51
mtl	2. 50d	2. 22b	14. 16ef	13. 52d	182. 8g	-	-	-	142. 20a	4. 2	9. 04ef	-	77. 79a	-
SE	0. 09	0. 07	0. 62	0. 67	6. 06	-		-	4. 74		0. 27	-	1. 22	-

（续）

树种	CTUE (μm)	CTLE (μm)	TUE (μm)	TLE (μm)	TL (μm)	TST	LST	WST (μm)	TPT (μm)	LPT	WPT (μm)	P/S	CTR (%)	SR (%)
qs	2.23de	0.24e	16.72d	11.12e	216.1e	97.04de	5.4	12.72cd	88.56e	1.8	9.60e	1.08ab	41.95d	39.51efg
SE	0.05	0.00	1.02	0.47	8.36	4.42		0.37	4.20		0.20	0.05	1.04	1.14
ss	3.06c	0.64d	26.80b	15.12bc	253.4d	99.68d	3.7	14.40b	107.20bc	1.0	9.60e	1.08ab	41.95d	39.51efg
SE	0.11	0.07	0.95	0.57	7.59	2.79		0.47	4.82		0.00	0.04	0.77	0.63
sz	2.47d	0.36e	12.96fg	10.88ef	176.2g	75.68g	4.0	9.20h	73.84f	2.0	7.20g	0.99ab	41.91d	42.90cde
SE	0.05	0.04	0.52	0.32	1.59	1.67		0.31	1.37		0.00	0.04	0.66	0.75
ybf	1.54g	1.14c	18.64c	15.68b	223.5e	88.56ef	5.8	17.04a	100.64cd	2.2	6.88g	1.16ab	45.00	39.65efg
SE	0.05	0.05	0.66	0.39	1.62	1.82		0.66	2.04		0.28	0.05	0.80	0.82
mby	2.20de	1.21c	15.12de	10.16ef	174.3g	74.94df	5.1	11.84df	73.76f	2.0	4.80h	1.06ab	42.47d	41.41ef
SE	0.08	0.07	0.42	0.22	2.39	1.86		0.40	0.65		0.00	0.03	0.50	0.58
yl	3.08c	1.08c	17.44cd	11.68e	220.2e	90.32def	4.7	12.08d	96.00d	2.0	13.20b	1.08ab	43.64d	40.98drf
SE	0.08	0.05	0.55	0.19	2.47	1.96		0.27	1.73		0.28	0.03	0.68	0.69
yx	3.09c	2.33b	16.96d	21.76a	300.4a	197.60	6.2	17.60a	58.48g	1.3	12.24c	0.29b	19.53h	65.75a
SE	0.12	0.07	0.69	0.88	2.95	2.88		0.37	1.77		0.13	0.01	0.59	0.58

注：CTUE：上表皮角质层厚度；CTLE：下表皮角质层厚度；TUE：上表皮厚度；TLE：下表皮厚度；TL：叶厚；TST：海绵组织厚度；LST：海绵组织层数；WST：海绵组织细胞宽度；TPT：栅栏组织厚度；LPT：栅栏组织层数；WPT：栅栏组织细胞宽度；CTR：叶片紧密度；SR：叶片疏松度；SL：气孔的长径 Stomatal long；SW：气孔的短径；SD：气孔密度；L/W：气孔长径/短径；SA：单个气孔面积（长径×短径）。下同。

P/S 均大于 0.6，从这一点也说明北京的绿化乔木树种大部分具有中旱生的特征；由于叶片栅栏组织和海绵组织厚度因叶片厚度存在差异而变化较大，利用叶片结构的紧密度和疏松度衡量植物的抗旱特性更具有代表意义。16 种落叶阔叶乔木叶片结构的紧密度 19.50%~77.79%，叶片疏松度 9.51%~65.75%，馒头柳的叶片 CTR 最大，叶片 SR 最小，而银杏叶片 CTR 最小，叶片 SR 最大(表 2-5)。李小燕等人(2006)对沙棘的抗旱性研究表明叶片的 CTR 值大、SR 小，栅栏组织发达可以作为抗旱的一个标志。栅栏组织与海绵组织的分化程度反映了环境的水分状态，叶肉栅栏组织发达，细胞层数增加而体积减小，海绵组织相对减少，细胞间隙减小等变化是植物对水分短缺的响应，该特征有助于 CO_2 等气体从气孔下室到光合作用场所的传导，又可抵消因气孔关闭和叶肉结构的变化所引起的 CO_2 传导率的降低，从而提高植物对水分的利用率，表现出植物的抗旱适应性(Chartzoulakis *et al.*，2002)。

表 2-6　16 种落叶阔叶乔木树种叶片组织结构特征方差分析

指标	CTUE	CTLE	TUE	TLE	TL	TST
F 值	103.98 **	152.99 **	139.28 **	63.12 **	158.60 **	235.04 **
	WST	TPT	WPT	P/S	CTR	SR
	163.58 **	84.06 **	220.03 **	13.20 **	142.62 **	165.32 **

选取表 2-5 中的 14 个叶片组织特征作为抗旱指标进行观测，并对测定的结果进行多重比较(表 2-5)和方差分析(表 2-6)，结果表明，16 种落叶阔叶乔木在 12 个叶片组织特征上差异均达到极显著水平。各指标多重比较结果表明根据植物种间在单项指标的差异性进行分组，组间差异显著，组内差异不显著。依据上表皮厚度和角质层厚度将 16 个落叶阔叶乔木绿化树种分为 5 ~7 组，依据叶片的厚度可分为 10 组、利用海绵组织和栅栏组织的各特征以及叶片结构的紧密度和疏松度可分为 8 ~11 组(表 2-5)，可见与海绵组织和栅栏组织相关的各指标比上下表皮及角质层等特征在反映抗旱能力差异上的灵敏度高。这一结果与李晓燕等(2006)在沙棘上的研究结果较一致，孟庆辉等人(2006)在扶芳藤品种上研究表明角质层厚度在反映抗旱能力差异上比表皮细胞长度和表皮细胞厚度灵敏度高。薛智德等人(2004)认为主脉厚度在反映延安地区 5 种灌木抗旱能力差异上比角质层厚度和维管束细胞密集度灵敏度高。可见在不同种不同生境情况下，抗旱能力起主导的因子不同。

2.1.2.2 叶片气孔特征

植物 90% 以上的水分散失是通过气孔完成的。植物叶片上气孔的特点对植物适应水分亏缺有重要影响(郝日明等，2004)。阔叶乔木的气孔通常为肾形，大小和分布差异较大。因此，本书在比较叶片组织结构的同时，分析植物的气孔特征，进而分析比较植物的抗旱能力。馒头柳为两面气孔型，其余 15 种落叶阔叶乔木树种叶片近轴面均无气孔分布。在北京 16 种落叶阔叶乔木中，叶片远轴面气孔密度从大到小为栾树(460.5 个 · mm^{-2})、元宝枫(400.3 个 · mm^{-2})、玉兰(383.3 个 · mm^{-2})、国槐(351.0 个 · mm^{-2})、柿树(283.7 个 · mm^{-2})、椴树(271.1 个 · mm^{-2})、毛白杨(259.0 个 · mm^{-2})、白蜡(225.5 个 · mm^{-2})、馒头柳(165.4 个 · mm^{-2})、山楂(156.0 个 · mm^{-2})、杂种马褂木(153.3 个 · mm^{-2})、臭椿(139.9 个 · mm^{-2})、杜仲(130.1 个 · mm^{-2})、楸树(117.6 个 · mm^{-2})、刺槐(105.2 个 · mm^{-2})、银杏(102.2 个 · mm^{-2})(表 2-7)。可见，16 种落叶阔叶乔木气孔密度差异较大，最大相差 4.51 倍。银杏的气孔密度最小，谢洋等人(2005)对 4 个品种银杏气孔密度进行比较，发现银杏气孔密度在 75.26 ~ 132.65 个 · mm^{-2}之间变化，平均值与本书结果比较接近。

表 2-7　16 种落叶阔叶乔木叶片气孔特征及多重比较

树种	SL (μm)	SW (μm)	SD (个 · mm^{-2})	L/W	SA (μm^2)
bl	14.72h	9.28g	225.5e	1.60bc	141.31hi
SE	0.71	0.52	5.86	0.01	11.6
ch	9.60i	5.12h	105.2g	1.89a	49.92i
SE	0.57	0.43	18.26	0.07	13.6
cc	25.07d	13.28efg	139.9fg	1.97a	334.08ef
SE	0.52	0.31	4.22	0.08	10.5
ds	19.68f	14.93def	271.1d	1.32cd	297.98efg
SE	0.52	0.42	7.62	0.02	15.6
dz	29.49ab	21.28ab	130.1fg	1.39cd	641.28ab
SE	1.12	0.61	4.87	0.04	36.6
gh	17.36fg	10.40g	351.0c	1.71b	181.44gh
SE	0.61	0.43	9.74	0.08	10.78
ls	16.16gh	12.16fg	460.5a	1.33cd	196.61gh
SE	0.28	0.16	24.35	0.03	4.67
mgm	22.83e	16.43cde	153.3f	1.43cd	379.49de
SE	0.51	0.60	11.40	0.05	17.4

（续）

树种	SL (μm)	SW (μm)	SD (个·mm^{-2})	L/W	SA ($μm^2$)
mtl	19.20f	12.00fg	165.4f	1.62bc	233.47fgh
SE	0.66	0.52	7.26	0.05	16.1
qs	27.07cd	18.51bc	117.6fg	1.48bcd	503.62c
SE	0.74	0.62	10.20	0.07	22.0
ss	27.79bc	20.59ab	283.7d	1.37cd	581.57bc
SE	1.15	1.05	13.62	0.05	48.6
sz	30.60a	23.12a	156.0f	1.33cd	715.49a
SE	0.79	0.75	6.03	0.03	10.9
ybf	17.16fg	13.32efg	400.3b	1.31d	235.10fgh
SE	0.28	0.38	16.68	0.04	8.78
mby	22.07e	20.03abc	259.0de	1.56bcd	469.32cd
SE	0.52	0.31	4.42	0.06	10.0
yl	25.71cd	17.73bcd	383.3bc	1.46bcd	462.46cd
SE	0.56	0.39	8.77	0.03	16.0
yx	17.92fg	12.96efg	102.2g	1.39cd	233.86fgh
SE	0.40	0.39	4.31	0.03	10.9

注：SL：气孔的长径；SW：气孔的短径；SD：气孔密度；L/W：气孔长径/短径；SA：单个气孔面积（长径×短径），下同。

阔叶植物气孔的大小用气孔的长径和短径及气孔的面积(气孔长径×气孔短径)表示，北京16种落叶阔叶乔木树种气孔的长径和短径分别平均为21.40μm和15.07μm，以山楂最大，分别为30.60μm和23.12μm，以刺槐最小，分别为9.60μm和5.12μm；气孔长径/短径在1.31～1.97之间，可见气孔的形状多为椭圆形，臭椿长短径差异最大，元宝枫差异较小；单个气孔面积刺槐(49.92$μm^2$)＜白蜡(141.31$μm^2$)＜国槐(181.44$μm^2$)＜栾树(196.61$μm^2$)＜馒头柳(233.47$μm^2$)＜银杏(233.86$μm^2$)＜元宝枫(235.10$μm^2$)＜椴树(297.98$μm^2$)＜臭椿(334.08$μm^2$)＜杂种马褂木(379.49$μm^2$)＜玉兰(462.46$μm^2$)＜毛白杨(469.32$μm^2$)＜楸树(503.62$μm^2$)＜柿树(581.57$μm^2$)＜杜仲(641.28$μm^2$)＜山楂(715.49$μm^2$)(表2-7)，单个气孔的面积相差达14倍之多，可见气孔大小变化程度大于气孔密度。比较气孔密度和气孔大小可以看出，在一定程度上气孔的密度和气孔的大小成反比，栾树、国槐和元宝枫的气孔较小且气孔密度较大，楸树和杜仲气孔较大而气孔密度较小，也有例外，如刺槐气孔较小，气孔密度也较小。气孔密度随着环境中水分和湿度减少而增加，但气孔面积则向小型化发展，气孔多下陷形成气孔窝或其上有突出的角质膜(Sam *et al.*，2000；Bosabalidis 和 Kofidis，2002；高建平等，2003)。另外，小而密的气孔同时也具有较高的灵活性(章英才，闫天珍，2003)，根据 Fick 定律，在扩散面积相同的条件下，小而多的气孔在气体扩散速度上远远大于大而少的气孔（张乃群等，2005），有利于在 CO_2 不足的情况下，植物保持光合能力，提高植物水分利用效率，是趋于抗旱的特征。对各气孔参数进行方差分析，结果表明各参数差异均达到极显著(表 2-8)，多重比较(表 2-7)表明气孔密度、气孔的长径和短径及气孔面积是比较灵敏的指标，而气孔长径与短径的比值变化较小，可以利用其判断气孔的形状。

表 2-8　16 种落叶阔叶乔木叶片气孔特征方差分析

指标	SL	SW	SD	L/W	SA
F 值	23.43 **	74.35 **	102.37 **	12.98 **	35.34 **

2.1.2.3　叶片解剖结构特征与抗旱节水

植物叶片对环境的适应经历着不同的方式和途径，表现为不同种间叶片特征的多样性变化。从结果来看北京城市落叶阔叶乔木绿化树种通常呈现中生植物的特征(图 2-2)。尽管叶片的基本结构属中生类型，但也表现出一定的趋异适应。角质层厚度是反映植物抗旱能力的一个重要指标，一般抗旱的植物角质层都比较发达，角质层能够有效地减少植物体内水分的流失，从而达到减少蒸腾的目的。从本书 16 种落叶阔叶乔木绿化树种叶片的解剖结构多重比较可见，叶片上表皮角质层和叶片上表皮厚度对干旱的敏感性均高于下表皮。叶片的厚度，海绵组织和栅栏组织厚度和细胞宽度以及叶片 CTR 和 SR 是比叶片表皮及角质层厚度反映干旱能力更敏感的指标。由于指标较多，植物在各个指标上表现出较大差异，因此，为简化数据，集中反映各指标体现出的抗旱能力差异，对反映叶片解剖特征和气孔特征的 19 个指标进行主成分分析。结果表明：3 个主成分可以反映原始数据信息的 75.57%。其中，叶片 CTR 和 SR、P/S、海绵组织和栅栏组织厚度、表皮的厚度和角质层的厚度、气孔大小等性状对成分的贡献较大(表 2-9)。这些性状可以与一般性状相区别，成为关键解剖性状。根据这些变量的原始含义可以指出前 3 个主成分的功能含义：第 I 主成分(Y1)(特征值为 5.69)综合反映了植物叶片对水分匮缺和光照强度增加的适应，其中作用较大的性状是叶片 SR 和

CTR、栅栏组织与海绵组织的比值；第 II 主成分(Y2)(特征值为 4.74)综合反映了植物叶片对水分匮缺和光照增强的适应，其中表皮的厚度、角质层的厚度和叶片厚度等性状贡献较大；第 III 主成分(Y3)主要表现植物叶片对水分增加的适应(特征值为 3.93)，其中以气孔长径、短径和气孔面积的贡献较大。

表 2-9 落叶乔木树种叶片性状对前 3 个主成分的负荷量

指标	主成分			指标	主成分		
	1	2	3		1	2	3
SR	-0.950	0.107	0.125	WPT	-0.133	0.819	0.346
P/S	0.948	0.156	-0.115	TUE	-0.207	0.744	0.215
CTR	0.938	-0.252	0.006	TL	-0.343	0.738	0.438
TST	-0.758	0.505	0.225	CTUE	-0.034	0.671	0.315
WST	-0.756	0.359	0.169	SD	-0.036	-0.259	0.047
LST	-0.731	0.419	0.230	SW	-0.124	0.056	0.961
LPT	0.718	0.148	-0.118	SA	-0.081	0.000	0.952
TPT	0.660	0.263	0.491	SL	-0.023	0.091	0.923
CTLE	0.126	0.925	-0.098	L/W	0.277	-0.166	-0.589
TLE	-0.288	0.899	-0.119				

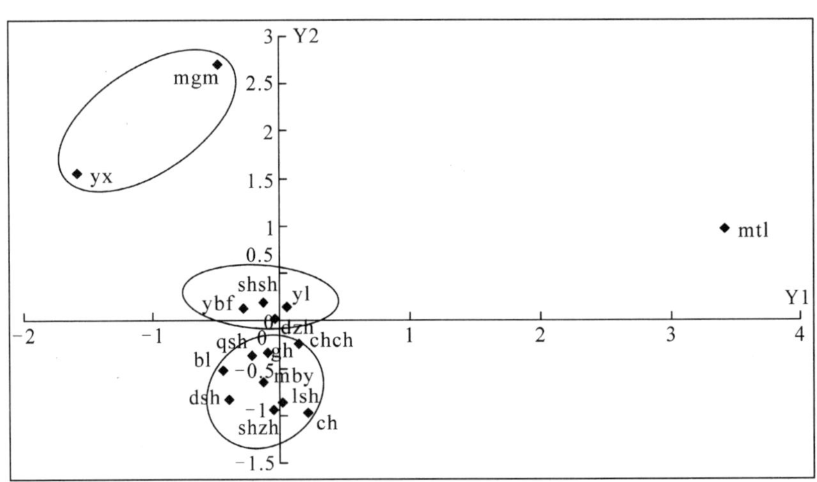

图 2-2 16 种落叶阔叶乔木叶解剖结构特征的主因子排序

以第 I 主成分和第 II 主成分为横轴和纵轴，对 16 种落叶阔叶乔木树种进行归类，Y1轴的正向是沿着叶片结构的紧密度和栅栏组织与海绵组织的比值增加，反映出对水分减少的条件适应，而Y2轴的正向则沿着下表皮的厚度和角质层的厚度增加，反映出对水分条件减少和光照增强的适应(图2-2)。结果表明：16种落叶阔叶乔木树种基本上是沿着水分条件呈梯度分布。有3种植物明显分离，即银杏、杂种马褂木和馒头柳，前两则明显表现出对较强光照和水分增加的适应，可见其属于喜光喜湿润的绿化植物，而馒头柳则反映出对水分减少的适应，较耐干旱环境。而其他13种根据对水分的需求大致可以分为2类：I类包括玉兰、杜仲、柿树和元宝枫；II类包括国槐、栾树、毛白杨、刺槐、臭椿、山楂、白蜡、椴树和楸树，其中，第I类植物在Y轴上表现出比第II类喜光抗旱的特性。由于不同植物类型系统演化的非同步性，不同科属种之间的叶结构特征与其对水分的适应能力的关系较为复杂，应具体情况具体分析。城市生境条件下，乔木绿化树种基本都为中生植物，北京16种落叶阔叶乔木绿化树种抗旱性强弱分别是馒头柳＞玉兰、杜仲、柿树和元宝枫＞国槐、白蜡、臭椿、栾树、毛白杨、刺槐、山楂、椴树和楸树＞银杏和杂种马褂木(图2-2)。

2.2　灌木树种叶片解剖结构特征

灌木在城市绿化中通常处于植物配置的中间层，由于其叶色花色丰富，形状各异，生态效益极佳，在公园、庭院和道路等绿化中广泛分布。本书选择北京常见的20种灌木绿化树种对其叶片解剖结构特征进行比较与评价。

2.2.1　叶片解剖结构特征

在北京20种灌木中，银芽柳叶片为全栅等面叶，栅栏组织细胞从近轴面到远轴面逐渐变小，其余19种灌木叶片为异面叶(表2-10)。叶片厚度差异较大，在95.8～355.4μm之间不等，平均为180.1μm，以大叶黄杨最大，以珍珠梅最小，相差3.71倍；上下表皮均为单层细胞，上表皮的厚度通常大于下表皮的厚度，上表皮的厚度平均为15.76μm，在11.68～22.48μm之间变化，以糯米条最大，以天目琼花最小；下表皮的厚度平均为10.82μm，在8.56～16.48μm之间变化，也是以糯米条最大，而下表皮的厚度最小的种为紫穗槐；上下表皮角质层厚度分别在0.67～4.22μm和0.24～3.36μm变化，平均为1.52μm和0.82μm，上下表皮角质层厚度均以大叶黄杨最大，上表皮角质层厚度以珍珠梅最小和下表皮角质层厚度以紫穗槐最小；栅栏组织由1～6层细胞组成，厚度在24.64～

表 2-10 20 种灌木叶片组织结构特征及多重比较

树种	CTUE (μm)	CTLE (μm)	TUE (μm)	TLE (μm)	TL (μm)	TST	LST	WST (μm)	TPT (μm)	LPT	WPT (μm)	P/S	CTR (%)	SR (%)
bt	1.90b	1.07cd	16.16def	11.92c	171.84g	73.28f	4.1	4.80g	67.76h	2.1	4.80j	0.94efg	39.48gh	42.54e
SE	0.06	0.05	0.40	0.31	2.20	1.79		0.00	1.12		0.00	0.03	0.56	0.67
dt	1.26e	0.74g	13.52ghij	9.28ef	106.56j	40.96k	6.4	6.40f	40.48k	3.0	4.80j	1.04e	38.12hi	38.39f
SE	0.04	0.04	0.52	0.34	1.56	1.33		0.31	0.96		0.21	0.06	0.93	1.05
dx	1.31e	1.11bcd	16.88cde	12.08c	230.16c	79.84e	3.6	15.60b	118.96a	2.2	12.16cd	1.51ab	51.68b	34.66gh
SE	0.03	0.03	0.48	0.42	2.19	1.76		0.71	1.64		0.30	0.04	0.53	0.62
dyhy	4.22a	3.36a	18.33bc	14.64b	355.39a	211.78a	5.8	20.83a	104.26c	3.0	12.72c	0.49h	29.34l	59.59a
SE	0.06	0.05	0.59	0.41	3.15	2.16		0.44	1.97		0.34	0.01	0.50	0.46
hl	1.42de	0.53h	18.24bc	11.60cd	190.32f	60.88gh	3.5	8.72e	96.88de	1.0	7.20i	1.63a	50.96b	31.89h
SE	0.07	0.06	0.47	0.37	2.08	1.68		0.29	1.47		0.00	0.06	0.69	0.66
hwz	1.61cd	0.99de	19.04b	10.48cde	241.92b	149.76b	4.6	11.20d	62.00i	2.0	11.52de	0.42h	25.70m	61.83a
SE	0.06	0.05	0.69	0.58	4.52	3.95		0.42	2.28		0.39	0.02	0.84	0.98%
hxh	0.88fg	0.26j	15.28efgh	10.80cde	200.8e	100.16c	6.0	8.96e	72.08gh	2.0	10.32f	0.73g	35.91jk	49.77c
SE	0.08	0.01	0.42	0.28	2.33	2.26		0.26	1.56		0.26	0.02	0.69	0.75
hyht	1.93b	0.82fg	13.60ghij	9.04ef	196.16ef	90.24d	3.9	7.44f	80.88f	2.0	4.80j	0.91efg	41.30ef	45.93d
SE	0.06	0.06	0.37	0.30	1.32	1.64		0.24	0.74		0.00	0.02	0.50	0.60
jym	0.94f	0.26j	16.48cde	10.4cde	214.24d	71.52f	4.2	7.20f	113.44b	1.1	4.80j	1.67a	52.95b	33.39gh
SE	0.04	0.01	0.61	0.27	1.45	2.08		0.00	2.41		0.00	0.10	1.07%	0.95
nmt	0.76fg	0.26j	22.48a	16.48a	173.2g	55.92hi	3.2	8.96e	75.92fg	1.8	10.48j	1.42bc	43.68de	32.59h
SE	0.06	0.01	0.95	0.87	4.76	2.10		0.44	2.77		0.35	0.08	0.89	1.12
shj	1.66bcd	1.16bc	13.28hij	9.92def	226.32c	102.32c	8.1	16.08b	100.32cd	3.0	6.72i	0.99ef	44.32d	45.22d
SE	0.07	0.07	0.30	0.36	1.39	1.39		0.46	1.35		0.29	0.02	0.49	0.57

（续）

树种	CTUE (μm)	CTLE (μm)	TUE (μm)	TLE (μm)	TL (μm)	TST	LST	WST (μm)	TPT (μm)	LPT	WPT (μm)	P/S	CTR (%)	SR (%)
tght	0. 80fg	0. 34ij	15. 44efg	10. 32cdef	200. 0e	92. 88d	5. 3	7. 20f	80. 08f	2. 0	7. 20i	0. 89efg	40. 35fg	46. 53d
SE	0. 04	0. 02	0. 39	0. 31	3. 03	2. 72		0. 00	1. 12		0. 00	0. 04	0. 89	1. 36
tmqh	1. 48cde	0. 27j	11. 68j	11. 52cd	105. 2j	54. 96hi	3. 8	13. 52c	24. 64l	1. 0	16. 80b	0. 45h	23. 43n	52. 19b
SE	0. 05	0. 02	0. 30	0. 31	1. 30	1. 02	-	0. 31	0. 54	-	0. 00	0. 01	0. 46	0. 57
tph	1. 31e	1. 20bc	14. 24fghi	10. 00def	193. 12ef	73. 2f	5. 0	9. 36e	94. 08e	1. 3	11. 68de	1. 31c	48. 49c	38. 04f
SE	0. 02	0. 03	0. 51	0. 28	3. 33	1. 88	-	0. 31	2. 82	-	0. 41	0. 05	0. 92	0. 96
yyl	1. 77bc	1. 26b	13. 92ghi	9. 44ef	141. 44h	-	-	-	119. 76a	5. 5	17. 52a		84. 69a	
SE	0. 08	0. 07	0. 35	0. 40	2. 06	-	-	-	2. 28	-	0. 18		1. 14	
yym	1. 32e	0. 90ef	17. 84bcd	10. 01def	147. 44h	66. 72fg	3. 5	7. 68f	50. 40j	1. 3	7. 20i	0. 78fg	34. 14k	45. 30d
SE	0. 07	0. 02	0. 59	0. 37	1. 27	1. 41	-	0. 35	1. 61	-	0. 12	0. 04	0. 97	0. 93%
zsh	1. 75bc	0. 24j	12. 48ij	8. 56f	142. 8h	66. 56fg	3. 1	4. 80g	52. 72j	1. 0	4. 80j	0. 80fg	36. 98ij	46. 56d
SE	0. 07	0. 00	0. 41	0. 38	1. 37	1. 13	-	0. 00	0. 53	-	0. 00	0. 02	0. 42	0. 52
zyc	1. 75bc	0. 87efg	17. 84bcd	9. 44ef	139. 6h	50. 08i	5. 5	13. 68c	62. 48i	2. 0	11. 12ef	1. 29cd	44. 80d	35. 79fg
SE	0. 18	0. 08	0. 43	0. 30	1. 78	1. 51	-	0. 54	1. 38	-	0. 39	0. 05	0. 87	0. 85
zyl	1. 59cd	0. 46hi	15. 92def	10. 8cde	129. 52i	44. 8j	3. 43	10. 48d	55. 44j	2. 0	9. 36g	1. 27cd	42. 89de	34. 53fgh
SE	0. 06	0. 04	0. 55	0. 38	1. 63	1. 14	-	0. 37	1. 06	-	0. 13	0. 05	0. 77	0. 67
zzm	0. 67g	0. 28j	12. 56ij	9. 6ef	95. 84k	34. 64k	2. 9	9. 2e	36. 64k	1. 2	8. 64h	1. 11de	38. 00hi	36. 25fg
SE	0. 03	0. 02	0. 25	0. 36	1. 59	1. 13	-	0. 28	1. 53	-	0. 22	0. 07	1. 19	1. 11

表 2-11　20 种灌木叶片组织结构特征方差分析

指标	CTUE	CTLE	TUE	TLE	TL	TST	LST	WST	TPT	LPT	WPT	P/S	CTR	SR
F 值	116. 66 * *	265. 34 * *	28. 88 * *	22. 62 * *	605. 528 * *	563. 37 * *	197. 67 * *	178. 19 * *	273. 48 * *	217. 08 * *	239. 19 * *	61. 06 * *	254. 12 * *	243. 64 * *

119.76μm 之间变化，以银芽柳最厚，以天目琼花最薄，银芽柳是全栅叶片；海绵组织由 2 ~9 层细胞组成，其厚度(除银芽柳)在 34.64 ~211.78μm，以大叶黄杨最大，珍珠梅最小；栅栏组织与海绵组织厚度比(P/S)为 0.42 ~1.42，以糯米条最大，以红王子锦带最小；灌木叶片 CTR 差异较大，在 23.43%~84.69% 之间变化，银芽柳(84.69%)>金银木(52.95%)>丁香(51.68%)>黄栌(50.96%)>太平花(48.49%)>醉鱼草(44.80%)>沙棘(44.32%)>糯米条(43.68%)>紫叶李(42.89%)>红玉海棠(41.30%)>贴梗海棠(40.35%)>碧桃(39.48%)>棣棠(38.12%)>珍珠梅(38.00%)>紫穗槐(36.98%)>海仙花(35.91%)>榆叶梅(34.14%)>大叶黄杨(29.34%)>天目琼花(23.43%)；叶片 SR 在 31.89%~61.83% 之间变化，以红王子锦带最大，以黄栌最小(表 2-10)。对灌木叶片各指标进行方差分析，差异均达到极显著水平(表 2-11)，多重比较(表 2-10)表明：依据叶片 CTR 可以将 20 种灌木绿化树种分为 14 组，是反映抗旱能力差异上最灵敏的特征，其次是栅栏组织厚度，可以将 20 种灌木绿化树种分为 12 组；然后为叶片厚度和海绵组织厚度，11 组；再次为上表皮厚度、下表皮角质层厚度和栅栏组织细胞宽度，10 组；上表皮角质层厚度、下表皮厚度海绵组织细胞宽度、P/S 和叶片 SR，分为 6 ~8 组。

2.2.2 叶片气孔特征

除紫丁香和银芽柳外，其余 18 种灌木近轴面均无气孔分布，远轴面气孔密度平均为 321.6 个·mm^{-2}，从大到小分别为银芽柳 740.4 个·mm^{-2}、珍珠梅 593.8 个·mm^{-2}、黄栌 535.7 个·mm^{-2}、金银木 522.1 个·mm^{-2}、沙棘 450.5 个·mm^{-2}、紫叶李 393.8 个·mm^{-2}、醉鱼草 375.9 个·mm^{-2}、紫穗槐 308.4 个·mm^{-2}、棣棠 301.1 个·mm^{-2}、丁香 276.5 个·mm^{-2}、红玉海棠 243.7 个·mm^{-2}、碧桃 233.4 个·mm^{-2}、大叶黄杨 221.9 个·mm^{-2}、海仙花 217.8 个·mm^{-2}、贴梗海棠 215.3 个·mm^{-2}、太平花 205.6 个·mm^{-2}、糯米条 155.1 个·mm^{-2}、天目琼花 134.9 个·mm^{-2}、榆叶梅 134.7 个·mm^{-2}、红王子锦带 126.5 个·mm^{-2}。最大气孔密度为最小的 5.85 倍，比率与阔叶乔木相接近(表 2-12)。

北京 20 种灌木叶片气孔长径平均为 21.77μm，在 13.71 ~31.84μm 之间变化，红王子锦带和大叶黄杨气孔长径较大，分别为 31.84μm 和 30.00μm，棣棠和银芽柳气孔长径较小，分别为 13.92μm 和 13.71μm；气孔短径平均为 15.95μm，以大叶黄杨最大，为 29.31μm，以棣棠最小，为 9.12μm；气孔的长径

表 2-12　20 种灌木叶片气孔特征及多重比较

树种	SL (μm)	SW (μm)	SD (个·mm⁻²)	L/W	SA (μm²)
bt	28. 53bc	20. 21bc	233. 4efg	1. 42bcd	583. 04c
SE	0. 88	0. 51	11. 90	0. 04	25. 31
dt	13. 92j	9. 12k	301. 1def	1. 55ab	129. 79j
SE	0. 48	0. 48	5. 17	0. 05	11. 16
dx	22. 00fgh	16. 00efg	276. 54ef	1. 39bcd	354. 27fg
SE	0. 77	0. 74	11. 81	0. 05	24. 91
dyhy	30. 00b	29. 31a	221. 9efgh	1. 04f	879. 84a
SE	0. 40	0. 99	8. 74	0. 04	32. 22
hl	17. 92i	14. 07ghi	535. 7b	1. 31de	258. 94hi
SE	0. 44	0. 39	15. 83	0. 05	9. 62
hwz	31. 84a	20. 85bg	126. 5i	1. 53abc	674. 69b
SE	1. 16	0. 87	5. 41	0. 03	47. 81
hxh	26. 80cd	18. 91cd	217. 8efghi	1. 42bcd	518. 27c
SE	0. 82	0. 66	8. 89	0. 05	30. 76
hyht	23. 07efg	17. 28def	243. 7ef	1. 35cde	405. 06def
SE	0. 70	0. 47	11. 68	0. 06	15. 22
jym	19. 76hi	14. 40gh	522. 1b	1. 38bcd	286. 27ghi
SE	0. 39	0. 47	11. 28	0. 03	13. 62
nmt	25. 12de	18. 08d	155. 1ghi	1. 39bcd	459. 26d
SE	0. 84	0. 35	3. 49	0. 02	26. 12
shj	18. 08i	14. 93gh	450. 5c	1. 22e	270. 30ghi
SE	0. 35	0. 35	10. 36	0. 04	7. 56
tght	18. 08i	13. 12hij	215. 3efghi	1. 39bcd	237. 31i
SE	0. 32	0. 35	13. 58	0. 04	7. 39
tmqh	24. 45ef	17. 67de	134. 9hi	1. 40bcd	438. 66de
SE	0. 96	0. 81	3. 97	0. 04	34. 88
tph	20. 80gh	15. 68fg	205. 6fghi	1. 33de	328. 32fgh
SE	0. 45	0. 40	5. 49	0. 02	15. 15
yyl	13. 71j	10. 13k	740. 4a	1. 40bcd	140. 67j

（续）

树种	SL (μm)	SW (μm)	SD (个·mm^{-2})	L/W	SA ($μm^2$)
SE	0.42	0.31	14.25	0.05	7.25
yym	22.16fgh	15.04gh	134.7hi	1.48abcd	337.47fgh
SE	0.79	0.60	14.25	0.05	21.93
zsh	18.00i	11.60j	308.4de	1.62a	209.09i
SE	0.35	0.66	11.83	0.09	12.57
zyc	23.17efg	16.07efg	375.90cd	1.45bcd	374.91ef
SE	0.59	0.35	11.87	0.03	16.83
zyl	20.19hi	14.11ghi	393.8c	1.44bcd	287.46ghi
SE	0.60	0.43	7.24	0.02	17.16
zzm	17.76i	12.48ij	593.8b	1.43bcd	222.34i
SE	0.39	0.26	7.45	0.03	8.31

与短径之比在1.04～1.62之间，可见灌木的气孔多为近圆形到椭圆形；气孔的面积为大叶黄杨(879.84$μm^2$)＞红王子锦带(674.69$μm^2$)＞海仙花(518.27$μm^2$)＞碧桃(583.04$μm^2$)＞糯米条(459.26$μm^2$)＞天目琼花(438.66$μm^2$)＞红玉海棠(405.06$μm^2$)＞醉鱼草(374.91$μm^2$)＞丁香(354.27$μm^2$)＞榆叶梅(337.47$μm^2$)＞太平花(328.32$μm^2$)＞紫叶李(287.46$μm^2$)＞金银木(286.27$μm^2$)＞沙棘(270.30$μm^2$)＞黄栌(258.94$μm^2$)＞贴梗海棠(237.31$μm^2$)＞珍珠梅(222.34$μm^2$)＞紫穗槐(209.09$μm^2$)＞银芽柳(140.67$μm^2$)＞棣棠(129.79$μm^2$)，差异可达6.78倍(表2-12)；灌木叶片气孔的大小也一定程度和气孔的密度呈反比，气孔密度大、气孔小的植物趋于抗旱(王国富等，2006)，但是这种规律并不适用所有灌木，因为抗旱是形态和生理特征以及遗传特性共同作用的结果。有这种趋势的灌木树种有黄栌、沙棘、金银木、珍珠梅和银芽柳，它们的叶片气孔较小且数量较多，属于灌木绿化树种中较抗旱的种类(表2-12)。对灌木绿化树种的气孔各指标进行方差分析，差异性都达到极显著水平(表2-13)；多重比较(表2-12)表明根据气孔的密度和气孔大小可以将20种灌木绿化树种分为差异显著的9－10组。

表2-13　20种灌木叶片气孔特征方差分析

	SL	SW	SD	L/W	SA
*F*值	68.18**	75.72**	79.99**	8.70**	79.56**

2.2.3　叶片解剖结构特征与抗旱节水

灌木通常比乔木的耐旱耐瘠薄能力强(肖洪浪等，2006)。对北京 20 种灌木 19 个指标进行方差分析和多重比较发现各个指标在不同植物种表现不一致，为综合比较 20 种灌木抗旱性，对灌木叶片解剖结构和气孔特征的 19 个指标进行主成分分析，发现 3 个主成分可以反映原始数据信息的 70.03%。结果表明，海绵组织的厚度、上下角质层的厚度、叶片厚度、气孔长径和气孔密度、叶片 CTR、上下表皮厚度等性状对成分的贡献较大(表 2-14)。同样根据这些变量的原始含义确定 3 个主成分的功能含义：第 Ⅰ 主成分(Y1)综合反映了植物叶片对水分和光强增加的适应(特征值为 6.98)，其中作用较大的性状是海绵组织的厚度、上下角质层的厚度、叶片厚度；第 Ⅱ 主成分(Y2)主要表现植物叶片对水分减少的适应(特征值为 4.13)，其中作用较大的性状是气孔长径和气孔密度、叶片 CTR；第 Ⅲ(Y3)主要表现植物叶片对水分减少的适应(特征值为 2.19)，其中以上下表皮厚度等性状的贡献较大。韩刚等人(2006)对 6 种灌木的 13 项叶片抗旱性解剖结构指标进行了多重筛选，确定了上表皮细胞层厚度、栅栏组织厚度、气孔密度为最具代表性的 3 项指标，而本书认为海绵组织的厚度、上下角质层的厚度、叶片厚度、气孔长径和气孔密度、叶片 CTR、上下表皮厚度等在指示灌木抗旱能力上作用较大。

表 2-14　灌木叶解剖结构特征对前 3 个主成分的负荷量

指标	主成分			指标	主成分		
	1	2	3		1	2	3
TST	0.919	-0.051	0.162	WPT	0.375	-0.263	0.225
CTLE	0.861	0.121	0.200	SL	-0.271	-0.832	0.188
CTUE	0.839	0.073	0.013	SD	-0.164	0.805	-0.157
TL	0.782	0.232	0.414	CTR	-0.475	0.713	0.384
SR	0.753	-0.502	-0.285	SW	-0.331	-0.654	0.106
SA	0.751	-0.351	0.387	P/S	-0.597	0.629	0.455
WST	0.734	0.196	0.194	TPT	0.296	0.618	0.536
L/W	-0.691	-0.489	-0.285	TUE	0.084	-0.088	0.866
LPT	0.524	-0.079	0.139	TLE	0.295	-0.080	0.781
LST	0.496	0.070	-0.113				

以第Ⅰ主成分和第Ⅱ主成分为横纵轴，对20种灌木进行归类(图2-3)，横轴正方向沿海绵组织厚度、叶片角质层和叶片厚度增加，表现对水分和光强增加的适应；纵轴正方向沿叶片CTR和气孔密度增加，反映出植物对水分减少的适应。结果表明，北京20种灌木基本都为中生植物，大致可以分为5类：其中大叶黄杨、沙棘和红王子锦带各成一类，按在坐标中位置可见沙棘抗旱性大于大叶黄杨和红王子锦带，大叶黄杨具有喜光特性，其他17种灌木树种分为两类：Ⅰ类为较抗旱的中生灌木，包括黄栌、金银木、银芽柳、珍珠梅、丁香、太平花、贴梗海棠、红玉海棠、紫穗槐、棣棠、醉鱼草和紫叶李；Ⅱ类为相对不抗旱的中生灌木，包括糯米条、碧桃、榆叶梅、海仙花和天目琼花。一些研究已经表明沙棘是较抗旱的灌木，角质层、叶片厚度和叶片CTR较大，疏松度小，气孔密度大并且气孔面积较小是沙棘抗旱的主要特征(吴林等，2003；王国富等，2006)。北京20种灌木抗旱性排序为沙棘>Ⅰ类较抗旱的中生灌木>Ⅱ类相对不抗旱的中生灌木>大叶黄杨和红王子锦带(图2-3)。李玉灵等人(2007)对大叶黄杨、金叶女贞和紫叶小檗的抗旱性进行研究，结果表明大叶黄杨的抗旱能力最差。

从图2-3还可以看出在城市生境条件下，灌木绿化树种不同种在对光和水的需求上有一定的差异，可以利用其对植物进行合理的配置。

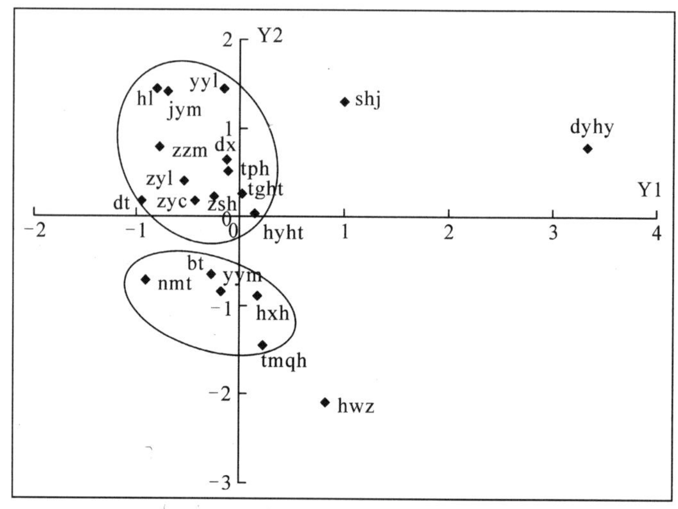

图2-3　20种灌木叶解剖结构特征的主因子聚类

2.3　地被植物叶片解剖结构特征

地被植物是根据植物的应用形式定义的一类植物的概念。它出现于观赏植物学、植物学、园艺学等不同的学术领域。我们在这里讨论的是观赏植物领域的地被植物，也即园林地被植物。随着人们绿化理念的发展和人们对地被植物认识的深入，地被植物在绿化建设中发挥的作用将越来越大。园林地被植物就是绿化建设中用于覆盖地表的一类植物。地被植物可以是木本植物，也可以是草本植物；可以是灌木，也可以是藤本植物。关于地被植物抗旱性国内外鲜见研究。即使有些抗旱性方面的研究，也仅仅是停留在对地被植物抗旱性鉴定方面的研究。另外对有些可作为地被植物的植物种类的抗旱性研究是立足于该植物作为农作物的基础上进行的，因应用功能的不同，与立足于该植物作为地被植物研究的侧重点也有许多不同。本书从城市绿化角度，对北京常见的 14 种地被植物抗旱性进行分析与评价。

2.3.1　叶片解剖结构特征

在北京 14 种地被植物中，八宝景天和萱草叶片为等面叶，其中八宝景天为无栅栏组织分化的等面叶植物，具有比较典型的旱生特征，它对旱生的适应形式与其他几种不相同，是通过叶片肥厚，细胞液浓度高，保水能力强来实现的，而萱草叶上下面都具有栅栏组织，中间夹着海绵组织，并且空隙较大，其他 12 种地被植物叶片均为异面叶（表 2-15）。北京 14 种地被植物的叶片厚度平均为 196.9μm，在 72.0～365.8μm 之间变化，以萱草最大，以美国薄荷最小，相差 5.08 倍；上下表皮均为单层细胞，上下表皮的厚度分别为 5.04～28.24μm 和 5.64～21.52μm，以八宝景天最大，以婆婆那最小；上下表皮角质层厚度分别在 0.24～2.40μm 和 0.24～2.02μm，上下表皮角质层均以八宝景天最大，上表皮以二月蓝和美国薄荷较小，下表皮以二月蓝、金叶莸、美国薄荷和紫花地丁较小。从表皮的厚度和角质层的厚度的角度分析，八宝景天抗旱能力强。八宝景天和萱草叶肉厚度为 229.8μm 和 331.3μm ，其余 12 种地被植物栅栏组织为 1～3 层，厚度在 24.64～118.0μm 之间，以金叶女贞最大，以美国薄荷最小，相差 4.79 倍；海绵组织 2～9 层，厚度在 19.2～174.0μm 之间，以金叶女贞最大，以美国薄荷最小，相差 9.06 倍，种间差异明显大于栅栏组织差异；栅栏组织与海绵组织厚度比（P/S）由大到小为美国薄荷（2.00）、平枝栒子（1.57）、紫叶小檗

表 2-15　14 种地被植物叶片组织结构特征及多重比较

树种	CTUE (μm)	CTLE (μm)	TUE (μm)	TLE (μm)	TL (μm)	TST	LST	WST (μm)	TPT (μm)	LPT	WPT (μm)	P/S	CTR (%)	SR(%)/ TMES(μm)
bbjt	2. 40a	2. 02a	28. 24a	21. 52a	281. 0c	–	–	–	–	–	–	–	–	229. 8 *
SE	0. 07	0. 07	0. 61	0. 64	4. 02	–		–	–			–	–	18. 91
erl	0. 24g	0. 24f	9. 60fg	9. 00def	144. 0g	54. 0de	2. 5	10. 8cd	50. 4gh	1. 0	18. 0a	0. 94de	34. 98ef	37. 40gh
SE	0. 00	0. 00	0. 91	1. 13	1. 81	2. 27		0. 45	0. 91		0. 45	0. 02	0. 19	1. 10
jjj	0. 48fg	0. 36ef	10. 80efg	8. 40ef	213. 6e	90. 0b	4. 0	18. 0a	74. 4e	2. 0	12. 0d	0. 83efg	35. 40ef	42. 99de
SE	0. 00	0. 05	1. 36	0. 45	9. 07	2. 27		1. 36	0. 91		0. 00	0. 01	1. 92	2. 89
jynz	1. 51c	0. 49de	21. 04c	15. 76b	331. 8b	174. 0a	6. 2	10. 1cde	118. 0c	2. 1	16. 5b	0. 68gh	35. 39ef	52. 48b
SE	0. 03	0. 01	0. 47	0. 41	7. 13	4. 28		0. 18	4. 15		0. 38	0. 02	0. 76	0. 70
kqc	1. 18d	1. 08b	12. 24ef	7. 84ef	145. 0g	63. 1cd	3. 4	11. 4cd	59. 0fg	1. 0	12. 6d	0. 95de	40. 78cd	43. 45d
SE	0. 03	0. 02	0. 53	0. 36	1. 58	1. 38		0. 36	1. 00		0. 26	0. 03	0. 71	0. 70
jyy	1. 21d	0. 24f	13. 68de	11. 04d	171. 4f	71. 4c	3. 7	10. 4cd	74. 6e	2. 0	7. 2g	1. 06cd	43. 52bc	41. 70def
SE	0. 11	0. 00	0. 31	0. 30	1. 81	1. 51		0. 29	1. 39		0. 00	0. 04	0. 73	0. 93
mgbh	0. 24g	0. 24f	8. 40g	7. 20fg	72. 0i	19. 21f	2	8. 4ef	38. 4i	1. 0	8. 4f	2. 00a	52. 57a	26. 29i
SE	0. 00	0. 00	0. 45	0. 00	4. 54	1. 81		0. 45	3. 63		0. 45	0. 00	1. 73	0. 86
ppn	0. 48fg	0. 36ef	5. 04h	5. 64g	122. 4h	60. 0cde	2. 5	7. 2f	48. 0h	1. 5	16. 8b	0. 88def	39. 93cd	48. 61c
SE	0. 00	0. 05	0. 00	0. 59	2. 72	4. 54		0. 91	4. 54		0. 00	0. 14	4. 59	2. 62
pzxz	0. 94de	0. 82c	12. 00ef	9. 44de	248. 3d	88. 3b	4. 3	9. 4de	135. 9a	2. 1	9. 3e	1. 57b	55. 00a	35. 23h

（续）

树种	CTUE (μm)	CTLE (μm)	TUE (μm)	TLE (μm)	TL (μm)	TST	LST	WST (μm)	TPT (μm)	LPT	WPT (μm)	P/S	CTR (%)	SR(%)/TMES(μm)
SE	0.05	0.03	0.58	0.49	1.96	2.10		0.33	1.58		0.22	0.05	0.62	0.72
xc	0.75ef	0.30f	19.04c	13.52c	365.8a	–	–	–	–	–	–	–	–	204.5 *
SE	0.04	0.02	0.64	0.39	3.87	–		–	–			–	–	22.36
yj	1.05d	0.53de	24.00b	13.60c	171.3f	67.0cd	4.0	7.3f	64.4f	2.0	9.6e	0.99cde	37.65de	39.09efgh
SE	0.04	0.02	0.67	0.44	1.70	1.73		0.08	1.29		0.00	0.04	0.72	0.83
yz	1.89b	0.78c	13.68de	11.20d	128.0h	43.5e	3.0	15.3b	51.5gh	1.0	12.0d	1.08cd	40.25cd	37.85fgh
SE	0.07	0.04	0.40	0.27	1.29	0.95		0.35	0.84		0.00	0.03	0.53	0.60
zhdd	0.48fg	0.24f	10.80efg	9.6de	142.8g	64.8cd	4.5	12.0c	45.6hi	2.5	8.4f	0.71fgh	32.05f	45.14d
SE	0.01	0.01	1.36	0.01	4.99	3.63		0.01	0.91		0.45	0.03	0.48	0.96
xb	2.38a	0.55d	15.68d	10.64d	219.0e	90.0b	4.2	11.4cd	99.5d	1.5	6.4h	1.15c	45.43b	41.07defg
SE	0.07	0.05	0.48	0.27	1.69	2.52		0.30	2.40		0.21	0.06	1.03	1.07

注：* 表示叶肉厚度 TMES。

表 2-16　14 种地被植物叶片组织结构特征方差分析

指标	CTUE	CTLE	TUE	TLE	TL	TST	WST	TPT	WPT	P/S	CTR	SR
F 值	103.59 **	163.22 **	98.57 **	77.40 **	498.58 **	493.90 **	208.93 **	324.94 **	519.30 **	113.25 **	246.16 **	226.67 **

（续）

树种	SL (μm)	SW (μm)	SD (个·mm^{-2})	L/W	SA ($μm^2$)
mgbh	24. 08cd	18. 064bc	166. 3d	1. 34c	437. 01bc
SE	0. 90	0. 44	9. 77	0. 05	21. 94
ppn	24. 12cd	18. 176bc	153. 4d	1. 33c	438. 73abcd
SE	0. 77	0. 36	5. 30	0. 05	18. 30
pzxz	26. 72bc	14. 72ef	163. 3d	1. 95b	401. 66bc
SE	1. 04	1. 26	7. 73	0. 13	44. 21
xc	24. 16cd	11. 09g	51. 7gh	2. 31a	280. 58ef
SE	0. 90	0. 41	3. 25	0. 14	11. 11
yj	28. 56ab	19. 52ab	87. 1ef	1. 47c	556. 99a
SE	0. 70	0. 34	3. 10	0. 05	15. 58
yz	28. 91ab	20. 96a	74. 8fg	1. 39c	614. 27a
SE	0. 80	0. 97	2. 46	0. 04	42. 37
zhdd	21. 76de	17. 12bcde	191. 7c	1. 27c	375. 17de
SE	1. 16	0. 40	18. 50	0. 07	24. 51
zyxb	21. 76de	16. 32cde	119. 7e	1. 34c	357. 89de
SE	0. 55	0. 42	7. 51	0. 02	17. 69

表 2-18　14 种地被植物叶片气孔特征方差分析

指标	SL	SW	SD	L/W	SA
F 值	20. 09**	32. 87**	194. 86**	38. 06**	23. 30**

2. 3. 3　叶片解剖结构特征与抗旱节水

叶片解剖的 19 个指标在地被植物上差异也达到显著水平。对以上 14 种地被植物的 19 个叶片特征进行主成分分析，发现 3 个主成分可以反映原始数据信息的 73. 85%。结果表明，海绵组织的层数和厚度、叶片 SR 和下表皮的厚度、栅栏组织层的厚度，P/S，气孔大小等性状对成分的贡献较大(表 2-19)，是关键解剖性状。根据这些变量的原始含义可以确定 3 个主成分的功能含义：第 I 主成分(Y1)综合反映了植物叶片对光照强度和水分增加的适应(特征值为 8. 17)，其中作用较大的性状是海绵组织的层数和厚度、叶片 SR 和下表皮的厚度；第 II 主成分(Y2)主要表现植物叶片对光照强度增加和水分减少的适应(特征值为 3.75)，其中以栅栏组织层数和厚度及气孔短径等性状的贡献较大；第 III 主成分(Y3)以气孔大小等性状对成分的贡献较大，主要表现植物叶片对水分增加的适应(特征值为 2.11)。

表 2-19　地被叶片性状对前 3 个主成分的负荷量

指标	主成分			指标	主成分		
	1	2	3		1	2	3
LST	0.963	0.060	-0.002	CTUE	0.638	-0.090	0.259
SR	0.937	-0.047	-0.074	WPT	-0.469	0.331	-0.264
TLE	0.916	-0.004	0.012	TPT	-0.160	0.895	-0.154
TST	0.900	0.352	-0.139	L/W	0.106	0.819	0.308
CTR	-0.872	0.332	0.029	SW	-0.097	-0.690	0.441
WST	0.834	-0.103	0.198	LPT	-0.372	0.564	-0.247
TUE	0.828	0.112	0.149	SL	0.010	0.280	0.916
P/S	-0.818	0.047	0.137	SA	-0.053	-0.264	0.851
CTLE	0.740	-0.189	0.443	SD	-0.101	0.221	-0.446
TL	0.683	0.664	-0.168				

以第 I 主成分和第 II 主成分为横纵轴，对 5 种木本地被植物和 9 种草本地被植物分别进行归类(图 2-4)，横轴正方向沿着海绵组织的层数和厚度、叶片 SR 和下表皮的厚度增加，反映植物对光照增强和水分增加的适应，纵轴正方向沿着栅栏组织的厚度和 P/S 增加，反映对水分减少和光照增强的适应。结果表明，5 种木本地被植物物大致可以分为 3 类：平枝栒子和金叶女贞各成一类，紫叶小檗、金叶莸和月季为一类，根据 5 种植物在图中的位置可见，抗旱性为平枝栒子 > 金叶女贞 > 紫叶小檗、金叶莸和月季。李玉灵等(2007)研究表明金叶女贞的节水性好于紫叶小檗。9 种草本地被植物大致可以分为 4 类，八宝景天、萱草各成一类，由于这两种植物叶片属于等面叶，结构与其他 12 种不同，在图中的位置不能完全代表它们的抗旱特性，八宝景天以其叶片肥厚，肉质，细胞液浓度高的方式来抵御干旱，是典型的抗旱植物，而萱草叶片厚度较大，上下面都同样地具有栅栏组织，并且中间空隙较大，有利于储存水分，因而，两者都属于抗旱性较强的地被植物；第Ⅲ类由孔雀草和金鸡菊组成，位于坐标轴的上方属于比较抗旱的一类；第Ⅳ类由 5 种地被植物组成，包括美国薄荷、婆婆那、玉簪、二月蓝和紫花地丁，比第Ⅲ类的抗旱性差。除八宝景天具有一些旱生特征外，其余 13 种地被植物还都属于中生植物。

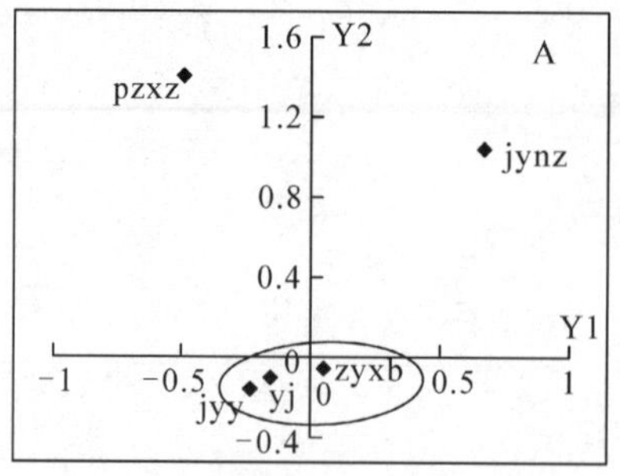

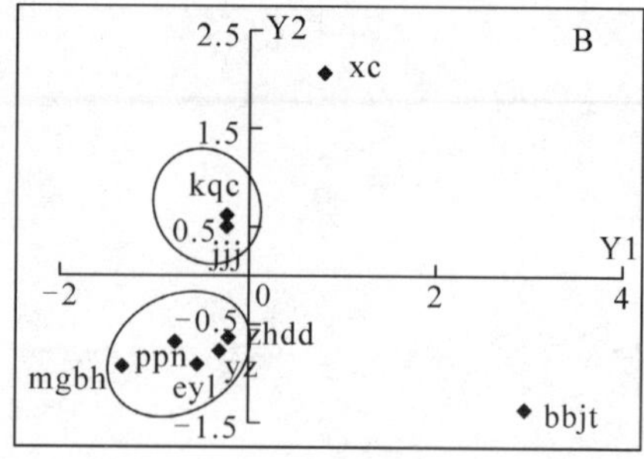

图 2-4　14 种地被植物叶解剖结构特征的主因子聚类(A 为木本地被植物，B 为草本地被植物)

2.4　攀援植物叶片解剖结构特征

攀援植物，又称爬藤植物、爬蔓植物、藤本植物，是一类不能自由直立，通过主茎缠绕或攀援器攀援他物升高的植物总称(蔡永立和郭佳，2000)。攀援植物常见于庭院花架、花廊、墙壁和假山等的垂直绿化中，近年来城市的道路，尤其是桥梁绿化中发挥的作用日益明显，有些攀援植物可以匍匐，可替代草坪绿化，由于攀援植物根系比草坪发达，有利于节约灌溉用水，目前得到了越来越广泛的应用。另外，攀援植物形态多样，观赏价值高。例如，五叶地锦入秋叶色变红；金银花叶半常绿，花芳香；小叶扶芳藤为常绿低矮匍匐种，可用于地面绿化；美国凌霄花朵艳丽，南蛇藤叶色入秋也可变红，果实鲜黄色，假种皮红色；紫藤枝干虬劲有力，暮春开花，花多色艳；山荞麦花绿白色，淡雅美丽。本书选择的 7 种攀援植物都是观赏价值比较高的植物，常用在北京庭院道路绿化中。

2.4.1　叶片解剖结构特征

供试的北京地区常见 7 种攀援植物均为异面叶(表 2-20)。叶片厚度平均为 151.7μm，为小叶扶芳藤(269.2μm) > 南蛇藤(267.7μm) > 五叶地锦(133.4μm) > 金银花(124.3μm) > 美国凌霄(104.2μm) > 紫藤 > (100.7μm) > 山荞麦(62.4μm)，最大相差 4.3 倍；上下表皮的平均厚度分别为 14.37μm 和 10.51μm，小叶扶芳藤上下表皮的厚度都最大，分别为 24.40 μm 和 18.72 μm，山荞麦上下表皮的厚度都最小，分别为 4.80μm 和 2.40μm，上表皮最大相差 5.1 倍，下表皮最大相差 7.8 倍；上下表皮角质层平均厚度分别为 0.97μm 和 0.58μm，分别在 0.39 ~ 2.22μm 和 0.24 ~ 1.69μm 之间变化，上下表皮角质层厚

表 2-20　7 种攀援植物叶片组织结构特征及多重比较

树种	CTUE (μm)	CTLE (μm)	TUE (μm)	TLE (μm)	TL (μm)	TST	LST	WST (μm)	TPT (μm)	LPT	WPT (μm)	P/S	CTR (%)	SR (%)
xf	2.22a	1.69a	24.40a	18.72a	269.2a	134.6a	6.2	25.84b	90.4b	2.0	17.36a	0.68c	33.47bc	49.98a
SE	0.09	0.07	0.54	0.49	3.74	2.85		0.83	2.78		0.48	0.02	0.01	0.01
dj	1.45b	1.05b	14.64c	13.12b	133.4b	66.7b	4.6	22.24c	39.0c	1.0	12.48b	0.60c	29.41cd	49.90a
SE	0.06	0.06	0.52	0.54	3.31	2.06		0.91	1.14		0.48	0.02	0.01	0.01
nst	0.66cd	0.26c	13.92c	8.40d	267.7a	64.5b	3.6	12.80d	178.6a	2	12.00b	2.89a	66.68a	24.06c
SE	0.03	0.01	0.31	0.28	3.65	2.28		0.35	3.35		0.01	0.13	0.01	0.01
lx	0.39d	0.24c	11.28d	9.12d	104.2c	42.6c	3.5	10.64e	38.0c	1.0	9.68c	0.91b	36.58b	40.84b
SE	0.03	0.00	0.40	0.37	1.69	1.10		0.25	1.15		0.08	0.04	0.01	0.01
jyh	0.94c	0.24c	16.96b	10.72c	124.3b	62.2b	4.0	10.40e	32.0c	1.0	9.60c	0.53c	25.93d	49.75a
SE	0.05	0.00	0.54	0.25	2.27	2.11		0.21	0.72		0.01	0.02	0.01	0.01
zt	0.56cd	0.25c	14.56c	11.12c	100.7c	38.6c	3.0	11.92de	34.1c	1.0	8.72c	0.90b	33.85bc	38.22c
SE	0.03	0.01	0.30	0.34	1.05	0.82		0.27	0.54		0.21	0.02	0.00	0.01
sqm	0.60cd	0.36c	4.80e	2.40e	62.4d	30.0d	1.5	31.50a	21.6d	1.0	8.4c	0.75c	35.45b	47.73a
SE	0.87	0.05	0.91	0.00	3.63	2.27		0.87	0.00		0.87	0.14	0.09	0.01

度均以小叶扶芳藤最大，美国凌霄最小，相差5.7倍和7.0倍。栅栏组织由1~2层细胞组成，栅栏组织厚度由大到小分别为南蛇藤(178.6μm)、小叶扶芳藤(90.4μm)、五叶地锦(39.0μm)、美国凌霄(38.0μm)、紫藤(34.1μm)、金银花(32.0μm)和山荞麦(21.6μm)，平均为61.95μm，最大相差8.3倍；栅栏组织细胞的宽度8.40~17.36μm，以山荞麦最小，以小叶扶芳藤最大；海绵组织由1-7层细胞组成，厚度30.0~134.6μm，平均为62.75μm，以山荞麦最小，以小叶扶芳藤最大，最大相差4.5倍，海绵组织细胞的宽度10.40~31.50μm，以金银花最小，以山荞麦最大。蔡永立和宋永昌(2001)比较11种藤本植物发现不同种类叶片解剖特征之间具有明显的差异，栅栏组织、海绵组织和角质膜最大差异可以达到4.9倍、5.8倍和5.0倍。栅栏组织与海绵组织厚度比(P/S)为南蛇藤(2.89)>美国凌霄(0.91)>紫藤(0.89)>山荞麦(0.75)>小叶扶芳藤(0.68)>五叶地锦(0.60)>金银花(0.53)；叶片CTR在29.41~66.68%之间变化，叶片CTR最小的是五叶地锦，最大的是南蛇藤；叶片SR为24.06~49.98%之间变化，叶片SR最小的是南蛇藤，与叶片CTR正好相反，叶片SR最大的是小叶扶芳藤(表2-20)。

经方差分析各指标差异均达到极显著水平(表2-21)，多重比较(表2-20)表明根据下表皮厚度、下表皮角质层厚度和海绵组织细胞宽度可以把7种攀援植物分为5类，根据上表皮厚度、上表皮角质层的厚度、叶片厚度、海绵组织和栅栏组织的厚度、叶片组织结构的紧密度可分为4类，根据其他指标只能分为3类。栅栏组织厚度和P/S在各种类型植物上都能反应植物对干旱的适应，但是对于种类较多情况时，利用栅栏组织和海绵组织的比值或者叶片CTR更为可靠，可以消除叶片厚度差异的影响。

表2-21　7种攀援植物叶片组织结构特征方差分析

指标	CTUE	CTLE	TUE	TLE	TL	TST
*F*值	149.36**	215.21**	110.82**	104.96**	747.24**	273.62**
指标	WST	TPT	WPT	P/S	CTR	SR
*F*值	138.27**	809.54**	103.50**	207.38**	1193.22**	12410**

2.4.2　叶片气孔特征

北京7种攀援植物气孔均分在远轴面，气孔密度平均为203.0个·mm^{-2}，从大到小为美国凌霄(400.6个·mm^{-2})、金银花(354.0个·mm^{-2})、南蛇藤

(266.6个·mm^{-2})、紫藤(146.9个·mm^{-2})、小叶扶芳藤(99.5个·mm^{-2})、五叶地锦(96.3个·mm^{-2})、山荞麦(57.16个·mm^{-2})。气孔的长径和短径分别平均为21.74μm和15.27μm，气孔长径和短径都是山荞麦最大，分别为32.56μm和21.44μm，紫藤最小分别为12.16μm和7.22μm，气孔长径/气孔短径L/W在1.29~1.69之间，可见，7种攀援植物气孔的形状也都为椭圆形。单个气孔的面积平均为371.08$μm^2$，顺序为山荞麦(704.16$μm^2$)>五叶地锦(586.75$μm^2$)>南蛇藤(508.16$μm^2$)>小叶扶芳藤(340.22$μm^2$)>金银花(204.48$μm^2$)>美国凌霄(165.89$μm^2$)>紫藤(87.90$μm^2$)，变异也较大(表2-22)。7个地被植物在5个气孔参数上差异均达到极显著水平(表2-23)，多重比较（表2-22）表明根据气孔的特征可以分为4~5类，气孔密度和气孔长径变化幅度较大，可见攀援植物叶片的解剖性状较灵敏。

表2-22　7种攀援植物叶片气孔特征及多重比较

树种	SL (μm)	SW (μm)	SD (个·mm^{-2})	L/W	SA ($μm^2$)
xyfft	20.8d	15.84b	99.5e	1.33cd	340.22c
SE	0.90	0.90	4.48	0.03	33.97
wydj	28.43b	20.27a	96.3e	1.42bcd	586.75b
SE	0.84	0.61	3.42	0.06	26.27
nsht	25.33c	19.73a	266.6c	1.29d	508.16b
SE	1.12	0.83	5.78	0.03	35.82
lx	15.68e	10.56c	400.6a	1.50bc	165.89de
SE	0.32	0.32	9.24	0.05	6.58
jyh	17.20e	11.84c	354.0b	1.47bc	204.48d
SE	0.32	0.37	10.38	0.04	8.79
zt	12.16f	7.22d	146.9d	1.69a	87.90e
SE	0.68	0.10	5.63	0.09	5.32
sqm	32.56a	21.44a	57.1f	1.52b	704.16a
SE	0.93	0.60	4.22	0.03	38.41

表2-23　7种攀援植物叶片气孔特征方差分析

指标	SL	SW	SD	L/W	SA
*F*值	66.80**	73.82**	275.11**	9.06**	57.47**

2.4.3 叶片解剖结构特征与抗旱节水

7种攀援植物在北京都表现出良好的适应性，但种间的抗旱性有明显的差异，抗旱的途径也各不相同，小叶扶芳藤角质层发达，叶片近革质，而金银花叶背面密被绒毛，都是对干旱适应的表现。为了综合比较7种攀援植物的抗旱性，对以上19个叶片特征进行主成分分析，发现3个主成分就可以反映原始数据信息的92.56%。结果表明，表皮的厚度、角质层的厚度、绵绵组织的层数、栅栏组织和海绵组织的细胞宽度、气孔大小、栅栏组织与海绵组织的比值等性状对成分的贡献较大(表2-24)，为攀援植物的关键解剖性状。这些性状在以往研究中也有类似结果，如孟庆辉等人(2006) 认为叶片上表皮角质层厚度、叶片厚度及叶片栅栏组织厚度3个叶片结构参数在反应4个扶芳藤品种抗旱能力上最为灵敏。小而数目众多的气孔和表皮毛是金银花耐旱的主要特征(梁松洁等，2004)。根据主成分变量的原始含义可以指出3个主成分的功能含义：第I主成分(Y1)综合反映了植物叶片对水分和光照增加的适应(特征值为7.15)，其中作用较大的性状是表皮的厚度、角质层的厚度；第II主成分(Y2)也主要表现植物叶片对水分减少的适应(特征值为5.83)，其中以栅栏组织和海绵组织细胞宽度，气孔大小和气孔密度等性状的贡献较大；第III主成分(Y3)主要表现植物叶片对水分增加的适应(特征值为4.61)，主要体现在栅栏组织和海绵组织的厚度比值上。

表2-24 攀援叶片性状对前3个主成分的负荷量

指标	主成分			指标	主成分		
	1	2	3		1	2	3
TLE	0.953	0.223	0.953	SL	-0.205	-0.901	-0.205
LST	0.926	0.144	0.926	SA	-0.211	-0.896	-0.211
CTUE	0.918	-0.345	0.918	SW	-0.104	-0.841	-0.104
TUE	0.888	0.285	0.888	SD	-0.228	0.795	-0.228
CTLE	0.874	-0.434	0.874	TPT	-0.013	0.053	-0.013
TST	0.869	-0.119	0.869	LPT	0.336	-0.112	0.336
SR	0.812	0.482	0.812	TL	0.464	0.022	0.464
CTR	-0.705	-0.545	-0.705	L/W	-0.323	0.256	-0.323
WST	0.163	-0.963	0.163	P/S	-0.656	-0.217	-0.656
WPT	-0.182	-0.905	-0.182				

同样以第Ⅰ主成分和第Ⅱ主成分为轴，对 7 种攀援植物进行归类(图 2-5)，横轴正方向沿着表皮厚度、角质层厚度和海绵组织层数增加，反映植物对水分减少和光照增加的适应，纵轴正方向沿着栅栏组织和海绵组织细胞宽度和气孔大小减小的方向增加，反映对水分减少的适应。结果表明，7 种攀援植物大致可以分为 4 类：抗旱能力依次减弱，小叶扶芳藤为最抗旱的一类，金银花、紫藤和美国凌霄为第二类，五叶地锦和南蛇藤为第三类，山荞麦为耐阴最不抗旱的一类。

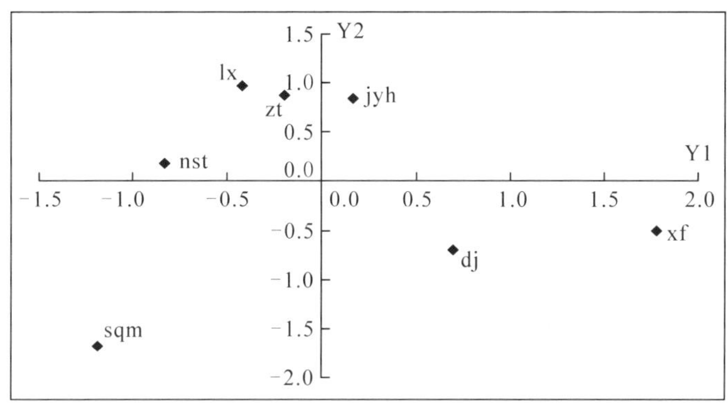

图 2-5　7 个攀援植物叶解剖结构特征的主因子聚类

2.5　不同类型绿化植物抗旱节水特性的比较

在北京不同类型的城市绿化植物中，叶片的上下角质层都是落叶阔叶乔木树种较大，分别为 2.26μm 和 1.05μm，其次是灌木，分别为 1.52μm 和 0.82μm，地被植物和攀援植物明显小于前两者，尤其是下表皮角质层。上下表皮的厚度均是乔木最大，分别为 17.88μm 和 13.26μm，草本地被植物最小，分别为 13.09μm 和 10.44μm(表 2-25)，这可能与乔木树种居于群落的上层，而草本通常在较阴暗的下层这种生活格局有关，群落上层受到太阳辐射较强烈，相对于草本植物吸收和输送水分消耗较大，因此，为了保证其正常的生长，形成了较厚的表皮的适应特征。叶片厚度是乔木(203.7μm)和木本地被植物(228.4μm)较大，攀援植物较小(151.7μm)。地被植物海绵组织厚度较大，而草本地被植物栅栏组织厚度却最小，而且草本地被植物和攀援植物海绵组织和栅栏组织的细胞宽度都较大，乔木、灌木和木本地被植物海绵组织和栅栏组织的细胞宽度较小。乔木、灌木和木本地被植物叶片 CTR 分别为 43.04%、42.36% 和 43.40%，明显大于草本地被植物(38.83%)和攀援植物(37.84%)的叶片CTR，而草本地被植物叶片SR明显大于乔木、灌木、木本地被植物和攀援植物，可见乔木、灌木和木本地被植物特征更趋于耐旱(表2-25)。从4种类型植物的气孔特征也可以看出，木本地被植物气孔最大，单个气孔的面积为405.85μm^2，其次是草本地被植物、攀援植物和灌木，单个气孔的面积分别为377.34μm^2、371.08μm^{2}和369.80μm^2，乔木树种的气孔最小，单个气孔的面积为353.56μm^2。灌木的气孔密度最大，为319.36个·mm^{-2}，草本地被植物气孔密度最小，为107.15个·mm^{-2}，乔木、木本地被植物和攀援植物气孔密度居中等水平，分别为231.50个·mm^{-2}、230.56个·mm^{-2}和203.01个·mm^{-2}。

表2-25 不同类型绿化植物叶片解剖特征

指标	乔木	灌木	木本地被	草本地被	攀援植物
CTUE(μm)	2.26±0.24	1.52±0.17	1.42±0.26	0.90±0.26	0.97±0.25
CTLE(μm)	1.05±0.21	0.82±0.16	0.53±0.09	0.63±0.20	0.58±0.21
TUE(μm)	17.88±1.92	15.76±0.60	17.28±2.27	13.09±2.28	14.37±2.23
TLE(μm)	13.26±0.95	10.82±0.43	12.10±1.14	10.44±1.58	10.51±1.87
TL(μm)	203.7±13.08	180.1±13.39	228.4±29.73	179.4±30.61	151.7±31.31
TST(μm)	89.43±10.11	80.03±9.31	98.14±19.50	92.66±24.41	62.75±13.14
LST(μm)	4.73±0.38	4.49±0.30	4.47±0.45	4.10±0.79	3.80±0.55
WST(μm)	12.07±0.99	10.11±0.93	9.71±0.69	14.46±2.29	14.43±2.60
TPT(μm)	84.99±6.04	75.46±6.26	98.48±13.26	61.77±9.45	61.95±21.16
LPT(μm)	1.88±0.23	2.03±0.23	1.93±0.11	1.50±0.20	1.29±0.19
WPT(μm)	8.68±0.86	9.23±0.86	9.79±1.78	12.83±1.17	11.18±1.19
P/S	1.07±0.08	1.03±0.09	1.09±0.14	1.00±0.14	1.04±0.31
CTR(%)	43.04±2.98	42.36±2.86	43.40±3.43	38.83±2.13	37.34±5.08
SR(%)	42.05±2.08	42.68±1.98	41.91±2.87	46.59±5.17	42.93±3.62
SL(μm)	21.40±1.48	21.77±1.11	24.38±1.48	25.06±1.35	21.74±2.78
SW(μm)	15.07±1.23	15.95±0.99	16.45±0.83	16.57±0.98	15.27±2.08
SD(个·mm^{-2})	231.50±29.14	319.36±38.31	230.56±77.39	107.15±17.80	203.01±51.73
L/W	1.51±0.05	1.40±0.03	1.53±0.11	1.33±0.20	1.46±0.05
SA(μm^2)	353.56±47.96	369.80±41.32	405.85±40.71	377.34±59.54	371.08±88.27

从以上结果可见，乔木和灌木的叶片解剖特征更趋于抗旱，而地被植物因有木本和草本区分，通常木本地被植物抗旱性强于草本地被植物，攀援植物的抗旱性介于乔木与草本之间，因其习性比较复杂，抗旱节水能力要根据攀援植物生活习性和生理特征而定。

第3章 北方城市绿化树种的耗水特征

水和土壤、大气一样，是城市存在的物质基础，没有水就没有城市的存在，甚至没有生命的存在。现代城市，每人每天需水量400～500L，一个100万人口的城市，每天生活需水量达4160～5200t，每一个行业，每一种产品都需要一定数量的用水。在一个城市中，工业用水占城市总用水量的7.0%～8.0%（常金宝，李吉跃，2005）。绿化植物在城市建设中发挥巨大生态功能的同时，也存在着自身耗水量过大，出现了涵养水源和水资源利用等供需方面的矛盾。城市缺水，不但直接影响工业产值和财政收入，而且在建设现代化的文明城市中，也影响净化、美化城市，影响到建植各种乔灌木为主体的城市植被，因此一定程度上制约了创造绿色城市景观。为此，根据北方城市多缺水的实际状况，选取北方常见不同生活型绿化树种进行盆栽苗木的耗水特性以及典型树木的液流变化规律研究，从而探索城市绿化树种的耗水规律和耗水潜力以及干旱胁迫对耗水量和耗水速率的影响，在比较不同生活型不同种苗木耗水特征的基础上选择一些具有一定抗旱潜力且观赏价值较高的不同生活型绿化树种，为城市绿化植物的高效节水型配置模式的探索，不同生活型绿化植物水分胁迫阈值的制定，以及城市绿化植物的节水灌溉制度的建立提供重要的理论基础。本书选择的北京城市绿化树种苗木分为4个生活型（表3-1）。典型树木的茎流规律利用热扩散式边材液流探针TDP测定，选择成熟绦柳为研究对象（表3-2）。

表3-1　盆栽苗木的基本情况表

种类(缩写)	苗高(cm)	地径/冠幅(cm)	叶数/单位枝数	单株叶面积(m^2)
桧柏(kb)	88.83 ±5.59	2.13 ±0.17	251 ±44 *	0.517 ±0.087
雪松(xs)	58.83 ±4.34	1.31 ±0.06	54 ±4 *	0.119 ±0.016
银杏(yx)	178.50 ±4.25	1.85 ±0.07	266 ±32	0.203 ±0.020
白蜡(bl)	178.5 ±4.12	1.885 ±0.09	417 +64	0.289 ±0.031
碧桃(bt)	86.16 ±6.20	2.62 ±0.11	169 +17	0.322 ±0.032
红王子锦带(hwz)	86.83 ±1.60	6.02 ±0.67	307 ±11	0.677 ±0.024
天目琼花(tmqh)	58.00 ±4.11	57.17 ±1.93 *	161 ±22	0.342 ±0.035
醉鱼草(zyc)	86.33 ±6.95	81.00 ±4.44 *	168 ±18	0.608 ±0.065
金叶女贞(jynz)	58.16 ±1.51	60.35 ±6.00 *	1213 ±43	0.408 ±0.015
紫叶小檗(xb)	55.83 ±4.34	1.07 ±0.15	239 ±19	0.123 ±0.013
金叶莸(jyy)	43.50 ±1.38	66.00 ±1.34 *	539 ±26	0.424 ±0.024
玉簪(yz)	25.00 ±0.26	52.92 ±1.42 *	61 ±4	0.537 ±0.024
山荞麦(sqm)	74.50 ±5.85	1.10 ±0.13	235 ±25	0.084 ±0.006
小叶扶芳藤(xf)	69.62 ±4.03	55.00 ±2.08 *	268 ±40	0.110 ±0.146

注：＊为冠幅和单位枝数。

表3-2　观测样木的基本参数

编号	高度(m)	胸径(cm)	冠幅(m×m)	边材面积(cm^2)
1	13.8	22.9	5.5 ×5.8	318.4
2	13.5	26.6	7.5 ×7.3	426.8
3	12.0	23.9	7.2 ×6.0	342.6

3.1　水分胁迫标准的制定及环境因子比较

3.1.1　水分胁迫标准的制定

水分胁迫的标准是水分生理研究首先要解决的问题。目前，判断植物的水分匮缺程度方面可分为间接(测定环境因素)和直接(测定作物测定含水量、水势、冠层温度等)两种方法。从方便操作的角度出发，盆栽苗木一般以盆栽土壤的含水量为标准。但是，刘祖琪(1994)认为仅依照土壤湿度来推断植物的水分亏缺并不正确，根据植株萎蔫状况说明缺水为时已晚，而且也不可靠(刘永红，2005)。所以，采用植物自身的水分指标来表示植物的水分胁迫状况更为可靠。目前已研究过的指标包括叶片的相对含水量(徐世昌和崔钦，1995)、叶片的气孔阻力和蒸腾速率(沈成国，2001)、冠层温差(王才斌等，2004)和水势(李吉跃，1990；李吉跃等，2002；Zhu *et al.*，2004)等，但一些指标也存在着一些缺陷，如相对含水量作为衡量水分胁迫程度的指标时，植物的饱和含水点不易界定以及植物存在渗透调节作用，所以存在误差较大，另外，叶片气孔阻力和蒸腾速率容易受环境的影响而不准确，然而植物的水势，尤其是黎明前的水势代表了植物水分恢复状况，在判断植物水分亏缺方面较为直接方便(李吉跃，1990；曾凡江等，2002)。本书采用黎明前小枝水势来划分植物的水分胁迫等级(表3-3)。

表3-3　苗木水分胁迫标准

水分胁迫等级	水分充分	轻度水分胁迫	中度水分胁迫	重度水分胁迫
黎明前水势(MPa)	> -0.8	-1 ~ -2	-2.5 ~ -3.5	< -4

当水势 > -0.8MPa时为水分充分期，李吉跃等人(2002)表明供水良好，供试苗木的叶水势都在 -0.74 ± 0.08MPa 以内，处于正常范围；当水势在 -1 ~ -2MPa时为水分胁迫的初期，苗木处于轻度水分胁迫；当水势在 -2.5 ~ -3.5MPa时为水分胁迫的中期，苗木处于中度水分胁迫；并且当苗木水势 < -4MPa时为水分胁迫的后期，苗木处于重度水分胁迫。在整个水分胁迫的过程中，每天进行耗水日变化测定，每个水分胁迫的梯度都选择晴朗天气的试验结果进行比较。

3.1.2　各胁迫阶段环境因子比较

水分胁迫各阶段指标的测定均选择典型的晴天进行，这些晴天的空气温度和相对湿度的测定结果见图3-1。

在干旱胁迫的不同阶段，空气温度差异不显著($p = 0.593 > p = 0.05$)，相对湿度差异也不显著($p = 0.907 > p = 0.05$)。表明各个阶段天气没有显著差异，测定的指标具有可比性。

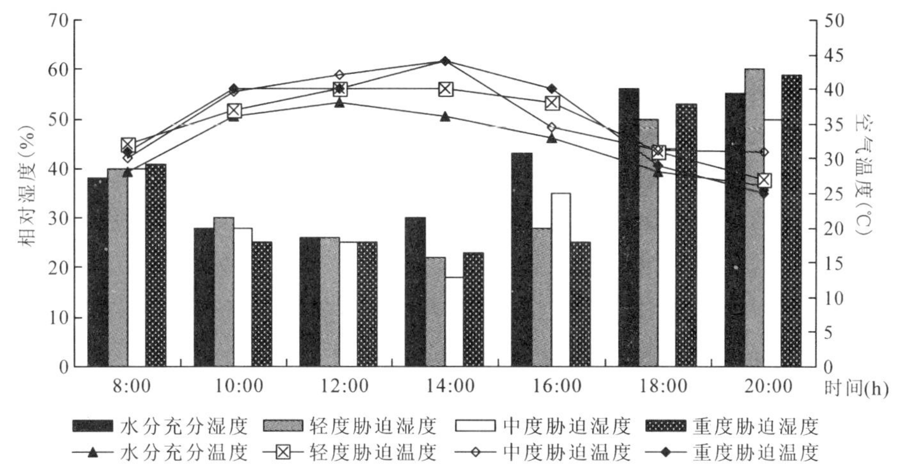

图 3-1　不同干旱程度空气温度和相对湿度日变化

3.2　城市绿化树种苗木的耗水特征

3.2.1　乔木树种苗木的耗水特性

3.2.1.1　乔木树种苗木耗水特性的比较

(1)水分充分条件下的耗水量比较

乔木绿化树种苗木的耗水试验选择了 2 个阔叶树种银杏(yx)和白蜡(bl)，2 个针叶树种雪松(xs)和桧柏(kb)。水分条件充分时，在晴朗天气条件下，银杏、白蜡、雪松和桧柏耗水量日变化呈有规则的“单峰型”(图 3-2)。早上耗水量较低，之后随着气温升高，空气相对湿度降低，耗水量增加，雪松和桧柏耗水高峰出现在 10:00 ~ 12:00 点之间，银杏和白蜡耗水高峰出现在 12:00 ~ 14:00 之间，以后逐渐降低。高峰时段每小时耗水量从大到小为白蜡、桧柏、银杏和雪松，分别为：70.55g、38.15g、33.89g 和 28.79g，经方差分析差异达到极显著水平($p = 2.98E-07 < p = 0.01$，$n = 6$)，多重比较表明白蜡与银杏、雪松和桧柏均差异极显著，而后 3 者之间差异不显著。银杏、白蜡、雪松和桧柏耗水高峰时段每小时耗水量占白天耗水量比例分别为 13.4%、12.4%、12.2% 和 13.3%，占全天耗水量比例分别为 11.9%、12.0%、10.4% 和 11.6%，接近一些研究显示的高峰期每小时耗水量占白天耗水量的 14% 和占全天耗水量 13% 左右的推论(招礼军，2003；王玉涛，2005；茹桃勤，2007)。进一步验证了可以利用日耗水高峰

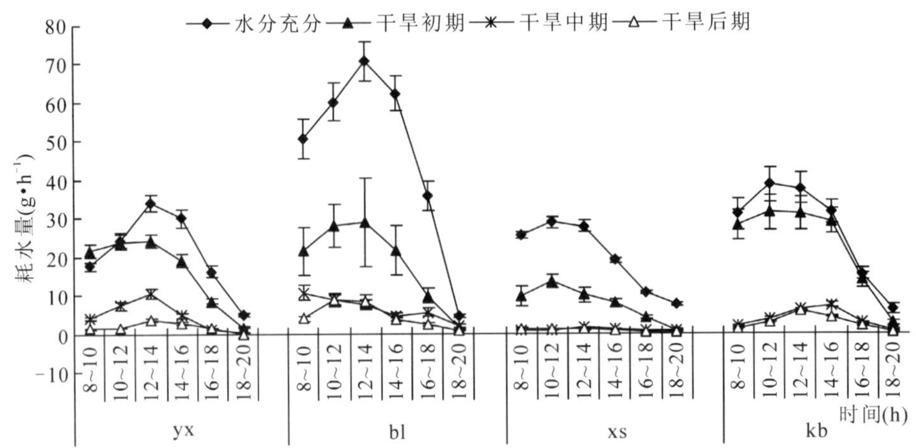

图 3-2　不同干旱时期乔木树种苗木耗水量日变化

期的耗水量来准确测定白天或全天耗水量的预测，从而减少试验的工作量。

(2)水分充分条件下的耗水速率比较

植物耗水量的大小是由每一个体的生物量(主要为叶面积)和单位面积耗水量来决定的。不同植物，不同类群以及不同生长发育期个体生物量变化很大，其耗水量之间差异也很大。因此评价植物耗水量的大小不能完全以单株总耗水量的大小来衡量。单位时间内单位叶面积耗水量(耗水速率)是植物固有的生理特性，是由其内在的遗传物质决定的，并具有稳定性，是衡量植物蒸腾耗水的一个重要生理指标。耗水速率可以反映植物调节自身水分损耗能力和在不同环境中的实际耗水能力，可以用来比较不同植物固有的耗水能力的大小。

表 3-4　不同时期乔木树种苗木叶面积变化　(m^2)

种名	正常水分	干旱初期	干旱中期	干旱后期
yx	0.250 ±0.020	0.186 ±0.017	0.161 ±0.033	0.140 ±0.011
bl	0.355 ±0.031	0.299 ±0.026	0.263 ±0.024	0.212 ±0.045
xs	0.119 ±0.016	0.123 ±0.011	0.111 ±0.008	0.103 ±0.028
kb	0.517 ±0.087	0.517 ±0.087	0.517 ±0.087	0.488 ±0.022

在苗木受到水分胁迫时，苗木的叶面积会发生一定的变化，但各个种间差异较大(表3-4)，银杏在干旱的过程中持续落叶，而阔叶树种的白蜡在轻度干旱时，叶片并不脱落，只有在严重干旱时才表现出部分落叶，但干旱的过程中叶色会逐渐变暗淡，枯萎，直至失去生活功能。雪松和桧柏只在后期，有少量松针脱

落，叶面积减少，叶色也开始变色暗。遭遇严重干旱时，几乎所有的叶子都萎蔫，部分叶子变黄，还有一部分叶子卷曲、枯干，但依然着生于枝条上而并不脱落，当遇到刮风或外力震动作用时才脱落。

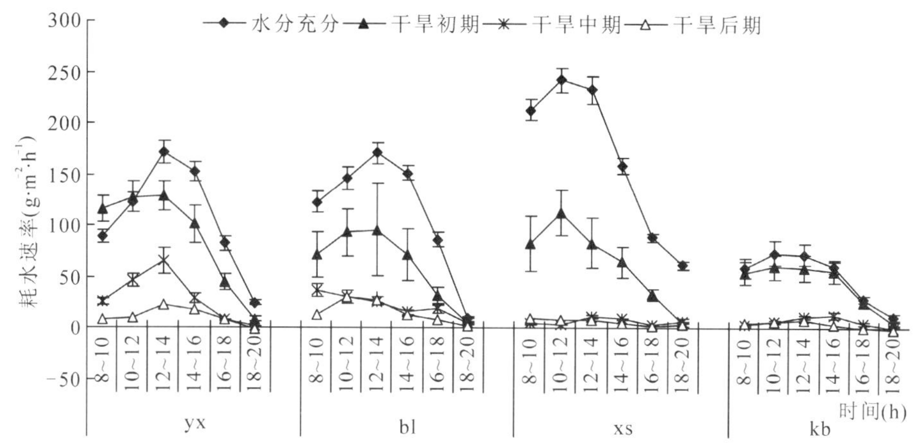

图3-3　不同干旱时期乔木树种苗木耗水速率日变化

根据4种植物苗木不同时间段耗水量和叶面积，计算苗木单位时间单位叶面积耗水量即耗水速率(Water Consumption Rate，WCR)(图3-3)。无论水分正常还是水分胁迫条件下，苗木耗水速率有明显的日变化规律，这种规律因种类不同、叶形不同和环境条件的差异发生一定的变化，但其总的趋势基本一致。4种植物耗水速率日变化规律均呈“单峰型”，峰值均出现在10：00～14：00区间内，随着水分胁迫的加重，单峰趋势逐渐不明显。因耗水速率是由耗水量和叶面积计算出来的，因此耗水速率日变化趋势与耗水量日变化趋势完全一致，但各时段的峰值和下降幅度不同。

最大耗水速率是表示植物最大耗水潜力的水分生理指标。银杏、白蜡、雪松和桧柏最大耗水速率分别为172.34g·m^{-2}·h^{-1}、171.60g·m^{-2}·h^{-1}、242.46g·m^{-2}·h^{-1}和74.30 g·m^{-2}·h^{-1}，其排序为：雪松＞银杏＞白蜡＞桧柏(图3-3)。雪松最大耗水量较小，但最大的耗水速率却较大，因为耗水速率不仅仅决定于耗水量而且还决定于生物量(叶面积)，雪松耗水量虽然小，但其叶面积很小，耗水速率较大；而桧柏虽然耗水量较大，但由于叶面积更大，因此其耗水速率则较小，这是造成耗水速率和耗水量排序差异的根本原因。银杏和白蜡最大耗水量虽然差距加大，但是最大耗水速率非常接近。郭志华(1998)在夏季晴天土壤供水充足的条件下对生长在庐山山地上的银杏叶片蒸腾速率进行研究表明银杏日最大蒸腾速率约为 246.24 $g \cdot m^{-2} \cdot h^{-1}$(3.8mmol $H_2O \cdot m^{-2} \cdot s^{-1}$)，略高于本书的研究结果，这可能是由于最大蒸腾速率反映的是树木潜在的最大耗水能力所致，另外南北方空气温湿气差异也会影响最大耗水速率。

在正常水分供应的条件下，银杏、白蜡、雪松和桧柏苗木白天的平均耗水速率分别为 107.50$g \cdot m^{-2} \cdot h^{-1}$、114.96$g \cdot m^{-2} \cdot h^{-1}$、166.23$g \cdot m^{-2} \cdot h^{-1}$和 51.39$g \cdot m^{-2} \cdot h^{-1}$。耗水速率由高到低的顺序为：雪松 > 白蜡 > 银杏 > 桧柏。经方差分析，4 种苗木之间耗水速率差异达到极显著水平($p = 7.71E-06 < p = 0.01$，$n = 6$)，针叶树种桧柏白天平均耗水速率最小。用 q 检验法，在 $\alpha = 0.01$ 水平上进行多重比较，桧柏耗水速率极显著低于雪松、白蜡和银杏；雪松、白蜡和银杏差异不显著。银杏日平均耗水速率 103.98$g \cdot m^{-2} \cdot h^{-1}$，与郭志华等(1998)研究银杏的日平均蒸腾速率约为 120.53$g \cdot m^{-2} \cdot h^{-1}$(1.86 mmol $H_2O \cdot m^{-2} \cdot s^{-1}$)基本一致。由上述研究结果可知，最大耗水速率和日均耗水速率均以雪松最大，其次为白蜡和银杏，桧柏最小。因此，在水分充分条件下，从耗水速率的角度去衡量，雪松为高耗水乔木树种，而桧柏为低耗水植物，而白蜡和银杏耗水速率较接近。以往研究树木的蒸腾速率时，大多用表示树木潜在耗水能力的最大蒸腾速率比较植物之间蒸腾耗水能力大小，具有较高的可比性，但如果用它来研究植物的实际耗水量时就会产生较大的误差。如果用实际耗水能力计算得到的最大耗水速率来进行比较也会出现同样问题，因此，必须找出植物的最大耗水速率与其平均耗水速率之间的关系后，才能使用最大耗水速率来对树木的实际耗水情况进行研究比较。对 4 种乔木树种苗木研究表明，最大耗水速率与白天平均耗水速率的比值为银杏 1.60 倍、白蜡 1.49 倍、雪松 1.46 倍、桧柏 1.45 倍，银杏苗木比值在沙柳(为 1.56 倍)和黄栌及火炬树(1.76 倍)之间，白蜡略低于二者，而两种针叶树种的比值与侧柏及油松(1.48 倍)的比值非常接近(招礼军，2003；王玉涛，2005)。根据这一比例关系，在对树木的最大耗水速率进行测定后，可以推算出其白天的平均耗水速率，并进一步推算白天(或整天)的耗水量，从而减少测定的工作量。

3.2.1.2 水分胁迫对乔木树种苗木耗水特性的影响

(1)水分胁迫下的耗水量日变化比较

4 种乔木绿化树种苗木经轻度水分胁迫，耗水量明显下降(图 3-2)。耗水的日变化仍然呈“单峰型”变化，上午耗水量明显高于下午。可见苗木代谢活动在上午比较旺盛。耗水的高峰出现在 10:00 ~ 14:00，且从图 3-2 可见，4 种乔木树种苗木在 10:00 ~ 12:00 和 12:00 ~ 14:00 之间每小时耗水量十分接近，后者略大于前者。高峰时段每小时耗水量在9.89～30.78g之间变化，与水分充分时相比明显下降，银杏、白蜡、雪松和桧柏依次为：23.95g、28.80g、9.89g和30.78g，方差分析表明差异不显著($p=0.118>p=0.05$，$n=6$)，此时分别比水分充分时下降了29.3%、59.2%、65.6%和19.3%，白蜡和雪松在该阶段下降比较明显。此时，高峰时段每小时耗水量占白天耗水量比例分别为12.1%、12.9%、10.9%和11.5%，占全天耗水量比例分别为11.3%、12.1%、9.9%和10.4%，与水分充分时期无明显变化。

当苗木水势降到－2.5～－3.5MPa时，苗木处于中度水分胁迫状态，4种乔木树种苗木的耗水量下降幅度都较大，耗水日变化曲线发生变化，白蜡从早上8:00开始持续下降，其他3种耗水的高峰依然发生在10:00～14:00之间，高峰时段每小时耗水量在1.38～11.38 $g \cdot h^{-1}$之间变化，银杏、白蜡、雪松和桧柏依次为11.38g、10.63g、1.38g和7.13g，经方差分析差异极显著($p=1.07E-07<p=0.01$，$n=6$)，此时分别比水分充分时下降了68.9%、84.9%、95.2%和81.3%，高峰时段每小时耗水量占白天耗水量比例分别为19.7%、9.8%、14.2%和16.2%，占全天耗水量比例分别为18.6%、8.5%、14.1%和14.6%，可见，在中度水分胁迫时苗木的耗水方式和能力发生明显的变化，雪松只维持极低的耗水量。

当苗木水势<－4MPa时，苗木出现明显的致死状态，叶色灰白、萎蔫或大量脱落，此时苗木处于重度水分胁迫状态。白蜡和雪松耗水高峰期提前，高峰时段每小时耗水量银杏、白蜡、雪松和桧柏分别为3.70g、8.76g、1.26g和4.56g，分别比水分充分时下降了89.1%、87.6%、95.5%和85.5%，高峰时段每小时耗水量占白天耗水量比例分别为17.1%、15.7%、16.4%和17.3%，占全天耗水量比例分别为16.1%、14.7%、15.3%和18.5%，桧柏高峰时段每小时耗水量占白天耗水量比例小于占全天耗水量比例，说明干旱的后期桧柏已经发生倒吸水现象，夜间叶片从空气中吸收水分，使重量增加。

(2)水分胁迫下的耗水速率日变化比较

经水分胁迫，苗木的耗水速率呈现下降趋势，下降速度有一定差异，中后期耗水速率日变化不明显(图3-3)。轻度水分胁迫时，4种苗木耗水速率都显著下降，银杏、白蜡、雪松和桧柏最大耗水速率分别为128.43$g \cdot m^{-2} \cdot h^{-1}$、96.34$g \cdot m^{-2} \cdot h^{-1}$、113.13$g \cdot m^{-2} \cdot h^{-1}$和60.19$g \cdot m^{-2} \cdot h^{-1}$，分别下降23.1%，43.9%，53.4%和18.9%，雪松的下降幅度最大，桧柏的下降幅度最小，表明雪松气孔对水分胁迫很敏感，而桧柏气孔对水分胁迫反应不敏感；此时4种苗木耗水速率的差异变小，仍然是桧柏的耗水速率最小，白天平均耗水速率分别为，88.16g·m^{-2}·h^{-1}、61.78g·m^{-2}·h^{-1}、63.88g·m^{-2}·h^{-1}和43.48g·m^{-2}·h^{-1}，雪松和白蜡白天平均耗水速率下降较大，而银杏和桧柏下降较小（见图3-4），此时种间耗水速率差异不显著（$p=0.252>p=0.05$，$n=6$），说明雪松和白蜡在干旱的中后期只能通过大量降低蒸腾速率来忍耐干旱。刘淑明(2004)表明经较长时间干旱雪松蒸腾速率降低了46.4%，气孔阻力增大，表明雪松有一定的抗旱能力，此时，银杏、白蜡、雪松和桧柏最大耗水速率与白天平均耗水速率的比值也发生相应变化，分别为1.46倍、1.56倍、1.77倍和1.38倍，银杏和桧柏有所下降，而白蜡和雪松比值有所增加，可见银杏和桧柏在受到轻度干旱后可以通过降低最大耗水速率来躲避干旱。

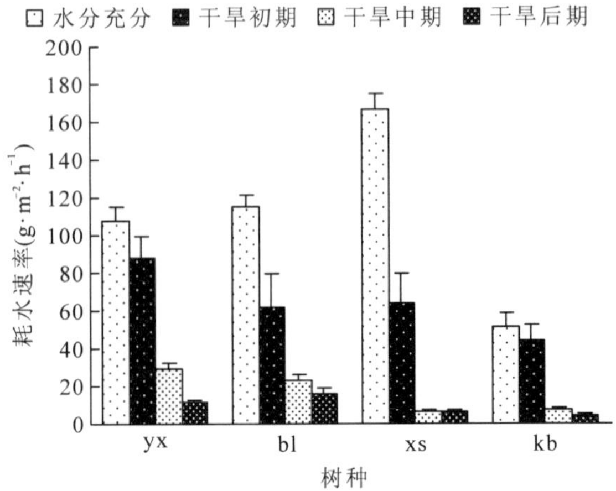

图3-4　不同干旱时期乔木树种苗木日平均耗水速率

中度水分胁迫时，除了银杏还保持一定的耗水速率日变化，其他3种耗水速率波动较小，最大耗水速率出现的时间也发生不规律变化，刘丹和陈祥伟(2006)研究表明当苗木严重干旱时气象因子对苗木蒸腾耗水的影响不再明显。银杏、白蜡、雪松和桧柏分别比水分充分时下降60.8%、78.5%、95.2%和81.5%，白天平均耗水速率分别为29.38g·m^{-2}·h^{-1}、22.58g·m^{-2}·h^{-1}、6.76g·m^{-2}·h^{-1}和7.08g·m^{-2}·h^{-1}，两个阔叶种与两个针叶种白天平均耗水速率差异显著($p=5.574E-06<p=0.01$，$n=6$)；重度水分胁迫时，银杏、白蜡、雪松和桧柏分别比水分充分时最大耗水速率下降86.3%、82.5%、95.6%和88.2%，白天平均耗水速率分别为11.15g·m^{-2}·h^{-1}、16.10 g·m^{-2}·h^{-1}、6.68g·m^{-2}·h^{-1}和4.25 g·m^{-2}·h^{-1}，差异达到极显著水平($p=3.245E-05<p=0.01$，$n=6$)。银杏下降的速率比较平稳，并且伴有不同程度的落叶，白蜡叶片从枝条下部向上部逐渐枯萎，可见银杏和白蜡是通过减少叶面积和气孔关闭两种方式来降低蒸腾耗水，雪松和桧柏主要是通过改变气孔开闭情况来减少蒸腾。干旱引起针叶树种气孔的完全关闭，只保持较低的角质层蒸腾，持续的干旱可以引起气孔导度和根系的水力导度显著下降，蒸腾速率几乎为零(Aroca *et al.*，2006)，而两个落叶乔木树种苗木仍保持一定蒸腾。

3.2.2 灌木树种苗木的耗水特性

3.2.2.1 灌木树种苗木耗水特性的比较

(1)水分充分条件下的耗水量比较

在对20种灌木的抗旱特性和节水研究的基础上，选择了醉鱼草(zyc)、天目琼花(tmqh)、红王子锦带(hwz)和碧桃(bt)4种北京典型的灌木进行了水分胁迫试验。在水分胁迫的不同阶段，北京4种灌木树种苗木的耗水量日变化有明显差异(图3-5)。在土壤水分条件充分，天气晴朗的条件下，醉鱼草、天目琼花、红王子锦带和碧桃4种灌木苗木耗水量日变化呈较宽广的“单峰型”。早上耗水量都比较低，随着气温升高，耗水量增加，耗水高峰出现在10:00~14:00之间，其中，醉鱼草和天目琼花在10:00~12:00和12:00~14:00两个时间段耗水量差异较小，前一时段略大于后一时段，以后逐渐降低。高峰时段每小时耗水量从大到小为红王子锦带、碧桃、醉鱼草和天目琼花，分别为：75.81g、71.31g、70.33g和34.34g，经方差分析差异达到极显著水平($p=0.004<p=0.01$，$n=6$)，多重比较表明天目琼花与醉鱼草、红王子锦带和碧桃差异极显著，而后3者之间差异不显著。醉鱼草、天目琼花、红王子锦带和碧桃耗水高峰每小时耗水量占白天耗水量比例分别为14.7%、14.5%、15.9%和15.9%，占全天耗水量比例分别为13.4%、13.3%、13.2%和14.5%，灌木所占的比率比乔木稍高，更加接近高峰期每小时耗水量占白天耗水量的14%和占全天耗水量13%左右这一推论，进一步验证了可以利用日耗水高峰期的耗水量来准确测定白天或全天耗水量的预测。

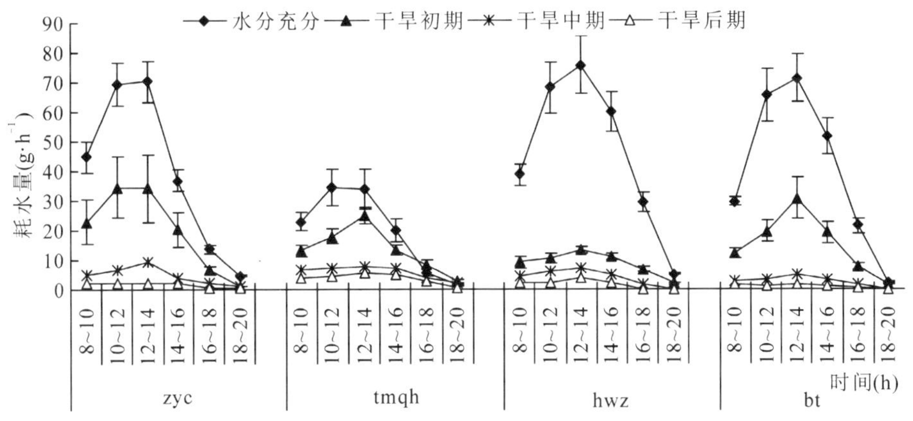

图3-5 不同干旱时期灌木树种苗木耗水量日变化

(2)水分充分条件下的耗水速率比较

在水分胁迫条件下，由于不同树种叶片对水分胁迫有不同的响应和适应方式，因此，在不同的干旱阶段树木叶片生长因受到不同程度水分胁迫的影响而导致叶面积发生较大变化。在北京4种灌木中，当遭受干旱胁迫时，碧桃出现明显落叶，醉鱼草和红王子锦带表现出叶子从植株的下方向上逐渐枯萎、天目琼花叶片主要表现在变色，卷曲，直至干枯。碧桃叶面积变化较明显，其他3种变化比较平缓，天目琼花叶面积变化的幅度最小(表3-5)。

表3-5　不同时期灌木树种苗木叶面积变化　(m^2)

种名	正常水分	干旱初期	干旱中期	干旱后期
zyc	0.608 ±0.065	0.600 ±0.017	0.561 ±0.033	0.350 ±0.011
tmqh	0.342 ±0.035	0.350 ±0.031	0.323 ±0.024	0.282 ±0.045
hwz	0.677 ±0.024	0.649 ±0.006	0.569 ±0.017	0.403 ±0.028
bt	0.322 ±0.032	0.281 ±0.028	0.180 ±0.018	0.180 ±0.013

根据4种灌木树种苗木不同时间段耗水量和叶面积，计算苗木耗水速率(图3-6)。结果显示，无论水分正常还是水分胁迫条件下，苗木耗水速率都有明显的日变化规律，这种规律因种类不同发生一定的变化，但其总的趋势基本呈“单峰型”，峰值均出现在10:00～14:00区间内，随着水分胁迫的加重，峰值越来越不明显，尤其到中度和重度水分胁迫时，耗水速率接近零，一天内的波动也较小。

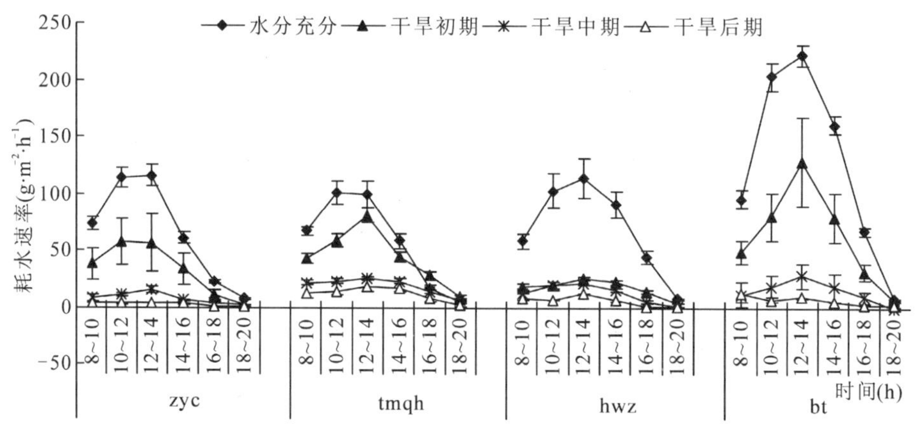

图3-6　不同干旱时期灌木树种苗木耗水速率日变化

在水分充分条件下，醉鱼草、天目琼花、红王子锦带和碧桃最大耗水速率分别为115.69g·m^{-2}·h^{-1}、100.53g·m^{-2}·h^{-1}、114.29g·m^{-2}·h^{-1}、221.80g·m^{-2}·h^{-1}，其排序为：碧桃>醉鱼草>红王子锦带>天目琼花，这与最大耗水量排序不同，但天目琼花依然为最小。经方差分析4种灌木最大耗水速率差异极显著($p=1.448E-6<p=0.01$，$n=6$)，主要是碧桃与其他3种间存在差异。可见在水分充分的条件下，碧桃最大的耗水速率最大，耗水潜力较大，而其他3种不存在显著差异，都明显低于碧桃。在正常水分供应的条件下，醉鱼草、天目琼花、红王子锦带和碧桃苗木白天的平均耗水速率分别为：65.72g·m^{-2}·h^{-1}、57.74g·m^{-2}·h^{-1}、69.55g·m^{-2}·h^{-1}和125.98g·m^{-2}·h^{-1}(图3-7)。经方差分析，种间耗水速率差异极显著($p=1.189E-6<p=0.01$，$n=6$)，多重比较表明白天平均耗水速率为碧桃显著高于醉鱼草、天目琼花、红王子锦带，是后3者的1.81~2.18倍，而醉鱼草、天目琼花、红王子锦带之间无显著差异。对4种灌木树种苗木研究表明，最大耗水速率与白天平均耗水速率的比值为醉鱼草1.76倍、天目琼花1.74倍、红王子锦带1.74倍、碧桃1.76倍，与黄栌及火炬树(1.76倍)非常接近，高于沙柳、白蜡和银杏(招礼军，2003；王玉涛，2005)。

3.2.2.2　水分胁迫对灌木树种苗木耗水特性的影响

(1)水分胁迫下的耗水量日变化比较

当遭受轻度水分胁迫时，北京4种灌木树种苗木耗水量明显下降(图3-5)。耗水的日变化仍然呈“单峰型”变化，耗水的高峰期集中在10:00~14:00。高峰时段每小时耗水量在13.16~34.61g之间变化，与水分充分时相比明显下降，醉鱼草、天目琼花、红王子锦带和碧桃依次为：34.61g、24.93g、13.16g和30.68g，方差分析表明差异未达到显著水平($p=0.131>p=0.05$，$n=6$)，此时分别比水分充分时下降了50.8%、27.4%、82.6%和57.0%，红王子锦带在该阶段下降最为明显，其次是碧桃和醉鱼草，天目琼花下降幅度较小。此时，高峰时段每小时耗水量占白天耗水量比例分别为14.4%、15.4%、12.4%和16.9%，占全天耗水量比例分别为13.5%、14.2%、10.7%和15.6%，高于水分充分时期所占的比例。在这一阶段，除碧桃已开始落叶外，其他树种只出现个别叶片萎蔫、卷曲现象。

在遭受中度水分胁迫时，苗木耗水量下降幅度都较大，耗水日变化曲线发生变化，耗水的高峰依然出现在12:00~14:00之间，高峰时段每小时耗水量在5.11~9.50g·h^{-1}之间变化，醉鱼草、天目琼花、红王子锦带和碧桃次为9.50g、7.77g、7.10g和5.11g，经方差分析差异显著($p=0.015<p=0.05$，$n=6$)，多

重比较发现主要是醉鱼草和碧桃之间耗水存在差异。此时分别比水分充分时下降了86.5%、77.4%、90.6%和92.8%，高峰时段每小时耗水量占白天耗水量比例分别为16.7%、11.2%、14.4%和15.5%，占全天耗水量比例分别为15.5%、10.3%、13.8%和15.3%。

当苗木小枝水势 < -4MPa 时，苗木已处于重度水分胁迫状态，碧桃出现大量落叶，其他3种叶片严重枯萎。白天耗水波动较小，可见当植物受到重度水分胁迫后，苗木的蒸腾耗水受气象因子的影响较小，主要是由植物内在的特性决定。醉鱼草、天目琼花、红王子锦带和碧桃没有明显耗水高峰时段，12:00～14:00稍高于其他时段，该时段每小时耗水量分别为2.43g、5.52g、4.14g和1.42g，分别比水分充分时下降了96.6%、83.9%、94.5%和98.0%，高峰时段每小时耗水量占白天耗水量比例分别为12.1%、12.6%、18.8%和12.8%，占全天耗水量比例分别为12.7%、11.5%、19.1%和11.7%，红王子锦带高峰时段每小时耗水量占白天耗水量比例小于占全天耗水量比例，说明干旱的后期红王子锦带已经倒吸水，叶片在夜间从空气中吸收水分，使重量增加。

(2)水分胁迫下的耗水速率日变化比较

经水分胁迫，苗木的耗水速率呈现下降趋势，下降速度有一定差异，干旱的中后期耗水速率日变化不明显(图3-6)。轻度水分胁迫时，北京4种灌木树种苗木耗水速率都显著下降，醉鱼草、天目琼花、红王子锦带和碧桃最大耗水速率分别为56.92g·m^{-2}·h^{-1}、80.86g·m^{-2}·h^{-1}、25.55 g·m^{-2}·h^{-1}和128.33g·m^{-2}·h^{-1}，耗水速率的差异缩小，分别比水分充分时下降50.8%，19.6%，77.6%和42.1%，白天的平均耗水速率分别为32.89g·m^{-2}·h^{-1}、43.71g·m^{-2}·h^{-1}、17.12g·m^{-2}·h^{-1}和62.11g·m^{-2}·h^{-1}($p=0.051>p=0.05$，$n=6$)，分别比水分充分时下降50.0%、24.3%、75.4%和50.7%(图3-7)，红王子锦带下降幅度最大，此时的耗水速率最小，而碧桃仍然维持最大耗水速率。此时最大耗水速率与白天平均耗水速率的比值发生

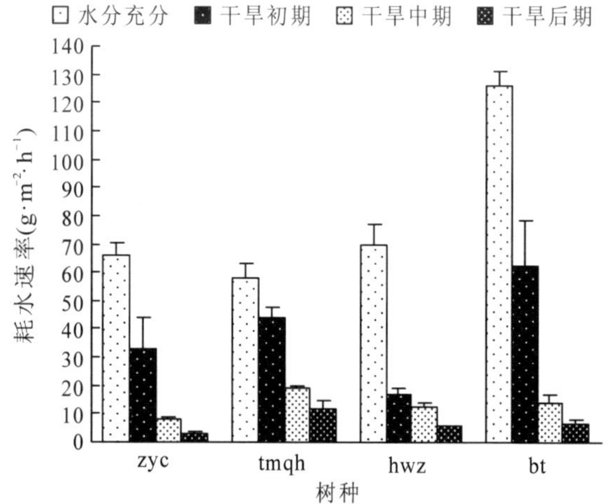

图3-7 不同干旱不同时期灌木树种苗木日平均耗水速率

明显变化，醉鱼草和红王子锦带的最大耗水速率与白天平均耗水速率的比值有所下降分别为 1.73 倍和 1.49 倍、天目琼花和碧桃分别增加为 1.85 倍和 2.07 倍；当苗木受到中度水分胁迫时，4 种灌木的最大耗水速率下降幅度都比较大，分别下降 86.5%、74.9%、81.1% 和 87.4%，白天平均耗水速率为 7.79g·m^{-2}·h^{-1}、18.76g·m^{-2}·h^{-1}、12.53g·m^{-2}·h^{-1}和 13.87g·m^{-2}·h^{-1}($p=0.01<p=0.05$，$n=6$)，分别比水分充分时下降了 88.1%、67.5%、82.0% 和 89.0%；重度水分胁迫时，醉鱼草、红王子锦带和碧桃耗水速率都下降了 80% 以上，而天木琼花还维持相对高的耗水速率，保持相对正常代谢活动，可见天目琼花在水分充分时耗水不多，当苗木达到中度水分胁迫，仍表现出较好的抗旱特性，当苗木受到重度水分胁迫时，最大耗水速率分别比水分充分时下降 96.6%、82.2%、88.9% 和 95.8%，白天平均耗水速率分别为 2.76 g·m^{-2}·h^{-1}、11.80g·m^{-2}·h^{-1}、5.61g·m^{-2}·h^{-1}和 6.32g·m^{-2}·h^{-1}($p=0.004<p=0.01$，$n=6$)，苗木基本处于被迫失水的状态。目前研究表明，蒸腾速率在某些情况下与抗旱性成负相关，随着水分逆境的发展，气孔关闭是植物蒸腾下降的主要因素（黄颜梅等，1997）。

3.2.3　地被植物苗木的耗水特性

地被植物是指那些株丛密集、低矮，经简单管理即可用于代替草坪覆盖在地表、防止水土流失，能吸附尘土、净化空气、减弱噪音、消除污染并具有一定观赏和经济价值的植物。它不仅包括多年生低矮草本植物，还有一些适应性较强的低矮、匍匐型的灌木和藤本植物，是根据植物在绿化上的作用分类的一类植物群，种类比较复杂。专门针对这一类群的耗水研究较少，有一些报道是将这一类群植物中的某些植物作为灌木等研究，如金叶女贞和小叶黄杨（李丽萍等，2007）。本书选择了 3 种木本地被植物金叶莸（jyy）、金叶女贞（jynz）和紫叶小檗（xb），及 1 种草本地被植物玉簪（yz）进行水分胁迫的耗水试验，对其各时段的耗水能力进行比较，筛选出抗旱节水能力强的地被植物应用于城市绿化建设中。

3.2.3.1　地被植物苗木耗水特性的比较

(1)水分充分条件下的耗水量比较

从图 3-8 可以看出，在土壤水分条件充分，天气晴朗的条件下，金叶莸、金叶女贞、紫叶小檗和玉簪 4 种地被植物苗木耗水量日变化也呈“单峰型”，峰值出现在 10:00～14:00，其中，紫叶小檗出现在 10:00～12:00，其余 3 种出现在 12:00～14:00。高峰时段每小时耗水量从大到小为金叶莸、金叶女贞、玉簪和紫叶小檗，分别为：83.43g、41.31g、31.05g 和 18.68g，经方差分析差异达到极显著水平($p=9.910E-11<p=0.01$，$n=6$)，金叶莸、玉簪、金叶女贞和紫叶小檗高峰期每小时耗水量占白天耗水量比例分别为15.6%、12.6%、15.9%和14.7%，占全天耗水量比例分别为14.1%、10.8%、14.1%和13.1%，玉簪高峰期每小时耗水量占白天和全天耗水量比例都较小，可能是玉簪叶面积相互交叠，互相遮荫，避免了中午的强光高温所致。

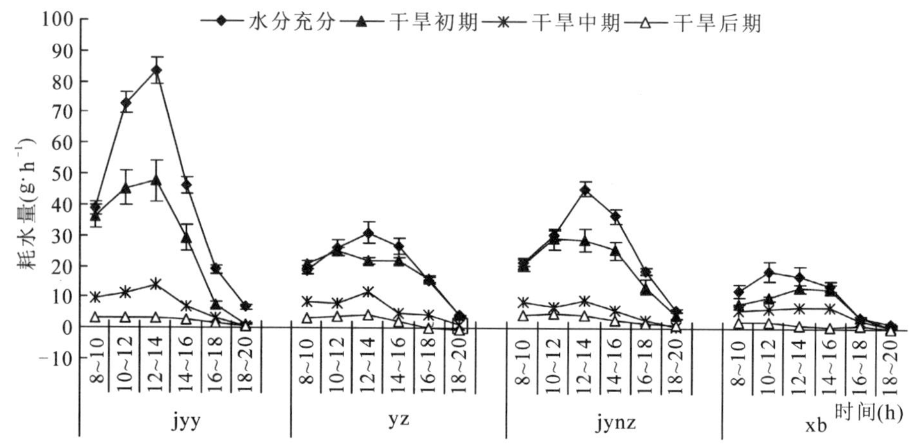

图3-8　不同干旱阶段时期被植物苗木耗水量日变化

(2)水分充分条件下的耗水速率比较

地被植物的叶面积在干旱的各时期都有一定的变化(表3-6)。金叶莸和玉簪在水分胁迫程度加剧时，其叶面积逐渐下降，而金叶女贞和紫叶小檗，在轻度水分胁迫时叶面积基本不变或者稍有上升，主要是轻度水分胁迫时苗木还有一定生长量的缘故。

表3-6　不同时期地被植物苗木叶面积变化　(m^2)

种名	正常	初期	中期	后期
jyy	0.424±0.024	0.413±0.023	0.389±0.014	0.338±0.016
yz	0.537±0.024	0.528±0.023	0.491±0.015	0.400±0.017
jynz	0.408±0.015	0.411±0.014	0.387±0.010	0.358±0.013
xb	0.123±0.013	0.124±0.003	0.122±0.008	0.115±0.003

根据北京4种地被植物苗木不同时间段耗水量和叶面积，计算苗木的耗水速率(图3-9)。结果显示，无论水分正常还是水分胁迫条件下，苗木耗水速率均有明显的日变化规律，但其总的趋势呈不规则“单峰型”，峰值均出现在10:00~

14:00 区间内，峰值高低种间差异较大。随着水分胁迫的加重，峰值不明显，偶有双峰出现，上午的耗水量通常大于下午，中度和重度水分胁迫时，耗水速率一天内的波动较小。

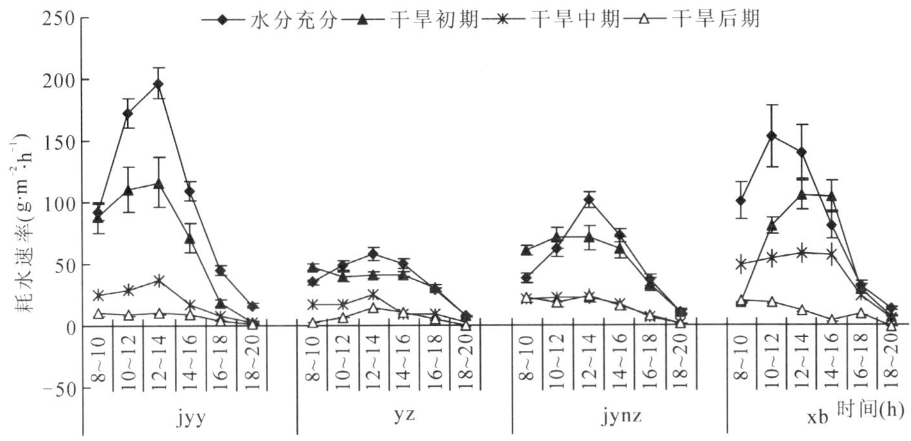

图 3-9　不同干旱时期地被植物苗木耗水速率日变化

在水分充分条件下，金叶莸、玉簪、金叶女贞和紫叶小檗最大耗水速率分别为 196.62g · m^{-2} · h^{-1}、57.81g · m^{-2} · h^{-1}、111.40g · m^{-2} · h^{-1}和 152.21g · m^{-2} · h^{-1}，其排序为金叶莸 > 紫叶小檗 > 金叶女贞 > 玉簪，与最大耗水量排序不同，但金叶莸耗水量和耗水速率都为最大。经方差分析 4 种苗木最大耗水速率差异达到极显著水平($p = 3.339E-6 < p = 0.01$，$n = 6$)，经多重比较表明金叶莸与其他 3 者之间都差异显著，而金叶女贞和紫叶小檗与玉簪差异显著。可见在水分充分的条件下，金叶莸的耗水速率最大，耗水潜力较大，而玉簪耗水速率最低，由于玉簪叶片重叠较大，对于减少蒸腾有一定的帮助，利用耗水量和叶面积进行耗水速率计算时，整株的叶面积可能大于实际蒸腾的面积，导致计算出的蒸腾速率偏小。金叶莸、玉簪、金叶女贞和紫叶小檗苗木白天的平均耗水速率(图 3-10)，分别

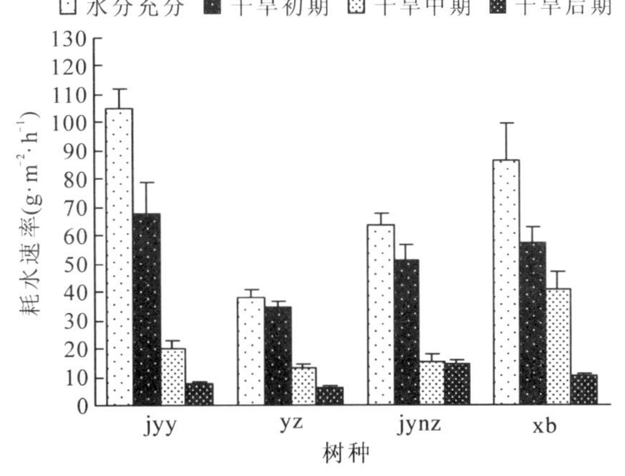

图 3-10　地被植物苗木日平均耗水速率

为：105.19g·m^{-2}·h^{-1}、37.99 g·m^{-2}·h^{-1}、63.54g·m^{-2}·h^{-1}和86.31g·m^{-2}·h^{-1}。经方差分析，4种苗木间耗水速率差异达到极显著水平(p=3.396E-5<p=0.01，n=6)，经多重比较表明金叶莸白天平均耗水速率显著高于玉簪、金叶女贞和紫叶小檗，达1.81~2.18倍，而后3者无显著差异。对4种地被植物苗木研究表明，最大耗水速率与白天平均耗水速率的比值为金叶莸1.87倍、玉簪1.52倍、金叶女贞1.75倍、紫叶小檗1.76倍。

3.2.3.2 水分胁迫对地被植物苗木耗水特性的影响

(1)水分胁迫下的耗水量日变化比较

水分胁迫使各种苗木耗水量都下降，但下降的幅度不同，轻度水分胁迫下，苗木耗水日变化基本为单峰型，玉簪为不明显双峰型，耗水量通常上午大于下午。中度水分胁迫时，苗木日变化开始平缓，到重度水分胁迫时，4种苗木的耗水量都接近零。

在轻度水分胁迫下，北京4种地被植物苗木的耗水量明显下降(图3-8)。耗水的日变化仍然呈“单峰型”变化，耗水的高峰期集中在10:00~14:00。高峰时段每小时耗水量与水分充分时相比明显下降，金叶莸、玉簪、金叶女贞和紫叶小檗依次为47.88g、29.14g、21.68g和13.16g，方差分析表明种间差异显著(p=2.734E-5<p=0.05，n=6)，经多重比较表明金叶莸与玉簪、金叶女贞和紫叶小檗3者之间差异显著，而后3者无显著差异。此时分别比水分充分时下降了42.6%、20.0%、29.5%和29.6%，金叶莸在该阶段下降比较明显。此时，高峰时段每小时耗水量占白天耗水量比例分别为14.3%、11.4%、11.5%和15.4%，占全天耗水量比例分别为13.6%、10.1%、10.6%和12.4%。

4种植物苗木的耗水量都下降幅度较大，耗水日变化曲线发生变化，金叶莸、玉簪、金叶女贞和紫叶小檗耗水的高峰发生在12:00~14:00之间，高峰时段每小时耗水量在7.04~14.17g·h^{-1}之间变化，金叶莸、玉簪、金叶女贞和紫叶小檗依次为14.16g、12.04g、9.18g和7.04g，经方差分析种间差异显著(p=0.012<p=0.05，n=6)。此时分别比水分充分时下降了83.0%、61.2.4%、77.8%和59.0%，高峰时段每小时耗水量占白天耗水量比例分别为15.2%、15.4%、13.3%和11.8%，占全天耗水量比例分别为14.4%、14.1%、11.9%和10.9%。

当植物处于重度水分胁迫时，白天耗水波动较小，可见当植物受到重度水分胁迫后，苗木的蒸腾耗水受气象因子的影响较小，主要是植物内在的特性决定。金叶莸与玉簪、金叶女贞和紫叶小檗没有明显耗水高峰时段，一天内各时段耗水比较平稳，基本接近零。

(2)水分胁迫下的耗水速率日变化比较

经水分胁迫，苗木的耗水速率呈不同程度下降，下降速度有一定差异，干旱的中后期耗水速率日变化不明显。轻度水分胁迫时，4种苗木耗水速率都显著下降，金叶莸、玉簪、金叶女贞和紫叶小檗最大耗水速率分别为116.06g·m^{-2}·h^{-1}、47.09g·m^{-2}·h^{-1}、70.94g·m^{-2}·h^{-1}和105.76g·m^{-2}·h^{-1}，耗水速率的种间差异缩小，分别比水分充分时下降41.0%，18.6%，36.3%和30.5%，白天的平均耗水速率(图3-10)分别为67.78g·m^{-2}·h^{-1}、34.42g·m^{-2}·h^{-1}、51.26g·m^{-2}·h^{-1}和57.19g·m^{-2}·h^{-1}，种间差异显著($p=0.014<p=0.05$，$n=6$)，分别比水分充分时下降了35.6%、9.4%、19.3%和33.7%，金叶莸下降幅度最大，玉簪下降幅度最小；当苗木受到中度水分胁迫后，4种苗木的最大耗水速率下降幅度都比较大，分别比水分充分时下降81.5%、57.5%、79.8%和61.5%，白天的平均耗水速率分别为19.92 g·m^{-2}·h^{-1}、13.30g·m^{-2}·h^{-1}、15.10g·m^{-2}·h^{-1}和41.08g·m^{-2}·h^{-1}，种间差异达到极显著水平($p=0.0002<p=0.01$，$n=6$)，分别比水分充分时下降了81.1%、65.0%、76.2%和52.4%；重度水分胁迫时，最大耗水速率分别比水分充分时下降94.9%、75.5%、78.7%和87.5%，白天的平均耗水速率分别为7.43g·m^{-2}·h^{-1}、6.49g·m^{-2}·h^{-1}、14.83g·m^{-2}·h^{-1}和10.27 g·m^{-2}·h^{-1}，种间差异达到极显著水平($p=0.16>p=0.05$，$n=6$)，分别比水分充分时下降92.9%、82.9%、76.7%和88.1%。从干旱过程来看，金叶莸在水分充分时有较高的耗水速率，水分胁迫下降较快，干旱后期下降达92.9%，只存在被迫蒸腾，而金叶女贞和紫叶小檗中后期还有较高的蒸腾速率，可以维持正常的代谢活动，可见金叶女贞和紫叶小檗比金叶莸抗旱，玉簪的耗水速率各个时期都比较小，也是比较抗旱的草本地被植物。

3.2.4　攀援植物苗木的耗水特性

不同攀援植物对水分的需求不同，并且植物茎的生长速率因种类、土壤水分和攀援习性、攀援环境而存在差异(钟章成，2005)。在水分胁迫条件下，对攀援植物进行耗水特性及生理现象研究，可为立体绿化攀援植物的选择提供科学的依据。本书选择山荞麦(sqm)和小叶扶芳藤(xf)进行耗水特性的研究。山荞麦蔓生缠绕植物，半灌木状藤本。茎缠绕或茎直立，初为草质，1~2年后变为木质或近木质，既能用于墙体绿化又能用于棚架绿化，特别适用于低矮、栅栏式墙体的绿化，适合城市园林化的发展。小叶扶芳藤喜光又极耐阴，为抗旱常绿藤本，因其叶色浓绿，秋叶变红，园林中可种植于假山上，岩石园，墙体下，立交桥下，大树利用吸根让其自由攀缘，还可做常绿地被植物于林下，护坡保持水土等方面。

3.2.4.1　攀援植物苗木耗水特性的比较

(1)水分充分条件下的耗水量比较

在不同水分条件下，攀援植物的耗水量日变化有较大差异(图 3-11)。在水分充足、天气晴朗的条件下，山荞麦和小叶扶芳藤苗木耗水量日变化也为“单峰型”，峰值出现在 12:00 ~ 14:00。高峰时段每小时耗水量山荞麦和小叶扶芳藤分别为 22.20g 和 19.13g，山荞麦大于小叶扶芳藤，方差分析表明二者差异不显著($p = 0.383 > p = 0.05$，$n = 6$)。高峰期每小时耗水量占白天耗水量比例分别为 13.2% 和 15.0%，占全天耗水量比例分别为 11.5% 和 14.3%。

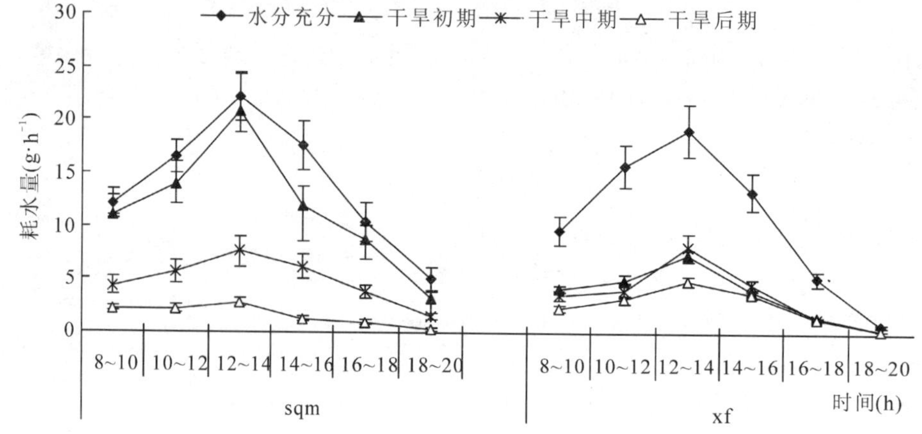

图 3-11　不同干旱阶段攀援植物苗木耗水量日变化

(2)水分充分条件下的耗水速率比较

在水分胁迫的各个时期，攀援植物的叶面积会产生一定变化(表 3-7)。在水分胁迫时，山荞麦叶片卷曲，从枝条的下部向上部干枯，而小叶扶芳藤叶面积在干旱的初期和中期变化较小，而在干旱后期开始脱落和卷曲干瘪。因此，山荞麦和小叶扶芳藤在水分胁迫的初期和中期叶面积变化较小，叶面积主要是在水分胁迫的后期下降较快。

表3-7　不同时期攀援植物苗木叶面积变化 （m^2）

种名	正常水分	干旱初期	干旱中期	干旱后期
sqm	0.084±0.006	0.080±0.005	0.072±0.005	0.064±0.003
xf	0.110±0.146	0.107±0.014	0.106±0.015	0.094±0.011

根据山荞麦和小叶扶芳藤不同时间段耗水量和叶面积，计算出二者的耗水速率(图3-12)。结果显示，苗木耗水速率日变化规律与耗水量的日变化规律相同，只是峰值发生变化。在水分充分条件下，山荞麦和小叶扶芳藤最大耗水速率为321.64g·m^{-2}·h^{-1}和152.21g·m^{-2}·h^{-1}，白天的平均耗水速率分别为204.93g·m^{-2}·h^{-1}和96.36g·m^{-2}·h^{-1}(图3-13)，经方差分析二者耗水速率差异极显著($p=0.003<p=0.01$，$n=6$)，山荞麦显著大于小叶扶芳藤。山荞麦和小叶扶芳藤最大耗水速率与白天平均耗水速率的比值分别为1.57倍和1.58倍，二者非常接近。

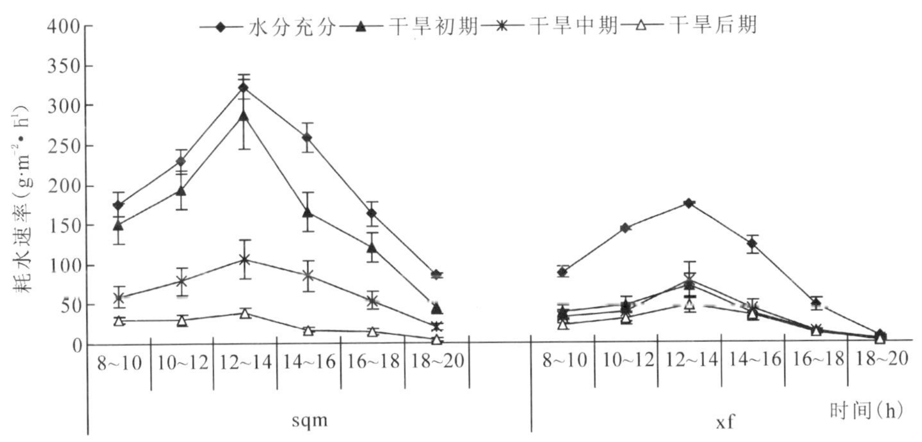

图3-12　不同干旱时期攀援植物苗木耗水速率日变化

3.2.4.2　水分胁迫对攀援植物苗木耗水特性的影响

(1)水分胁迫下的耗水量日变化比较

在遭受轻度水分胁迫时，山荞麦和小叶扶芳藤在高峰时段每小时耗水量下降为20.88g和7.32g(图3-11)，方差分析表明二者差异呈显著水平($p=0.008<p=0.05$，$n=6$)，分别比水分充分时下降了6.0%和61.7%，小叶扶芳藤高峰时段每小时耗水量下降幅度大于山荞麦，说明小叶扶芳藤在遇到水分胁迫保水能力强于山荞麦；经中度水分胁迫，山荞麦和小叶扶芳藤高峰时段每小时耗水量为

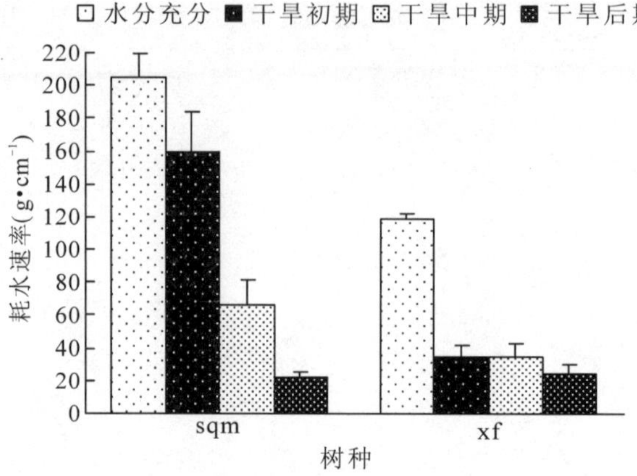

图 3-13　地被植物苗木日平均耗水速率

7.61g 和 8.08g，方差分析表明二者差异未达到显著水平($p=0.815>p=0.05$，$n=6$)，分别比水分充分时下降了 65.7% 和 57.8%；经重度水分胁迫，山荞麦和小叶扶芳藤高峰时段每小时耗水量为 2.78g 和 4.93g，方差分析二者差异呈显著水平($p=0.014<p=0.05$，$n=6$)，分别比水分充分时下降了 87.5% 和 74.2%。

(2)水分胁迫下的耗水速率日变化比较

当遭受水分胁迫时，攀援植物苗木的耗水速率呈下降趋势，水分胁迫初期二者差异较大，下降速度有一定差异，水分胁迫的中后期耗水速率日变化不明显。山荞麦在水分的过程中稳步下降，而小叶扶芳藤，在轻度干旱时，耗水速率下降幅度较大，与干旱中后期差异不大。轻度水分胁迫时，山荞麦和小叶扶芳藤苗木耗水速率都显著下降，最大耗水速率分别为 287.17g·m^{-2}·h^{-1}和 71.21g·m^{-2}·h^{-1}分别比水分充分时下降 10.7% 和 59.5%，白天的平均耗水速率，分别为 160.04g·m^{-2}·h^{-1}和 35.19g·m^{-2}·h^{-1}(图 3-13)，二者呈极显著水平($p=0.001<p=0.01$，$n=6$)，分别比水分充分时下降 21.9% 和 63.5%；当苗木受到中度水分胁迫时，山荞麦和小叶扶芳藤苗木的最大耗水速率为 104.67g·m^{-2}·h^{-1}和 77.40 g·m^{-2}·h^{-1}，分别下降 67.5% 和 55.3%，白天的平均耗水速率分别为 66.87g·m^{-2}·h^{-1}和 34.87 g·m^{-2}·h^{-1}，二者差异未达到显著水平($p=0.129>p=0.01$，$n=6$)，下降为 67.4% 和 63.8%，中度水分胁迫时，山荞麦最大耗水速率下降幅度较大，而小叶扶芳藤没有显著变化；重度水分胁迫时，最大耗水速率分别为 38.29g·m^{-2}·h^{-1}和 47.21g·m^{-2}·h^{-1}，下降 88.1% 和 72.8%，白天的平均耗水速率分别为 22.07g·m^{-2}·h^{-1}和 24.99 g·m^{-2}·h^{-1}，二者差异未达到显著水平($p=0.412>p=0.01$，$n=6$)，分别下降 89.2% 和

74.1%。可见水分充分和轻度干旱时，山荞麦耗水速率明显大于小叶扶芳藤，在干旱的中后期两种攀援植物白天平均耗水速率没有显著差异，表明小叶扶芳藤在轻度水分胁迫的调节能力较强。张迎辉等(2005)对小叶扶芳藤、常青藤和扶芳藤的蒸腾耗水性研究表明小叶扶芳藤蒸腾速率最低，是最不耗水的树种。

3.3 城市绿化树种树木的耗水特性

随着城市化的不断发展，因地制宜地开展绿化城市，改善生态环境，已经成为迫切解决的问题。然而，我国现有超过1/2的城市常年处于供水不足的状态（刘英杰等，2004），北京市更是属于重度缺水地区，境内多年平均降水量595mm，年均降水总量99.96亿m^3，全市年可供水资源总量约为34亿~43亿m^3，人均水资源量不足300 m^3。如何在北京这样干旱缺水的城市，充分利用有限的水资源，选择合适的绿化树种，并了解它在生长季节的耗水规律，从而制定合理灌溉制度，是一个急需解决的问题。利用热技术对树木耗水量的研究较多，1970~1998年，92篇国外报道树木耗水量研究的文章中就有51篇使用热技术（Wullschleger *et al.*，1998），且近年来研究主要集中在依据液流速率的尺度扩展来估算林分的蒸腾量（Kumagi *et al.*，2007）及树木的储水量（Ćermák *et al.*，2007）等方面，国内研究主要集中在核桃楸（严昌荣等，1999）、油松和侧柏（王华田等，2002）、银杏（孙守家等，2006）、湿地松（李海涛等，2006）和一些旱生植物如胡杨和柽柳（张小由等，2003）、梭梭（常学向等，2007）、黄柳和小锦鸡儿（岳广阳等，2006）等，而对于城市绿化树种研究较少。本书利用热扩散边材液流探针(TDP)从5 ~ 10月连续监测在北京分布较广的绿化树种绦柳的树干液流速率，研究绦柳单株耗水量日变化和季节变化，分析绦柳耗水量与环境因子的关系，并利用逐步回归对液流速率与各月气象因子进行模拟研究，以期为准确掌握绦柳的耗水规律，制定科学合理的灌溉管理提供科学依据。

3.3.1 树干液流速率的变化规律

3.3.1.1 树干液流速率日变化规律

绦柳(*Salix matsudana* Koidz. ‘Pendula’)是北方城乡常用绿化树种，其树干液流速率有明显的日变化(图3-14)。20:00至翌日8:00液流速率较低，5月树干液流在6:00左右起动，6、7、8和9月是在7:00，而10月则通常在8:00起动。树干液流速率除10月外，其他月份都在10:00左右达到峰值，但各月的波峰和

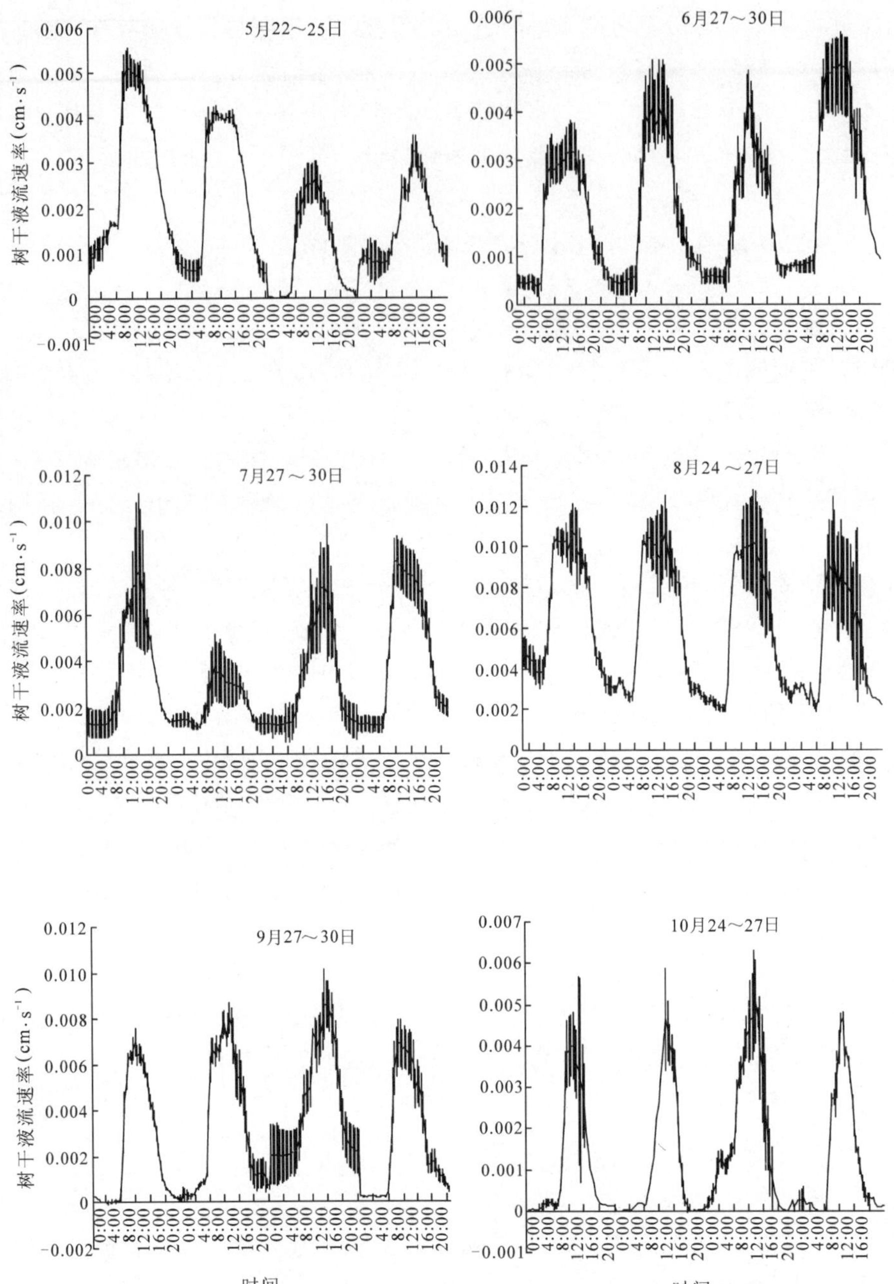

图3-14　绦柳树干液流速率日变化

波峰持续的时间差异较大。5、6、7、8和9月白天均有较宽的波峰，说明在生长季节绦柳耗水高峰期持续时间较长，而在10月蒸腾耗水高峰持续时间则较短。方差分析表明昼(8:00~20:00)夜(20:00~8:00)树干液流速率差异显著，7月典型的晴天昼夜差异最大($F=134\sim189>F_{0.01(1,46)}=7.22$)，而阴天差异减小但仍能达到显著水平$F=8.22\sim11.01>F_{0.01(1,46)}=7.22$。从图3-14还可以看出，7月绦柳的液流速率峰值小于8月，可能是7月末正值北京的阴雨季节，树木蒸腾强度降低所致。

绦柳树干液流速率在典型的阴天和晴天存在明显差异(图3-15)，从5~10月晴天的液流速率均明显高于阴天，并且晴天和阴天的差异出现先增大后逐渐降低的趋势，在生长的旺盛期7月和8月差异最大。在各月份中，阴天的液流速率差异较小，而晴天的差异较大(图3-15)。

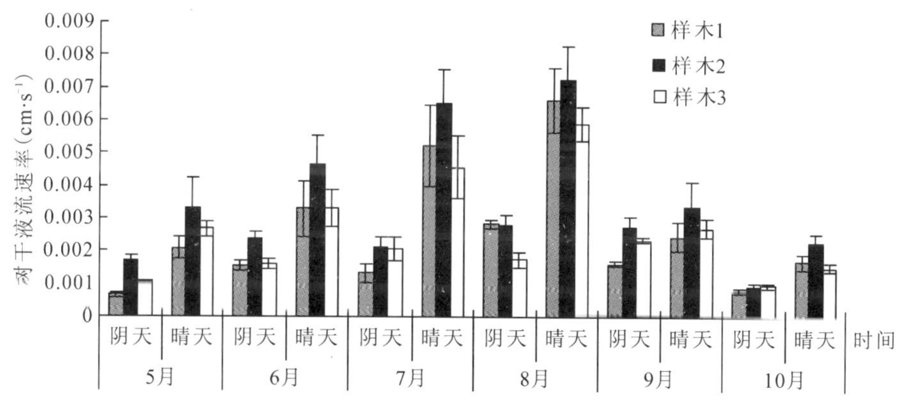

图3-15　典型天气绦柳树干液流速率日均值

3.3.1.2　树干液流速率月变化规律

根据该月每天的昼夜树干液流速率计算月平均树干液流速率，其中5、9和10月的月平均值为该月的每天的平均值，6和7月由于有断电导致的缺测值，因此选取该月上中下旬各连续5~7昼夜数据的平均值代表该月的平均树干液流速率，8月是8月7~31日的平均值(图3-16)。绦柳树干液流速率3株样木月变化均呈现先升高再降低的趋势，但3株样木的大小有一定的差异，从样木2来看，8月液流速率达到最高值，为$0.0050\text{cm}\cdot\text{s}^{-1}\pm0.0005\text{cm}\cdot\text{s}^{-1}$，由于7月的阴雨天较多，月平均液流速率低于8月为$0.0041\text{cm}\cdot\text{s}^{-1}\pm0.0009\text{cm}\cdot\text{s}^{-1}$；其次6月为$0.0032\text{cm}\cdot\text{s}^{-1}\pm0.0002\text{cm}\cdot\text{s}^{-1}$，5月与9月的月平均液流速率都接近

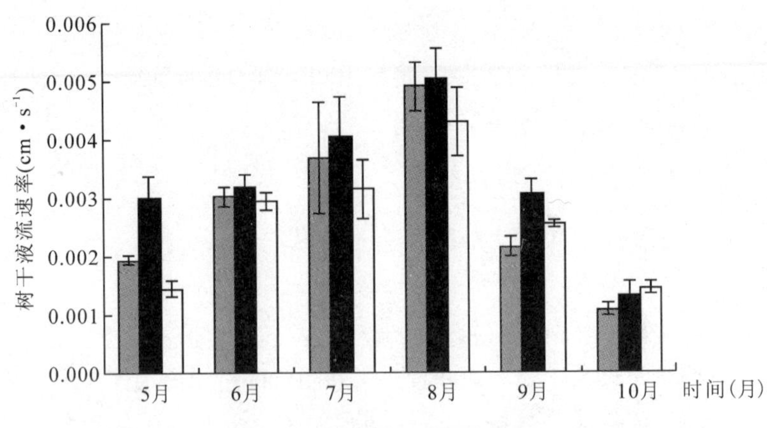

图 3-16 绦柳树干液流速率月变化

0.0030cm · s^{-1}，10 月最小为 0.0013cm · s^{-1} ±0.0002cm · s^{-1}。

3.3.2 树干液流速率与气象因子的关系

根据王沙生等(1991)认为树木根部吸收的水分 99.8% 用于蒸腾的结论，通过精确计算液流累积量可以估算植物蒸腾耗水量，但由于树木的耗水量受树木生长势、物候、土壤湿度和气象因子的影响，使得树木耗水量的预测难度增大。经相关分析，发现 5 ~ 10 月绦柳树干液流速率 V 与风速、光合有效辐射、林下层，林中和林冠层气温和相对湿度及大气水势的相关性各不相同(表 3-8)。各月树干液流速率均与风速、光合有效辐射、大气温度呈正相关，与大气相对湿度和大气水势呈负相关。除 7 月外，树干液流速率均与光合有效辐射相关性最强，相关系数 r = 0.73 ~ 0.83，其次是空气温度，而 7 月只与空气温度相关性较强，$r \geq 0.58$，与其他气象因子相关系数均比较低，尤其是风速(r = 0.05)，从与温度的相关性也可以看出，夏季温度是决定液流速率的关键因子。各月树干液流速率与不同层次的温湿度相关性也不同，但均达到了极显著水平。聂立水和李吉跃(2004)对油松树干液流速率进行研究认为油松 5、6 月的树干液流速率主要受土壤含水量影响，7、8 月明显受气象因子影响，9、10 月在不同时段受土壤水分和气象因子影响不同。

表3-8 绦柳树干液流速率与气象因子的相关性

气象因子	WS	PAR	GCT	GCRH	LZT	LZRH	LXT	LXRH	GCΨA	LZΨA	LXΨA	样本数
5月	0.16**	0.76**	0.66**	-0.52**	0.68**	-0.55**	0.70**	-0.58**	-0.52**	-0.55**	-0.56**	479
6月	0.33**	0.73**	0.62**	-0.50**	0.64**	-0.53**	0.66**	-0.54**	-0.48**	-0.45**	-0.51**	449
7月	0.05	0.28**	0.59**	-0.19**	0.58**	-0.17**	0.58**	-0.21**	-0.18**	-0.20**	-0.16**	336
8月	0.59**	0.83**	0.78**	-0.82**	0.81**	-0.84**	0.78**	-0.83**	-0.80**	-0.81**	-0.83**	336
9月	0.34**	0.78**	0.80**	-0.78**	0.82**	-0.80**	0.80**	-0.78**	-0.52**	-0.45**	-0.46**	288
10月	0.69**	0.80**	0.78**	-0.74**	0.83**	-0.79**	0.80**	-0.77**	-0.74**	-0.76**	-0.78**	432

注：干液流速率V、风速WS、光合有效辐射PAR、林下层，林中和林冠层气温和相对湿度和大气水势分别用LXT、LZT、GCT和LXRH、LZRH、GCRH、LXΨA、LZΨA和GCΨA表示。

为了探讨树干液流速率对气象因子的响应，经逐步回归分析发现模拟各月树干液流速率需要的气象因子各不相同，但是光合有效辐射是必需的因子，表3-9是逐步回归建立的关系式，其模拟效果见图3-17。模拟和实测值对比结果5~7月比较好，8~10月有一定的偏移。决定系数也在0.288~0.865不等，说明绦柳的树干液流速率和气象因子不是简单的线性关系，生长的节律更是一个主要影响液流速率的因素。

表3-9 绦柳树干液流与气象因子的模拟关系

月份	样本数	回归方程	R^2	F	显著性
5	479	$V = -0.0014467 + 0.0032055PAR + 0.0001322LZT + 0.0000216LX\Psi A + 0.0005099WS - 0.0000161LZ\Psi A$	0.523	208.8	**
6	449	$V = -0.00171 + 0.002332PAR - 0.00031GCT + 0.000437LZT$	0.865	1289.8	**
7	336	$V = -0.008826 + 0.004394GCT + 0.000335LX\Psi A + 0.018201PAR - 0.02841LZRH - 0.00257LZT$	0.629	225.7	**
8	336	$V = -0.02468 + 0.005077LXT + 0.020935PAR - 0.00383LZT$	0.288	90.1	**
9	288	$V = 0.007254 + 0.00025LXT + 0.005292PAR - 0.01094GCRH + 0.0000354GC\Psi A$	0.601	215.3	**
10	432	$V = -0.00069 + 0.000786LXT + 0.007902PAR - 0.00048LZT$	0.582	399.4	**

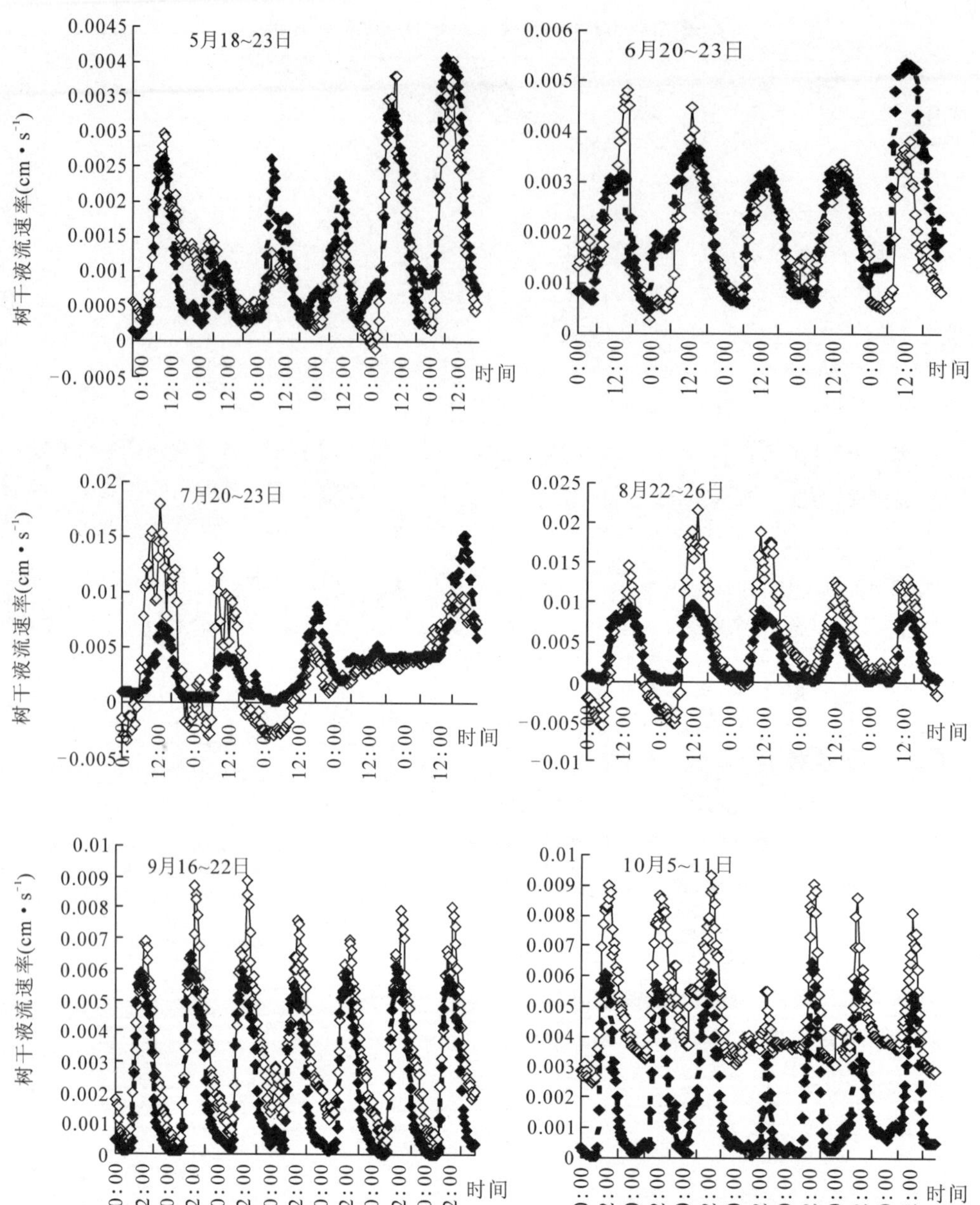

图 3-17　绦柳树干液流实测值与模拟值比较

3.3.3 树木耗水量与林木形态特征的关系

所观察期间绦柳单株月液流通量，从5～10月分别为$2.90cm^3 \cdot s^{-1} \pm 0.99cm^3 \cdot s^{-1}$、$4.02cm^3 \cdot s^{-1} \pm 1.02cm^3 \cdot s^{-1}$、$4.80cm^3 \cdot s^{-1} \pm 1.33cm^3 \cdot s^{-1}$、$6.23cm^3 \cdot s^{-1} \pm 1.65cm^3 \cdot s^{-1}$、$3.47cm^3 \cdot s^{-1} \pm 0.96cm^3 \cdot s^{-1}$和$1.70cm^3 \cdot s^{-1} \pm 0.41cm^3 \cdot s^{-1}$，8月的液流通量最大。把液流通量换算为单位林冠投影面积的耗水量，计算在整个观测季节(5～10月)绦柳单株的耗水量为$205.59cm^3$，即2055.9 mm，远远高于北京多年的平均降雨量(571.8mm)。与常学向等(2007)对梭梭的生长季节单木耗水量为49.4mm研究结果差异也较大，分析其原因主要有两方面：一是由于绦柳本身为阔叶乔木树种，边材面积较大，与每小时平均耗水量呈正相关，所以其单株耗水量高；二是由于绦柳生长在北京植物园，土壤水分条件明显优于西部干旱地区所致。常学向等(2004)对沙枣的研究也表明，灌溉可以增加树干液流速率。

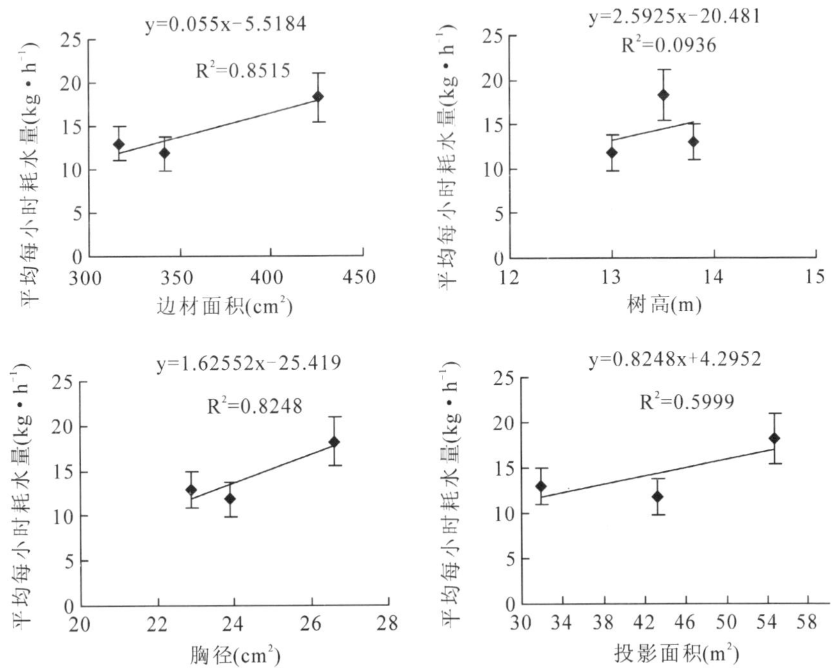

图3-18　绦柳单株耗水量与林木形态特征的关系

观测的3株绦柳的1h平均耗水量与绦柳边材面积，树高、胸径和树冠投影面积的决定系数分别为0.85、0.09、0.83和0.60(图3-18)，经检验相关性均未达到显著水平，但边材面积和胸径与耗水量的关系相关性较大。

综上所述，各种苗木耗水量和耗水速率日变化均呈规则的“单峰型”，峰值出现在10:00~14:00，各种苗木高峰时段每小时耗水量差异显著，随着水分胁迫的加剧，峰值越来越小，种间的差异也随之减小，水分胁迫的中后期部分苗木高峰期提前出现。无论哪种类型植物，水分充分时，最大耗水速率与白天平均耗水速率的比值都非常接近，其中乔木银杏为1.60倍、白蜡1.49倍、雪松1.46倍、桧柏1.45倍；灌木醉鱼草为1.76倍、天目琼花1.74倍、红王子锦带1.74倍、碧桃1.76倍；地被植物金叶莸为1.87倍、玉簪1.52倍、金叶女贞1.75倍、紫叶小檗1.76倍；山荞麦和小叶扶芳藤最大耗水速率与白天平均耗水速率的比值分别为1.57倍和1.58倍。两种针叶树种雪松和桧柏的比值与侧柏及油松(1.48倍)的比值非常接近，4种灌木和3种木本地被植物的比值与黄栌及火炬树(1.76倍)非常接近，银杏、白蜡和玉簪值与沙柳(为1.56倍)也相似(招礼军，2003；王玉涛，2005)。各种植物最大耗水速率与白天平均耗水速率稳定在1.4~1.8间变动，阔叶通常高于针叶。根据这一比例关系，在对树木的最大耗水速率进行测定后，可以推算出其白天的平均耗水速率，并进一步推算白天(或整天)的耗水量，从而减少测定的工作量。

第 4 章 北方城市绿化树种生理生态特性及其对水分胁迫的响应

在影响树木光合生理变化的各种环境因子中，干旱胁迫历来受到很大重视。随着全球变化的加剧，特别是气温的升高，干旱胁迫对植物的影响越来越突出，城市绿化树种同样受到水分短缺的考验。因此，研究水分胁迫对绿化树种的影响在城市美化建设上有重要意义。光合作用是植物重要的生命活动，是植物生长的生理基础，植物在干旱胁迫条件下的光合生产力是鉴定植物耐旱能力的指标之一。因此，本书利用光合测定系统 Licor－6400 测定水分充分情况和中度水分胁迫下苗木的光响应曲线，拟合表观量子效率（AQY）、最大净光合速率（Pn_{max}），暗呼吸速（R_d）、光补偿点（L_{CP}）和光饱和点（L_{SP}），并且利用荧光技术测定不同时期的荧光参数，以及利用碳同位素技术估计苗木的水分利用效率，比较不同类型和不同种植物各指标在水分充分条件下和中度水分胁迫条件下的变化趋势，以判断各种绿化植物对水分胁迫的适应情况。本书的研究对象是乔木树种白蜡和银杏，灌木树种天目琼花、红王子锦带、碧桃和醉鱼草，地被植物金叶莸、玉簪、金叶女贞和紫叶小檗及攀援植物山荞麦和小叶扶芳藤（表 3-1）。

4.1 苗木光合响应曲线对水分胁迫的响应

光合作用是最易受水分胁迫影响的生理过程之一，当植物受到水分胁迫时，由于气孔关闭限制了胞间 CO_2 的扩散和细胞水分损失降低了生物化学过程，从而导致植物的光合速率下降。但植物光合器官具有一定抵御干旱的能力，因而掌握不同水分胁迫下植物光合速率随光照强度的变化，为阐明植物适应光照和水分相互作用的机制具有重要的意义。

描述光合速率对光合有效辐射 PAR 响应曲线（即 Pn－PAR 曲线）的数学模型较多，如二次多项式模型（吴吉林等，2005）、指数模型（Bassman *et al.*，1991）、直角双曲线模型（王天铎，1990）和非直角双曲线模型（Farquhar *et al.*，1982）。

经过对以上几种模型的比较，本书采用了非直角双曲线即 Farquhar 模型。利用非直角双曲线拟合得出的光合作用生理参数值比直角双曲线的拟合结果更符合生理意义(张弥等，2006)。

$$Pn = \frac{\varphi Q + Pn_{max} - \sqrt{(\varphi Q + Pn_{max})^2 - 4\varphi Q Pn_{max}}}{2k} - R_d$$

式中，Pn 为净光合速率，φ 为光合速率的光响应曲线的初始斜率，它反映了表观量子效率(AQY)，Pn_{max}为最大净光合速率，Q 为光合有效辐射，k 为光响应曲线曲角，它描述了曲线的弯曲程度，R_d为暗呼吸速率。设置如下参数及其初始值：曲角(k)、最大净光合速率 Pn_{max}、表观量子效率 AQY 和暗呼吸速 R_{day}，分别为 0.5、30、0.05、2(Herrick *et al.*，1999；刘宇锋等，2005)。而这些参数是各种尺度的植物生理生态学过程研究的基础(徐玲玲等，2004)。用 SPSS 统计软件中的非线性回归方法来估计模型参数(刘宇锋等，2005)。光合作用-光响应曲线最初部分的斜率即为表观光合量子效率 φ，它是光合作用中光能转化效率的指标之一(许大全，2002)。PAR 在 0 ~ 200μmol · $m^{-2}s^{-1}$的 Pn 观察值近似一条直线，它与 X 轴(PAR)的交点就是光补偿点 L_{CP}(light compensation point，μmol · $m^{-2}s^{-1}$)(许大全，2002)；该直线与 $Y = Pn_{max}$直线相交，交点所对应 X 轴的数值即光饱和点 L_{SP}(lightsaturation point，μmol · $m^{-2}s^{-1}$)(Walker，1989)。

4.1.1 乔木树种苗木光合响应曲线对水分胁迫的响应

应用非直角双曲线模型(Farquhar 模型)模拟了白蜡(bl)和银杏(yx)在充分供水和中度水分胁迫时的光响应曲线(图 4-1)，并以此模型为基础计算了 AQY、Pn_{max}、R_d、L_{SP}、L_{CP}值(表 4-1)

利用非直角双曲线模型模拟的光曲线与实际测点的非常接近，可见用该方法的模拟效果较好(图 4-1)。在正常供水条件下，白蜡和银杏表观光合量子效率 AQY 分别为 0.054、0.078，白蜡的表观光合量子效率与丘国雄(1992)报道在自然条件下叶片的 AQY 通常在 0.03 ~ 0.05 范围的上限值接近，而银杏高于此范围。表观量子效率是植物对 CO_2同化的表观光量子效率，反映了植物光合作用的光能利用效率，尤其是对弱光的利用能力(董志新等，2007)，可见此时，银杏对弱光的适应能力较强，这一点从 L_{CP}上也可以看出。正常供水条件下白蜡和银杏最大净光合速率 Pn_{max}分别为 11.63μmol · $m^{-2}s^{-1}$和 9.24μmol CO_2 · $m^{-2}s^{-1}$，光饱和点 L_{SP}分别为 363μmol · $m^{-2}s^{-1}$和 308μmol · $m^{-2}s^{-1}$，白蜡和银杏的 L_{SP}比胡杨

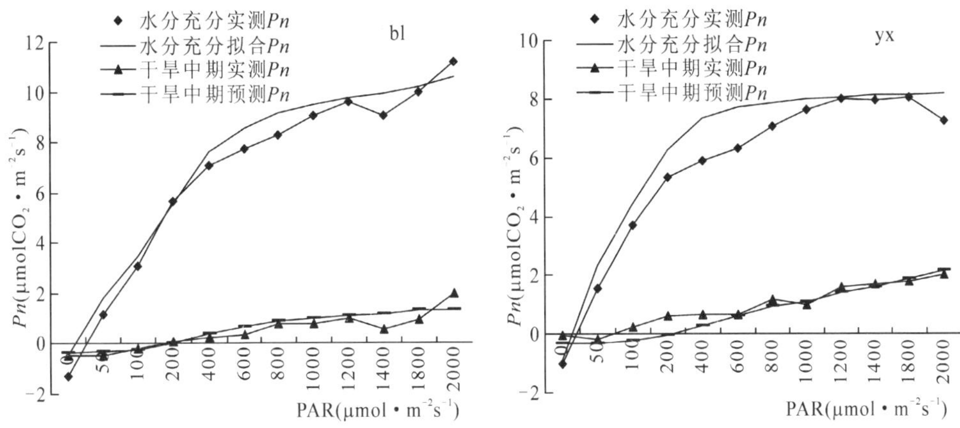

图 4-1　水分胁迫对乔木树种苗木光响应曲线的影响

和灰叶胡杨的 L_{SP}低(伍维模等，2007)。当苗木达到中度水分胁迫时，白蜡和银杏的 AQY 和 Pn_{max}下降，而 L_{CP}和 L_{SP}升高，R_d的变化不大，这表明水分胁迫使白蜡和银杏叶的光合能力下降，需要较高的光强，才会有光合生产力，对光强的利用率下降。在正常水分条件下，白蜡的 Pn_{max}明显大于银杏，遭受水分胁迫后两者的 Pn_{max}相接近，但白蜡的 L_{CP}和 L_{SP}高于银杏，而 R_d在正常供水时是白蜡小于银杏，但当苗木受到中度水分胁迫时，白蜡 R_d有所升高，且大于银杏，说明白蜡在受到水分胁迫后还可以提供较多能量进行代谢，并且白蜡利用光的范围也大于银杏，可见白蜡有较高的光合能力，对水分胁迫的适应能力也高于银杏。

表 4-1　不同水分胁迫下乔木树种苗木光合作用-光响应曲线的特征参数值

植物	处理	AQY (μmol CO_2 · $μmol^{-1}$ photons)	Pn_{max} (μmol CO_2 · $m^{-2}s^{-1}$)	R_d (μmol CO_2 · $m^{-2}s^{-1}$)	L_{CP} (μmol photons · $m^{-2}s^{-1}$)	L_{SP} (μmol photons · $m^{-2}s^{-1}$)
bl	水分充分	0.054	11.63	0.474	24	363
	中度胁迫	0.004	2.39	0.593	107	746
yx	水分充分	0.078	9.24	0.653	10	308
	中度胁迫	0.002	2.80	0.411	73	674

4.1.2　灌木树种苗木光合响应曲线对水分胁迫的响应

图 4-2 为北京 4 种灌木树种苗木在充足水分条件下和中度水分胁迫下光响应曲线的变化情况，并且根据拟合的光响应曲线计算出特征参数 AQY、Pn_{max}、R_d、

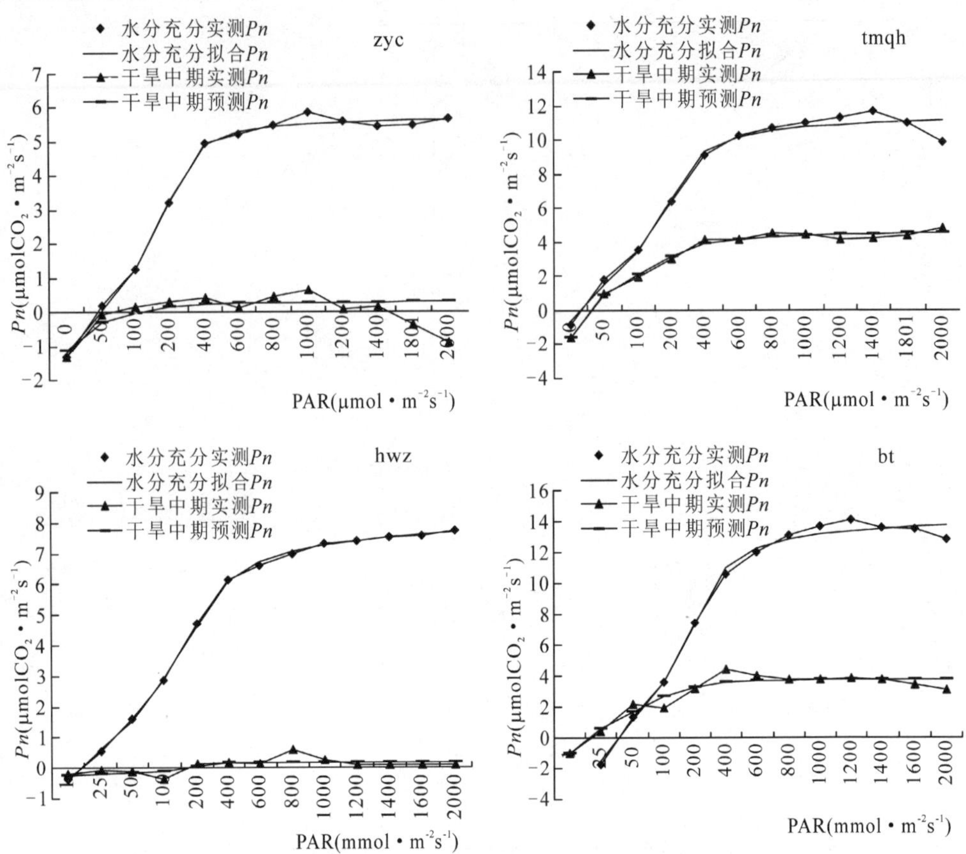

图 4-2　水分胁迫对灌木树种苗木光响应曲线的影响

L_{CP}、L_{SP}(表 4-2)。结果显示，当灌木树种苗木遭受中度干旱时，醉鱼草(zyc)和红王子锦带(hwz)的光响应能力已经较弱，对光强变化的感应较弱，说明其在中度干旱时，光合能力已经明显下降，对干旱的适应能力较差，而天目琼花(tmqh)和碧桃(bt)在中度干旱时光合能力也明显下降，但仍存在一定的光合速率。充分供水条件下，碧桃的 AQY 最大为 0.057，其次是红王子锦带、天目琼花和醉鱼草，分别为 0.047、0.044、0.036，AQY 值都略小于灌木树种山茱萸(0.0663)(孟平等，2005)，最大净光合速率 Pn_{max} 也是碧桃最大，其次是天目琼花、红王子锦带和醉鱼草，与 AQY 排序有一定相似性。董志新等(2007)发现 AQY 与光饱和下 Pn_{max} 存在显著正相关。R_d 红王子锦带显著低于醉鱼草、天目琼花和碧桃，而后 3 者无显著差异。光补偿点 L_{CP} 以天目琼花最低为 10μmol·m^{-2}s^{-1}，其次为红王子锦带(12μmol·m^{-2}s^{-1})、碧桃(28μmol·m^{-2}s^{-1})和醉鱼草

（50μmol · $m^{-2}s^{-1}$）。4种灌木苗木间光饱和点 L_{SP} 没有显著差异，碧桃最大，为387μmol · $m^{-2}s^{-1}$，天目琼花最小，为352μmol · $m^{-2}s^{-1}$。可见，在水分充分的条件下4种苗木利用光能的区间相差不多，碧桃的光合能力强于其他3者。

当苗木遭受中度水分胁迫时，4种苗木的光曲线都明显下降，尤其是醉鱼草和红王子锦带。此时，碧桃表观量子效率AQY有所上升，其他3种则明显下降，尤其是红王子锦带下降幅度最大。4种灌木最大净光合速率 Pn_{max} 都明显下降，红王子锦带和醉鱼草 Pn_{max} 下降幅度较大，而天目琼花 Pn_{max} 下降较小；暗呼吸速率 R_d 变化趋势不一，碧桃 R_d 明显下降，而醉鱼草 R_d 升高，天目琼花和红王子锦带变化不明显；从光补偿点 L_{CP} 和光饱和点 L_{SP} 变化来看，4种灌木对光强的利用范围都变窄，降低了对光环境的适应能力。无论是在正常供水还是在水分胁迫下，天目琼花的AQY、Pn_{max}、L_{SP}、R_d 都较高，光强的利用范围相对较宽，说明它对干旱的适应能力较强，而红王子锦带在受到水分胁迫后AQY、Pn_{max} 下降较大，光强的利用范围变窄，说明其对干旱的适应能力较差，碧桃和醉鱼草对水分胁迫的适应能力居两者之间，且碧桃对弱光有较强的适应能力。

表4-2 不同水分胁迫下灌木树种苗木光合作用－光响应曲线的特征参数值

植物	处理	AQY（μmol CO_2 · $μmol^{-1}$ photon	Pn_{max}（μmol CO_2 · $m^{-2}s^{-1}$）	R_d（μmol CO_2 · $m^{-2}s^{-1}$）	L_{CP}（μmol photons · $m^{-2}s^{-1}$）	L_{SP}（μmol photons · $m^{-2}s^{-1}$）
zyc	水分充分	0.036	6.95	1.218	50	365
	中度胁迫	0.025	1.43	1.320	145	396
tmqh	水分充分	0.044	11.99	1.593	10	352
	中度胁迫	0.025	6.265	1.571	36	317
hwz	水分充分	0.047	8.61	0.441	12	353
	中度胁迫	0.002	1.23	0.450	174	349
bt	水分充分	0.057	15.81	1.584	28	387
	中度胁迫	0.069	4.89	1.066	16	257

4.1.3 地被植物苗木光合响应曲线对水分胁迫的响应

图4-3为北京4种地被植物苗木在水分充足和中度水分胁迫下光响应曲线的变化情况，并且根据拟合的光响应曲线计算出4种灌木的特征参数AQY、Pn_{max}、R_d、L_{CP}、L_{SP}（表4-3）。

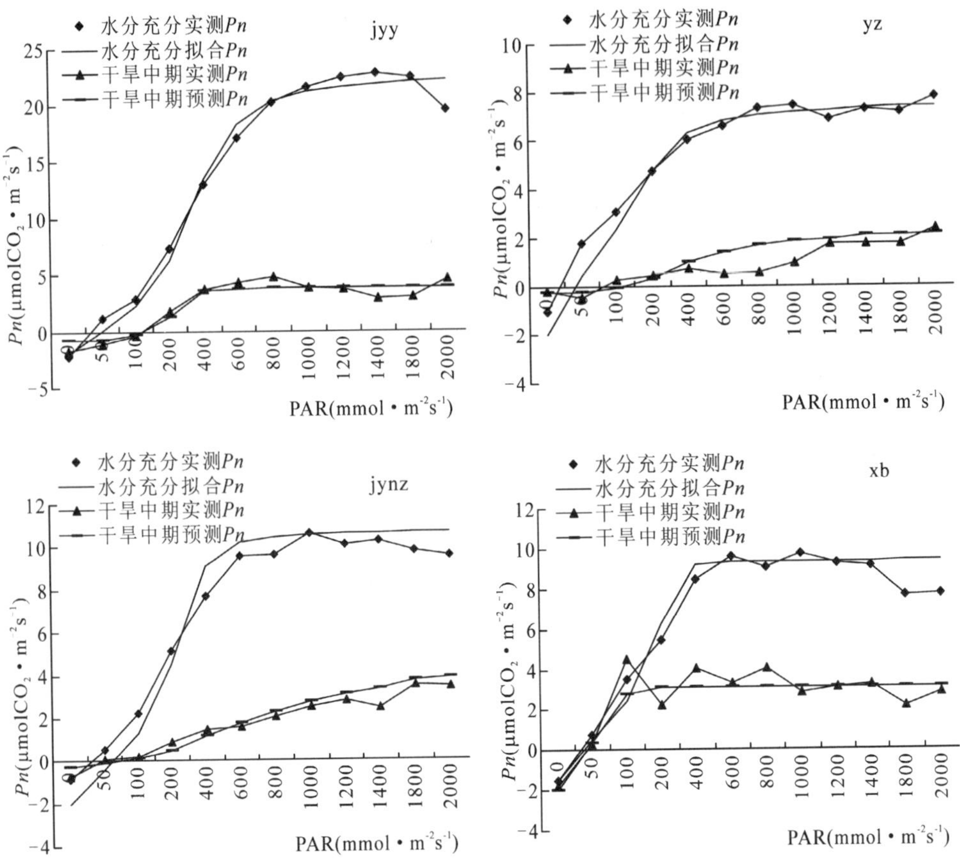

图 4-3 水分胁迫对地被植物苗木光响应曲线的影响

结果显示，拟合的曲线与实测点比较吻合。中度水分胁迫后苗木的光响应曲线下降，金叶莸和玉簪的光补偿点明显增加。在正常水分条件下，草本地被植物玉簪的表观量子效率 AQY 最大为 0.052，其次是金叶女贞、金叶莸和紫叶小檗，分别为 0.043、0.042、0.040；最大净光合速率 Pn_{max} 为金叶莸最大，其次是是金叶女贞和紫叶小檗，玉簪最小；R_d 除紫叶小檗为 1.500μmol · $m^{-2}s^{-1}$ 外，其他 3 种地被都可达到 2.000μmol · $m^{-2}s^{-1}$。光补偿点 L_{CP} 以紫叶小檗最低为 38μmol · $m^{-2}s^{-1}$，其次为金叶莸和玉簪，分别为 48μmol · $m^{-2}s^{-1}$ 和 46μmol · $m^{-2}s^{-1}$，金叶女贞最大为 62μmol · $m^{-2}s^{-1}$，金叶莸的光饱和点 L_{SP} 最大为 652μmol · $m^{-2}s^{-1}$，其次为金叶女贞 373μmol · $m^{-2}s^{-1}$ 和玉簪 336μmol · $m^{-2}s^{-1}$，最小的是紫叶小檗 316μmol · $m^{-2}s^{-1}$。可见在水分充分时，金叶莸可利用光强范围较宽，对光强变化适应性较强。

表 4-3　不同水分胁迫下地被植物苗木光合作用－光响应曲线的特征参数值

植物	处理	AQY	Pn_{max} (μmol $CO_2 \cdot m^{-2}s^{-1}$)	R_d (μmol $CO_2 \cdot m^{-2}s^{-1}$)	L_{CP} (μmol photons $\cdot m^{-2}s^{-1}$)	L_{SP} (μmol photons $\cdot m^{-2}s^{-1}$)
jyy	水分充分	0.042	24.56	2.000	48	652
	中度胁迫	0.017	4.81	1.630	120	472
yz	水分充分	0.052	9.59	2.000	46	336
	中度胁迫	0.005	2.83	0.502	103	447
jynz	水分充分	0.043	12.77	2.000	62	373
	中度胁迫	0.011	5.92	0.478	72	388
xb	水分充分	0.040	10.87	1.500	38	316
	中度胁迫	0.027	5.08	1.899	45	251

当苗木受到中度水分胁迫时，4 种地被植物的表观量子效率 AQY 都显著下降，最大净光合速率 Pn_{max} 也明显下降，此时金叶女贞的最大净光合速率 Pn_{max} 最高，为 5.92μmol · $m^{-2}s^{-1}$，其次为紫叶小檗和金叶莸，玉簪最小。4 种地被植物苗木光补偿点 L_{CP} 都有所增加，金叶莸和玉簪增加较明显。玉簪和金叶女贞光饱和点 L_{SP} 也有所增加，金叶莸和紫叶小檗的则有所下降。金叶莸和紫叶小檗受到中度水分胁迫时，可利用光强范围明显变小。总体来看，金叶女贞受到水分胁迫后还可以保持较高的光合速率，光补偿点和光饱和点变化较小，具有较强的抗旱能力，紫叶小檗和金叶莸次之，玉簪受到水分胁迫后光合能力下降较明显，抗旱能力较差。可见对于地被植物而言，木本植物通常比草本植物抗旱。

4.1.4　攀援植物苗木光合响应曲线对水分胁迫的响应

应用非直角双曲线模型模拟了山荞麦(sqm)和小叶扶芳藤(xf)在充分供水和中度水分胁迫时的光响应曲线(图 4-4)，并以此模型为基础计算了山荞麦和小叶扶芳藤的光响应曲线特征参数 AQY、Pn_{max}、R_d、L_{SP}、L_{CP}值(表 4-4)。

结果显示，小叶扶芳藤的光合能力明显高于山荞麦。在正常供水条件下，山荞麦和小叶扶芳藤表观光合量子效率 AQY 都为 0.037，接近丘国雄(1992)报道的 C_3植物取值范围(约 0.03～0.05)的下限。正常供水条件下山荞麦和小叶扶芳

藤最大净光合速率 Pn_{max} 分别为 10.14 和 22.66μmol · $m^{-2}s^{-1}$，光补偿点 L_{CP} 为 40 和 52μmol · $m^{-2}s^{-1}$，光饱和点 L_{SP} 分别为 400 和 823μmol · $m^{-2}s^{-1}$。当苗木达到中度水分胁迫，山荞麦和小叶扶芳藤的表观量子效率 AQY 分别下降为 0.007 和 0.016，Pn_{max} 下降为 1.92 和 5.15μmol · $m^{-2}s^{-1}$，山荞麦的 L_{CP} 和 L_{SP} 升高，而小叶扶芳藤的 L_{CP} 和 L_{SP} 则下降，4 种苗木的暗呼吸速率 R_d 都降低。表明水分胁迫使山荞麦和小叶扶芳藤叶片的光合能力下降，但小叶扶芳藤可以适应较弱的光强，保持较高的光合能力，可见小叶扶芳藤就有较强的干旱适应能力，并且在水分充分时，可以适应较强的光照，在水分胁迫时又可以利用较弱的光强，可见其对光的适应能力也较强。

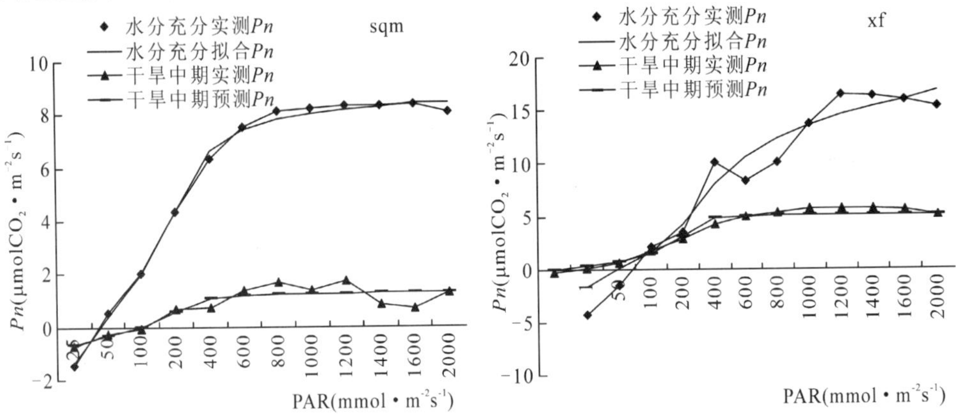

图 4-4　水分胁迫对攀援植物苗木光响应曲线的影响

表 4-4　不同水分胁迫下攀援植物苗木光合作用-光响应曲线的特征参数值

植物	处理	AQY (μmol CO_2 · $μmol^{-1}$ photons)	Pn_{max} (μmol CO_2 · $m^{-2}s^{-1}$)	R_d (μmol CO_2 · $m^{-2}s^{-1}$)	L_{CP} (μmol photons · $m^{-2}s^{-1}$)	L_{SP} (μmol photons · $m^{-2}s^{-1}$)
sqm	水分充分	0.037	10.14	1.362	40	400
	中度胁迫	0.007	1.92	0.647	105	425
xf	水分充分	0.037	22.66	1.650	52	823
	中度胁迫	0.016	5.15	1.208	7	339

4.2 苗木荧光参数对水分胁迫的响应

叶绿素荧光分析技术是近年来在光合作用机理研究中发展起来的一种新型、快速、简便、精确且整体无损伤检测植物光合作用生理状况的新技术。叶绿素荧光信号包含了十分丰富的光合作用过程变化的信息，因而被视为植物光合作用与环境关系的内在探针(温国胜等，2006)。利用叶绿素荧光这一植物体内发出的天然信号，能够探测到许多有关植物生长状态的信息。F_v/F_m值及F_v/F_o值常用于度量植物叶片PS II原初光能转换效率和叶片PS II潜在活性(张守仁，1999)，非胁迫条件下F_v/F_m及F_v/F_o的变化极小，不受物种和生长条件的影响，胁迫条件下两参数明显下降(许大全等，1992；杨甲定等，2005；Thomas 和 Turner，2001)，也有一些研究表明轻度、重度水分胁迫的F_m、F_v、F_v/F_m升高(何军等，2004)。本书选择对水分胁迫比较敏感的初始荧光F_o、最大荧光F_m、可变荧光F_v、PS II的原初光能转换效率F_v/F_m和PSⅡ的潜在活性F_v/F_o等5个荧光参数进行比较，分析不同种类植物苗木的抗旱能力。

4.2.1 乔木树种苗木荧光特性对水分胁迫的响应

在乔木树种中，本书只论述了北京常见的落叶乔木树种银杏和白蜡的荧光参数(表4-5)。结果显示，随着苗木水势下降，即水分胁迫程度的加剧，银杏和白蜡两种植物的PSII的原初光能转换效率F_v/F_m和PSⅡ的潜在活性F_v/F_o都出现先升高再降低现象。这与杨甲定等人(2005)研究干旱使黄柳和垂柳F_v/F_m和F_v/F_o持续下降不完全一致，而Proctor等人(2007)在对拟大金发藓(*Polytrichum formosum* Hedw)忍耐干旱能力试验中研究表明在水分状态较好时，拟大金发藓F_v/F_m在0.7左右，最大土壤湿度(74%)和最小土壤湿度(5%)时F_v/F_m都比较小，在土壤湿度为43%时F_v/F_m最大，与这本书的结论相似。在水分充分的条件下，银杏和白蜡的F_v/F_m分别为0.745和0.748，F_v/F_o分别为3.156和2.943。在轻度和中度水分胁迫时有不同程度升高，重度水分胁迫时，银杏和白蜡F_v/F_m分别为0.438和0.485，F_v/F_o分别为0.833和1.014，这表明水分胁迫对两种植物的PS II的原初光能转换效率和潜在活性产生了影响。可能是F_o先降低再升高，而F_m先升高再降低的结果。段爱国等(2005)研究也表明水分胁迫可以使5种针叶树种F_v/F_m的变化呈“凸”状，F_m/F_o的变化则是呈倒“S”状。

表 4-5 不同干旱阶段乔木树种苗木荧光参数的变化

树种	时期	F_o	F_m	F_v	F_v/F_m	F_v/F_o
银杏	正常水分	634.36	2605.75	1971.39	0.745	3.156
	干旱初期	562.00	2775.50	2213.50	0.796	3.941
	干旱中期	542.33	3066.33	2524.00	0.823	4.654
	干旱后期	897.11	1648.83	751.72	0.438	0.833
白蜡	正常水分	716.28	2819.44	2103.17	0.748	2.943
	干旱中期	671.06	3235.92	2564.86	0.790	3.974
	干旱后期	763.58	1518.38	754.79	0.485	1.014

多重比较表明银杏 F_v/F_m 在水分充分条件下与轻度和中度水分胁迫时差异不显著，而与重度水分胁迫差异显著，白蜡在水分充分条件下的 F_v/F_m 也与重度水分胁迫时差异显著。银杏的差异要比白蜡明显，银杏的 F_v/F_m 值变化在 41.2%，而白蜡变化为 35.2%。从水分充分条件下到轻度和中度水分胁迫时，银杏 F_v/F_o 不显著增加，此三个阶段 F_v/F_o 与重度水分胁迫下 F_v/F_o 差异达到极显著水平。白蜡在水分充分条件下 F_v/F_o 和中度水分胁迫时的差异不显著，与重度水分胁迫时的差异达到显著水平。F_o 的变化由两种原因造成：一是由非光化学能量耗散造成 F_o 的降低，而光合机构被破坏又使 F_o 升高，另一原因是植株上不同叶片之间因叶绿素含量的差异原因导致的 F_o 的值有一定的差异。这表明重度水分胁迫使 PSⅡ潜在活性中心受损，抑制了光合作用原初反应，光合电子传递过程受到影响，而光能转化效率的高低直接决定叶片光合作用的高低，此时低光能转化效率成为光合作用的重要限制因子。水分胁迫后期非气孔限制成为光合速率下降的主要原因。总体趋势表明随着水分胁迫程度的加重，两种植物正常叶片为了维持生长期间正常光照会提高天线叶绿体中热耗散的速率，从而降低光化学效率（F_v/F_m）。也就是说水分胁迫能够引起最小荧光 F_o 的上升和可变荧光 F_v 的下降，对植物的光合器官造成一定程度的伤害。且随着水分胁迫的加剧，叶片 F_v/F_m 显著降低，轻度胁迫与对照相比，其值有一个不显著的升高，而受到重度胁迫后，其值急剧下降，这表明水分胁迫使 PSII 潜在活性中心受损，抑制了光合作用的原初反应，光合电子传递过程受到影响，而光化学效率的高低直接决定叶片光合作用的高低，因此由于某种原因造成的低光化学效率会成为光合作用的重要限制因子。从 F_v/F_m 下降程度来看白蜡的要小于银杏，白蜡叶片光合器官的伤害程度小于银杏，且在水分充分和中度水分胁迫时，白蜡的 F_m 都高于银杏，说明白蜡的光合库容较大，即光合潜力大。

4.2.2　灌木树种苗木荧光特性对水分胁迫的响应

研究表明，随着水分胁迫程度的加剧，醉鱼草(zyc)、天目琼花(tmqh)、红王子锦带(hwz)和碧桃(bt)苗木 PSII 的原初光能转换效率 F_v/F_m 和 PSⅡ的潜在活性 F_v/F_o 与乔木树种银杏和白蜡苗木的波动趋势一致，也出现先升高再降低现象(表 4-6)。在正常水分条件下，醉鱼草、天目琼花、红王子锦带和碧桃的 F_v/F_m 分别为 0.768、0.761、0.752 和 0.779，F_v/F_o 分别为 3.344、3.204、3.027 和 3.525。在轻度和中度水分胁迫时出现不同程度升高，而重度水分胁迫时下降。醉鱼草、天目琼花、红王子锦带和碧桃重度水分胁迫时 F_v/F_m 分别为 0.737、0.710、0.735 和 0.715，F_v/F_o 分别为 3.373、2.461、2.885 和 2.621，这表明水分胁迫对 4 种灌木树种苗木的 PSII 的原初光能转换效率和潜在活性产生了影响，可能是 F_o 先降低再升高，而 F_m 先升高再降低的结果。

表 4-6　不同干旱阶段灌木树种苗木荧光参数的变化

树种	处理	F_o	F_m	F_v	F_v/F_m	F_v/F_o
zyc	正常水分	732.11	3154.94	2422.83	0.768	3.344
	干旱初期	684.81	3726.81	3042.00	0.816	4.453
	干旱中期	719.83	3414.94	2695.11	0.786	3.818
	干旱后期	778.21	3269.71	2491.50	0.737	3.373
tmqh	正常水分	691.83	2908.50	2216.67	0.761	3.204
	干旱初期	719.03	3331.08	2612.06	0.784	3.646
	干旱中期	705.33	3237.83	2532.50	0.780	3.658
	干旱后期	827.17	2863.00	2035.83	0.710	2.461
hwz	正常水分	578.67	2330.33	1751.67	0.752	3.027
	干旱初期	551.83	2439.50	1887.67	0.760	3.520
	干旱中期	449.00	2675.40	2226.40	0.832	4.965
	干旱后期	629.83	2426.33	1796.50	0.735	2.885
bt	正常水分	575.40	2603.80	2028.40	0.779	3.525
	干旱初期	521.50	2724.83	2203.33	0.807	4.285
	干旱中期	463.67	2641.33	2177.67	0.824	4.757
	干旱后期	687.50	2416.50	1729.00	0.715	2.621

多重比较表明醉鱼草 F_v/F_m 和 F_v/F_o 各水分梯度差异不显著，天目琼花 F_v/F_m 和 F_v/F_o 只在水分充分和重度水分胁迫时差异显著，红王子锦带 F_v/F_m 各水分梯度差异不显著，中度胁迫时的 F_v/F_o 显著高于充分供水和重度水分胁迫，碧桃充分供水和重度水分胁迫差异不显著。醉鱼草、天目琼花、红王子锦带和碧桃 F_v/F_m 重度水分胁迫比水分充分条件 F_v/F_m 下降4.0%、6.7%、2.2%和8.3%。天目琼花、红王子锦带和碧桃 F_v/F_o 重度水分胁迫比水分充分条件下降2.3%、4.7%和25.7%，而醉鱼草呈不显著升高。在从 F_v/F_m 下降程度来看红王子锦带<醉鱼草<天目琼花<碧桃，碧桃叶片光合器官的伤害程度最大，同时碧桃 F_v/F_o 下降幅度也最大。

4.2.3 地被植物苗木荧光特性对水分胁迫的响应

结果显示，随着水分胁迫程度的加剧，金叶莸(jyy)、玉簪(yz)、金叶女贞(jynz)和紫叶小檗(xb)苗木PSII的原初光能转换效率 F_v/F_m 和PSⅡ的潜在活性 F_v/F_o 与乔木和灌木苗木波动趋势相同，也出现先升高再降低变化规律(表4-7)。在正常水分条件下，金叶莸、玉簪、金叶女贞和紫叶小檗的 F_v/F_m 分别为0.762、0.807、0.795和0.773，F_v/F_o 分别为3.313、4.169、3.874和3.500。在轻度和中度水分胁迫时升高，重度水分胁迫时 F_v/F_m 和 F_v/F_o 下降，金叶莸、玉簪、金叶女贞和紫叶小檗 F_v/F_m 分别为0.755、0.401、0.341和0.589，F_v/F_o 分别为3.081、0.931、0.520和1.583，这表明重度水分胁迫降低了4种地被苗木的PSII的原初光能转换效率和潜在活性；从正常水分到干旱胁迫，金叶莸、金叶女贞和紫叶小檗 F_o 先降低再升高，而玉簪在干旱胁迫下的 F_o 则始终高于正常水分条件下的 F_o；从 F_m 参数来看，金叶莸、玉簪和紫叶小檗是先升高再降低，而金叶女贞则始终呈下降趋势。

多重比较表明金叶莸 F_v/F_m 和 F_v/F_o 水分充分和重度水分胁迫差异不显著，而与轻度和中度水分胁迫时差异显著，紫叶小檗正好相反，重度水分胁迫时玉簪和金叶女贞的 F_v/F_m 和 F_v/F_o 与其他水分梯度差异显著。金叶莸、玉簪、金叶女贞和紫叶小檗 F_v/F_m 重度水分胁迫比水分充分条件 F_v/F_m 下降9.0%、50.3%、57.1%和23.8%。金叶莸、玉簪、金叶女贞和紫叶小檗 F_v/F_o 重度水分胁迫比水分充分条件下降7.0%、77.7%、86.6%和54.8%。在从 F_v/F_m 和 F_v/F_o 下降程度来看金叶女贞>玉簪>紫叶小檗>金叶莸，金叶女贞叶片光合器官的伤害程度最大。

表 4-7　不同干旱阶段地被植物苗木荧光参数的变化

树种	处理	F_o	F_m	F_v	F_v/F_m	F_v/F_o
jyy	正常水分	565.11	2410.00	1844.89	0.762	3.313
	干旱初期	509.67	3129.81	2620.14	0.837	5.146
	干旱中期	400.61	2931.22	2530.61	0.863	6.326
	干旱后期	580.01	2367.00	1787	0.755	3.081
yz	正常水分	583.33	3015.00	2431.67	0.807	4.169
	干旱初期	674.50	3027.44	2352.94	0.777	3.498
	干旱中期	636.33	3200.78	2564.44	0.801	4.056
	干旱后期	887.83	1715.75	827.92	0.401	0.931
jynz	正常水分	679.33	3311.00	2631.67	0.795	3.874
	干旱初期	458.17	2794.33	2336.17	0.834	5.085
	干旱中期	612.33	2623.58	2011.25	0.740	3.486
	干旱后期	640.00	972.50	332.50	0.341	0.520
xb	正常水分	727.94	3253.11	2525.17	0.773	3.500
	干旱初期	717.43	3610.74	2893.31	0.801	4.047
	干旱中期	638.71	3490.31	2851.59	0.817	4.471
	干旱后期	822.75	2093.25	1270.50	0.589	1.583

4.2.4　攀援植物苗木荧光特性对水分胁迫的响应

当苗木受到水分胁迫时，随着水分胁迫程度的发展，山荞麦(sqm)和小叶扶芳藤(xf)苗木 PS II 的原初光能转换效率 F_v/F_m和 PS Ⅱ 的潜在活性 F_v/F_o与乔灌木的波动规律相同，也出现先升高再降低的变化规律(表 4-8)。在正常水分条件下，山荞麦和小叶扶芳藤的 F_v/F_m分别为 0.806 和 0.750，F_v/F_o分别为 4.136 和 3.100。在轻度和中度水分胁迫时升高，重度水分胁迫时，F_v/F_m和 F_v/F_o下降，山荞麦和小叶扶芳藤 F_v/F_m分别为 0.750 和 0.748，F_v/F_o分别为 3.334 和 2.966，这表明水分胁迫对 2 种攀援植物苗木的 PS II 的原初光能转换效率和潜在活性产生了影响，可能是 F_o先降低再升高，而 F_m则是先升高再降低。多重比较表明，山荞麦和小叶扶芳藤的 F_v/F_m和 F_v/F_o在正常水分条件下与重度水分胁迫条件下的差异不显著。山荞麦和小叶扶芳藤的 F_v/F_m在重度水分胁迫比正常水分条件下的 F_v/F_m下降 6.9% 和 0.3% 。山荞麦和小叶扶芳藤的 F_v/F_o在重度水分胁迫比正常水分下降 19.4% 和 4.3% 。从 F_v/F_m和 F_v/F_o下降程度来看，小叶扶芳藤小于山荞麦，表明小叶扶芳藤叶片光合器官的伤害程度较小。

表 4-8 不同干旱阶段攀援植物苗木荧光参数的变化

树种	处理	F_o	F_m	F_v	F_v/F_m	F_v/F_o
sqm	正常水分	603.50	3103.67	2500.17	0.806	4.136
	干旱初期	647.06	3304.06	2657.00	0.804	4.155
	干旱中期	613.28	3007.72	2394.44	0.795	3.969
	干旱后期	650.60	2702.07	2051.47	0.750	3.334
xf	正常水分	465.5	1864.83	1399.33	0.750	3.100
	干旱初期	690.67	3080.17	2389.50	0.776	3.500
	干旱中期	639.5	3213.17	2573.67	0.800	4.040
	干旱后期	762.6	3027.8	2265.2	0.748	2.966

4.3 苗木碳同位素比率($\delta^{13}C$)对水分胁迫的响应

水分胁迫是通过影响气孔和光合羧化酶对碳同位素的分馏效应 a、b 和细胞内 CO_2浓度来影响植物碳同位素比例($\delta^{13}C$)，因此运用质谱仪测定少量植物样品的碳同位素比率，并综合植物长期的光合特性及多种生理和形态指标使胁迫效应得以量化(陈英华等，2004)。水分胁迫对植物叶片 $\delta^{13}C$ 值具有一定的影响，但是表现形式并不完全一致(图 4-5)。水分胁迫对北京 4 种乔木树种苗木叶片 $\delta^{13}C$ 影响表现为：银杏(yx)和雪松(xs)略有下降，而白蜡(bl)和桧柏(kb)有不同程度升高。在水分胁迫条件下，植物为了保持体内水分，植物叶表面气孔开度变小，增大了 CO_2进入植物体内的阻力，从而使植物对^{13}C 分辨率下降，增加了^{13}C 同化能力。抗旱能力强的植物，对^{13}C 同化能力强，叶片 $\delta^{13}C$ 增加，从这个意义而言，白蜡和桧柏的抗旱能力高于银杏和雪松。在干旱胁迫条件下，北京 4 种灌木树种和 4 种地被植物苗木叶片 $\delta^{13}C$ 值在干旱中期或后期有一定的升高，说明它们在水分胁迫过程对^{13}C 同化能力有一定升高。大多数研究表明叶片 $\delta^{13}C$ 与水分利用效率成正比，因此，灌木树种天目琼花(tmqh)水分利用效率大于碧桃(bt)、红王子锦带(hwz)和醉鱼草(zyc)，也高于地被植物玉簪(yz)和金叶女贞(jynz)大于金叶莸(jyy)和紫叶小檗(xb)。攀援植物山荞麦(sqm)在干旱过程中叶片 $\delta^{13}C$ 值有一定的下降，而小叶扶芳藤(xf)在干旱中后期叶片 $\delta^{13}C$ 值则明显升高，小叶扶芳藤叶片 $\delta^{13}C$ 值大于山荞麦，表明小叶扶芳藤比山荞麦有更高的水分利用效率和抗旱节水能力。

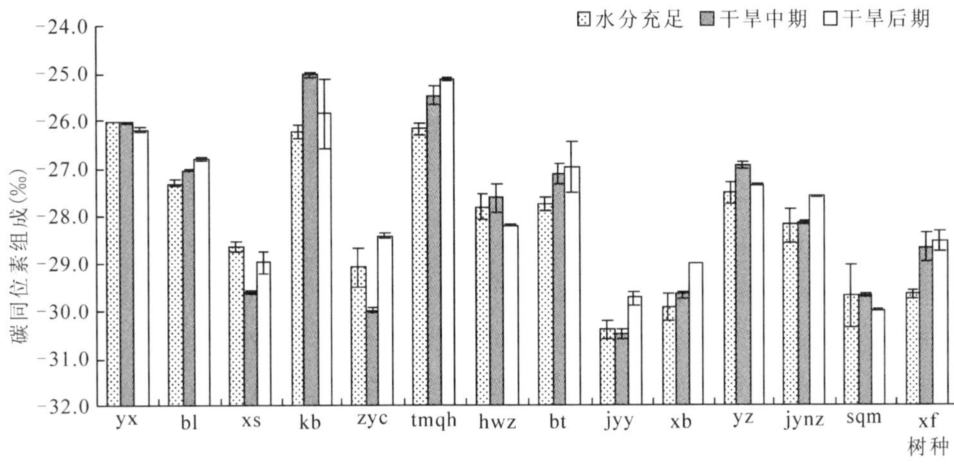

图4-5 水分胁迫对叶片 $\delta^{13}C$ 的影响

第5章 北方城市绿化树种的水分利用效率

植物水分利用效率长期以来一直是人们比较关注的问题。了解植物的水分利用效率(WUE)不仅可以掌握植物的生存适应对策，同时还可以人为调控有限的水资源来获得最高的产量或经济效益。在森林生态系统中，水分利用效率是树木生产和水分管理的关键环节。高 WUE 被认为是在干旱和半干旱环境里植物能够成功或良好地生长和生产的一个有贡献的特征。水分利用效率的研究可以揭示植物内在的耗水机制，为植被的合理供水提供科学依据，这对缺水的北方城市绿化树种的建植和保育十分有益。为此，本书专门对北方城市绿化树种的瞬时水分利用效率(WUE_i)和长期水分利用效率(WUE_L)进行了深入研究，为城市绿化植物的配置和灌溉制度的制定提供借鉴和参考。在本书中，瞬时水分利用效率(WUE_i)以净光合速率(Pn)和蒸腾速率(Tr)的比值(Pn/Tr)来表示，在5月初(生长初期)、7月(生长中期)末和9月末(生长末期)的晴朗天气，利用 Licor－6400 便携式光合作用分析系统测定各树种的净光合速率和蒸腾速率，并计算和比较其 WUE_i。长期水分利用效率(WUE_L)是根据植物的碳同位素比率($\delta^{13}C$)与水分利用效率的关系来表示。树木的碳同位素比率($\delta^{13}C$)是利用 DELTA^{plus} XP 质普仪和 FLASH EA 固体分析仪(Thermo Finniga)对城市绿化树种在春季、夏季和秋季的叶片和秋季的枝条进行分析测试的。

本章研究的绿化树种除了第2章的树种外(表2-1)，还增加了紫薇、迎春、沙地柏和火炬树(表5-1)。

表 5-1 试验材料的基本情况表

缩写	拉丁名	科属	类型
hj	火炬树 *Rhus typhina* L.	漆树科盐肤木属	落叶乔木
zw	紫薇 *Lagerstroemia indica* L.	千屈菜科紫薇属	落叶灌木
ych	迎春 *Jassminum nudiflorum* Lindl.	木犀科茉莉花属	落叶灌木
sdb	沙地柏 *Sabina vulgaris* Ant.	柏科圆柏属	常绿灌木

5.1　城市绿化树种的瞬时水分利用效率

5.1.1　乔木树种光合特性及瞬时水分利用效率

在乔木树种中，选择了在前章节得出抗旱节水性较强的油松(ys)和抗旱节水性较差的雪松(xs)这两种常绿乔木树种，抗旱节水型杜仲(dz)、不抗旱但节水的银杏(yx)，抗旱节水都较差的国槐(ys)、毛白杨(ys)等 4 种落叶乔木树种，进行了光合特性及瞬时水分利用效率(WUE_i)的比较研究(图 5-1)。

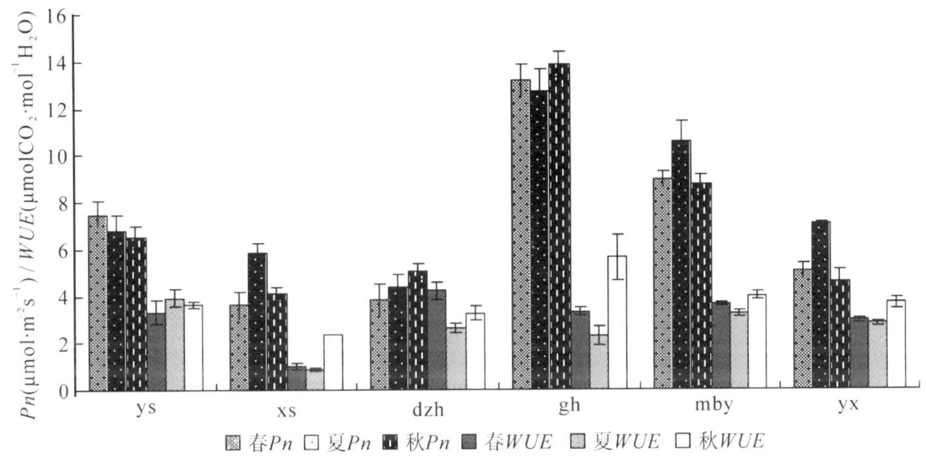

图 5-1　乔木树种净光合速率和瞬时水分利用效率的季节变化

在 2 种针叶乔木树种中，油松的净光合速率(Pn)和瞬时水分利用效率(WUE_i)都明显高于雪松，4 种阔叶乔木中，国槐的净光合速率最大，其次为毛白杨和银杏，杜仲最小(图 5-1)。在不同季节中，油松的 P_n 在春夏秋的 3 个季节中分别为 7.55μmol · $m^{-2}s^{-1}$、6.83 μmol · $m^{-2}s^{-1}$ 和 6.52 μmol · $m^{-2}s^{-1}$，雪松分别为 3.61μmol · $m^{-2}s^{-1}$、5.84μmol · $m^{-2}s^{-1}$ 和 4.09μmol · $m^{-2}s^{-1}$，油松 3 个季节的 Pn 显著高于雪松，分别高出 52.2%、14.5% 和 37.3%；油松的 WUE_i 在 3 个季节中分别为 3.30μmol · $mmol^{-1}$、3.93μmol · $mmol^{-1}$ 和 3.61μmol · $mmol^{-1}$，而雪松分别为 1.01μmol · $mmol^{-1}$、0.8μmol · $mmol^{-1}$ 和 2.35μmol · $mmol^{-1}$，油松 3 个季节的 WUE_i 分别高于雪松 69.4%、77.9% 和 34.9%，可见油松有较大的生产潜力，也具有更高的碳同化能力和水分利用效率，其节水性明显高于雪松。一些研究也表明油松是较耐旱的植物(李吉跃，1989；田有亮和郭连生，1994；

郑淑霞，上官周平，2007）。油松在春季和夏季的 *Pn* 大于秋季，可见油松的生长高峰在春夏季，而夏秋季的 WUE_i 略大于春季，与叶片 $\delta^{13}C$ 规律相同，而雪松在夏季的净光合速率最大，其次是秋季，春季最小，但水分利用效率是春秋季大于夏季，与叶片 $\delta^{13}C$ 规律也相一致。刘淑明等(2004)研究也表明雪松光合速率和蒸腾速率的最大值均出现在6月，9 ~10月，净光合速率和蒸腾速率下降，但水分利用效率显著增大，表明温凉湿润的气候更有利于雪松的生长，与本书结果一致。

在4种落叶乔木树种中，其 *Pn* 之间存在显著的差异，其中国槐在3个季节的 *Pn* 都是最大的(12.72 ~ 13.85μmol · $m^{-2}s^{-1}$)，其次是毛白杨(8.74 ~ 10.54μmol · $m^{-2}s^{-1}$)和银杏(4.58 ~ 7.06μmol · $m^{-2}s^{-1}$)，*Pn* 最小的是杜仲(3.80 ~5.06μmol · $m^{-2}s^{-1}$)(图 5-1)。4 个落叶乔木树种的 WUE_i 差异不显著，都表现出夏季小于春秋两季的特征，其中国槐、毛白杨和银杏都是秋季 WUE_i 最高，而杜仲是春季 WUE_i 最高。毛白杨和国槐为速生树种，在有较大 *Pn* 的同时，也有较大的 *Tr*，因此，WUE_i 并不高，而杜仲和银杏 *Pn* 不高，*Tr* 也较低，因此，WUE_i 相对较高。城市绿化不同于培育用材林，生产力不是唯一的目标，北京是严重缺水的城市，选择杜仲和银杏绿化更有利于节约用水，并且能达到很好的美化效果。

5.1.2 灌木树种光合特性及瞬时水分利用效率

在6个灌木树种中，3个季节的 Pn 和 WUE_i 都有较大变化，其中红王子锦带(hwz)、糯米条(nmt)、紫叶李(zyl)和碧桃(bt)在夏季的 *Pn* 最大(8.71 ~ 13.80μmol · $m^{-2}s^{-1}$)，而黄栌(hl)和棣棠(dt)的 *Pn* 则在春季最大(6.26 ~ 8.24μmol · $m^{-2}s^{-1}$ 和 2.09 ~7.05μmol · $m^{-2}s^{-1}$)；除糯米条外其他灌木树种的 WUE_i 都是在夏季最低(图 5-2)。碧桃在春夏秋3季的 *Pn* 都是最高的，分别为 8.71μmol · $m^{-2}s^{-1}$、13.80μmol · $m^{-2}s^{-1}$ 和 13.29μmol · $m^{-2}s^{-1}$，而 WUE_i 较低，在春夏秋 3 季分别为 2.10μmol · $mmol^{-1}$、1.24μmol · $mmol^{-1}$ 和 3.20μmol · $mmol^{-1}$，属于典型的高光合、高蒸腾、水分利用效率较低的灌木；其次是紫叶李 WUE_i 较低，分别为 1.74μmol · $mmol^{-1}$、1.39μmol · $mmol^{-1}$ 和 3.20μmol · $mmol^{-1}$，而黄栌、红王子锦带、糯米条和棣棠的 WUE_i 都非常接近，属于节水中等的灌木树种。

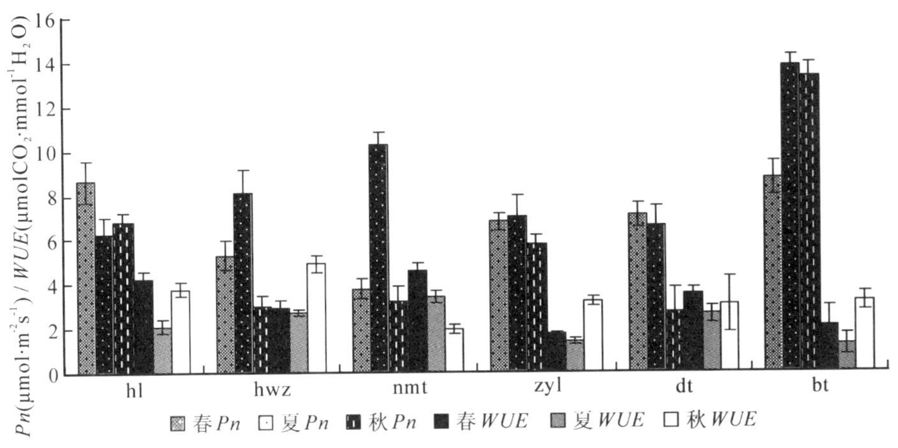

图 5-2　灌木树种净光合速率和瞬时水分利用效率的季节变化

5.1.3　地被植物光合特性及瞬时水分利用效率

在地被植物中，木本地被植物和草本地被植物在不同季节的 Pn 和 WUE_i 是有较大差异的(图 5-3)。4 种木本地被植物的 Pn 均在夏季较高，3 个季节的平均 Pn 是平枝栒子(pzhxz)(8.21μmol · $m^{-2}s^{-1}$) > 金叶女贞(jynz)(7.88μmol · $m^{-2}s^{-1}$) > 月季(yj)(7.05μmol · $m^{-2}s^{-1}$) > 紫叶小檗(xb)(6.58μmol · $m^{-2}s^{-1}$)，而 WUE_i 在夏季小于春秋两季，这与 WUE_L 基本一致。3 个季节的 WUE_i 综合平均来看，金

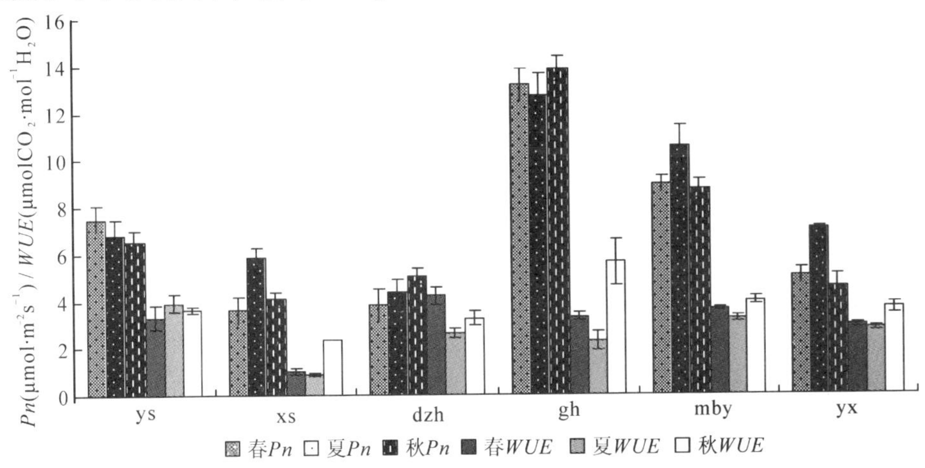

图 5-3　地被植物净光合速率和瞬时水分利用效率的季节变化

叶女贞(4.87μmol · mmol^{-1}) > 月季(3.30μmol · mmol^{-1}) > 平枝栒子(2.59μmol · mmol^{-1}) > 紫叶小檗(1.97μmol · mmol^{-1})，与 WUE_L 的顺序也基本一致，可见金叶女贞的抗旱节水能力较强，而紫叶小檗的抗旱节水能力相对较差。在 2 种草本地被植物中，萱草(xc)和玉簪(yz)的 *Pn* 在夏秋季较大，WUE_i 也是在夏季较大，与其 WUE_L 结果不一致。玉簪在春夏秋 3 个季节的 WUE_i 分别为 4.74μmol · mmol^{-1}、5.59μmol · mmol^{-1} 和 2.53μmol · mmol^{-1}，萱草分别为 2.06μmol · mmol^{-1}、3.18μmol · mmol^{-1} 和 2.79μmol · mmol^{-1}，玉簪明显大于萱草，与 WUE_L 结果相一致，可见玉簪节水性大于萱草。

5.1.4 攀援植物光合特性及瞬时水分利用效率

在 5 种攀援植物中的 *Pn* 和 WUE_i 有明显的季节变化差异(图 5-4)。除五叶地锦(wydj)外，其他攀援植物都是夏季的 *Pn* 最大。南蛇藤(nsht)和金银花(jyh)在春夏秋 3 个季节的平均 Pn 较高，分别为 10.72μmol · m^{-2}s^{-1} 和 9.94μmol · m^{-2}s^{-1}；其次是紫藤(zt)和山荞麦(shqm)，分别为 4.67μmol · m^{-2}s^{-1} 和 6.09μmol · m^{-2}s^{-1}，而五叶地锦的 *Pn* 最低，为 3.61μmol · m^{-2}s^{-1}。WUE_i 是紫藤和金银花较大，在春夏秋 3 个季节的平均值分别为 4.97μmol · mmol^{-1} 和 3.93μmol · mmol^{-1}，其次为五叶地锦(3.84μmol · mmol^{-1})，南蛇藤和山荞麦最小，分别为 2.36μmol · mmol^{-1} 和 2.40μmol · mmol^{-1}。这与通过形态和生理指标得出的结果

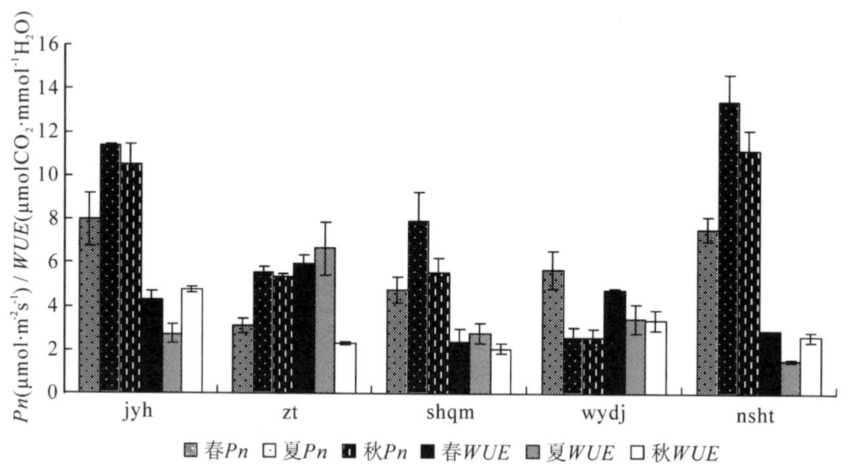

图 5-4 攀援植物净光合速率和瞬时水分利用效率的季节变化

是基本一致的，即金银花和紫藤为抗旱节水的攀援植物，山荞麦相反，五叶地锦和南蛇藤抗旱性和节水性中等。

上述结果表明，无论是哪种类型的绿化树种利用光合仪测定的瞬时水分利用效率 WUE_i 与长期水分利用效率 WUE_L 都存在一定的相似性，同时在一些种间也存在一定差异，主要是二者反映的是同时间范围植物的碳水关系。

5.2　城市绿化树种的长期水分利用效率

目前城市绿地规模不断扩大，绿地需水量急剧增加，加剧了城市可用水资源的压力。在美国内华达州拉斯维加斯居住区，城市绿化用水占总需水量的 60%（Devitt *et al.*，1997）。为建植高质量的城市绿地，一般需要采取充分灌溉的管理措施，因而许多植物在遇到水分限制时，不能很好地适应干旱环境。因此，在绿地建设时，选择耐旱、高水分利用效率的树种，并根据其水分利用特征进行管理，对于建设节水型园林绿地景观具有重要的意义。以往的 *WUE* 研究主要集中在农作物和干旱区植物上（Ehleringer *et al.*，1992；Ehleringer，1993；Monti *et al.*，2006），对城市绿化植物的研究则较少。

叶片的 WUE 可以用瞬时 WUE（WUE_i）和长期 WUE（WUE_L）来表示。前者是通过测定单叶（个体或群体）瞬时的 CO_2 和 H_2O 交换通量来计算 WUE，即由植物光合速率和蒸腾速率的比值来确定的，只代表某特定时间内植物部分叶片的行为。而长期水分 WUE 是指植物吸收单位重量的水所能产生的干生物量，通过用直接测定植物个体在某一阶段内消耗单位重量的水分所生产出的干物质来计算 WUE（WUE = 干物质量/蒸腾量）。但在大田试验中，从季节用水和生物量计算 WUE 仍有一定的难度和误差（Wright *et al.*，1988）。而稳定性碳同位素技术是近 30 年来研究长期 WUE 的最常用测定方法，很多研究表明，碳同位素组成（$\delta^{13}C$）与植物的 WUE 呈正相关关系，能反映植物长期的水分利用状况，是植物体光合能力和长期 WUE 的一个普遍而有效的指标，故可以通过测定植物组织内稳定性碳同位素的相对丰度来指示植物长期的 WUE（Farquhar *et al.*，1982；Farquhar 和 Richards，1984）。因此，我们应用稳定碳同位素技术来探讨城市常见绿化植物种的 WUE 的种间和季节差异，以及不同生活型绿化植物的 WUE 的季节差异，从而为选择高 WUE 植物、建植城市节水型绿地景观提供科学依据。

5.2.1 叶片碳同位素与长期水分利用效率的关系及其影响因素

5.2.1.1 碳同位素比率($\delta^{13}C$)与长期水分利用效率的关系

在自然条件下，碳有两种稳定碳同位素，其自然丰度^{12}C占98.89‰，^{13}C占1.11‰。植物叶片$\delta^{13}C$可以用来作为一段时间内水分利用和损失的标准被广泛应用(Todd *et al.*，2002；Warren *et al.*，2001)。这主要是由于光合作用时，大气CO_2经气孔向叶内的扩散过程，CO_2在叶中的溶解过程，以及羧化酶对CO_2的同化过程，均存在显著的碳同位素效应(Farquhar *et al.*，1989)。Farquhar等(1982)认为，植物组织的稳定碳同位素比率$\delta^{13}C$和稳定碳同位素分辨力△与C_3植物的水分利用效率(Water Use Efficiency，WUE)具有很强的相关性，可以作为植物长期WUE的间接测定指标(Ehleringer和Cooper，1988；Ehleringer，1993；Ebdon *et al.*，1998；Arslan *et al.*，1999；苏波等，2000)，并在小麦的研究上得到证实(Farquhar和Richards，1984)。目前，国内外学者，在草本植物如小麦(Malse和Farquhar，1988)、花生(Hubock *et al.*，1988)、棉花(Hubock和Farquhar，1987)、大麦(Hubock和Farquhar，1989)、甜菜(Monti *et al.*，2006)，木本植物如白云杉(Sun *et al.*，1996)、桉树(Osorio和Pereira，1994；Ernst－Detlef *et al.*，2006)和黑杨无性系(赵凤君等，2006)以及藤本植物葡萄(Claudia *et al.*，2005)等方面进行了$\delta^{13}C$或△与长期WUE的相关性研究，大部分研究结果显示$\delta^{13}C$与长期WUE呈正相关，△与长期WUE呈负相关。

影响植物气体交换代谢过程的环境因子对许多植物$\delta^{13}C$值也产生影响，包括降雨量(苏波等，2000；Anderson *et al.*，2000；Roden，Ehleringer，2007)、土壤水分含量(Ehleringer和Cooper，1988；Ehleringer，1993；Korol *et al.*，1999)、湿度(Madhavan *et al.*，1991)、温度(Welker *et al.*，1993；Panek和Blaring，1997)、海拔(史作民等，2004)、氮素有效性(Duursma和Marshall，2006)和大气CO_2浓度(Bettarini *et al.*，1995；Ehleringer和Ceding，1995；Williams *et al.*，2001)等。总的来说，在高资源可利用条件下，植物具有较小的$\delta^{13}C$值，即有较低的WUE(Schuster *et al.*，1992；Ehleringer，1993)。植物的$\delta^{13}C$值不仅代表了其WUE水平而且还表明其在水分胁迫下的生存策略，如植物$\delta^{13}C$值与年降雨量、年平均土壤含水量表现出显著的负相关，表明来自更干旱生境的植物种或种群的水分利用方式更保守，$\delta^{13}C$值随水分可利用性的降低而增加。用植物体$\delta^{13}C$值来测算植物水分利用效率为解决植物水分利用的评价体系提供了一个全新的方法。关于不同生活型、不同功能群、不同分布的植物体$\delta^{13}C$值和水分利用效率的理论问题已进行了比较广泛和深入的研究(Farquhar *et al.*，1982，1989，严昌荣等，2001；Chen *et al.*，2003)。

5.2.1.2　碳同位素比率($\delta^{13}C$)与环境因子的相关分析

(1)土壤温湿度和气象因子的季节变化

本书研究是在北京市植物园进行的，由 2 台自动气象站同步测定土壤温湿度及气象因子。结果显示，春季、夏季土壤温度都是随土层深度增加而降低，而秋季土壤各层温度差异不显著，夏季土壤温度最高，其次是秋季，春季最低；土壤湿度在春夏秋 3 个季节都是在 80cm 土层最高，其次为表面土壤湿度，30cm 处土层湿度最低，原因可能是根系主要集中于 30cm 处，该层次的水分被植物利用最多，导致土壤含水量较小(表 5-2)。

表 5-2　土壤温度和湿度季节变化统计表

指标	ST80 (℃)	ST50 (℃)	ST30 (℃)	ST5 (℃)	SWC80 (%)	SWC30 (%)	SWC5 (%)
春季	18.2 ±0.03	19.7 ±0.04	19.9 ±0.08	22.4 ±0.16	16.80 ±0.01	4.11 ±0.01	9.54 ±0.03
夏季	26.1 ±0.03	27.5 ±0.03	27.6 ±0.08	28.5 ±0.10	34.78 ±0.02	14.25 ±0.01	26.08 ±0.01
秋季	25.5 ±0.04	25.8 ±0.04	24.5 ±0.08	25.7 ±0.07	30.26 ±0.01	19.44 ±0.01	15.84 ±0.01

注：ST80、ST50、ST30 和 ST5 分别代表土壤 80cm、50cm、30cm 和 5cm 深处的土壤温度；SWC80、SWC50 和 SWC5 分别代表土壤 80cm、30cm 和 5cm 深处的土壤含水量，下表同；土壤温度和湿度的春季、夏季和秋季取值分别是 2006 年 4 月 24 日至 5 月 31 日、6 月 20 日至 7 月 31 日和 8 月 20 日至 9 月 31 日的平均值(±标准误)。

从不同季节的气象因子可以看出，风速和白天的光合有效辐射是春季 > 夏季 > 秋季，空气温湿度无论在林下层、林中层还是林冠层均为夏季 > 秋季 > 春季。林下空气相对湿度在 3 个季节均大于林冠层和林中的相对湿度，而 3 个季节的空气温度则是林冠层最高。由于本书研究的试验材料均为城市绿化植物，其配置均为稀疏乔灌草型或乔草型结构，空气温湿度在林中不同层次虽然存在一定差异，但未达到显著水平(表 5-3)。

表 5-3　气象因子的季节变化

时间	风速 ($m \cdot s^{-2}$)	冠层 RH (%)	冠层 T (℃)	林中 RH (%)	林中 T (℃)	林下 RH (%)	林下 T (℃)	白天 PAR ($\mu mol \cdot m^{-2} \cdot s^{-1}$)
春季	0.28 ±0.01	52.29 ±0.70	20.30 ±0.17	51.72 ±0.68	18.48 ±0.14	55.59 ±0.83	19.90 ±0.19	0.245 ±0.01
夏季	0.22 ±0.01	68.49 ±0.58	25.56 ±0.12	70.45 ±0.60	25.37 ±0.12	70.67 ±0.56	25.06 ±0.12	0.212 ±0.01
秋季	0.15 ±0.01	67.70 ±0.43	22.98 ±0.10	69.14 ±0.44	22.82 ±0.11	70.18 ±0.42	22.49 ±0.11	0.134 ±0.01

注：RH、T 和 PAR 分别代表空气相对湿度、空气温度和光合有效辐射，下表同；春季、夏季和秋季气象因子取值时间与土壤温湿度的时间一致。

(2)叶片碳同位素组成与土壤温湿度和气象因子的关系

从不同类型叶片 $\delta^{13}C$ 值与不同土壤层的温度和湿度相关性分析表可见，常绿乔木树种叶片 $\delta^{13}C$ 与土壤 80cm、50cm、30cm 和 5cm 处的温度以及土壤 80cm、30cm 和 5cm 处湿度相关性不显著；落叶乔木树种、灌木树种和地被植物与土壤温度和湿度呈显著或极显著负相关；攀援植物与 30cm 土层的土壤含水量呈显著负相关，与 80cm 土层的含水量、土壤温度和 50cm 的温度呈显著负相关，与土壤表面的温度和湿度相关性都不显著(表 5-4)。从这角度可以看出土壤的温度和湿度对落叶植物叶片 $\delta^{13}C$ 影响较大，是否是共同作用的结果或是某一因素起主要作用还需要进一步研究。土壤温度和湿度对常绿针叶树种影响较小或基本不影响。植物 $\delta^{13}C$ 是环境和生物因子共同作用的综合结果(陈拓等，1999)。一些研究表明常绿针叶 $\delta^{13}C$ 变化主要受光合能力(Marshall 和 Zhang，1994；Duursma 和 Marshall，2006；Bonal *et al.*，2007)、叶形态(Hultine 和 Marshall，2000)和 N 含量(Duursma 和 Marshall，2006)等生物因子影响，从本书中也可以发现常绿树种叶片叶 $\delta^{13}C$ 不易受外界环境影响，而可能主要受内在因素影响。

表 5-4 碳同位素比率变化与土壤温度和湿度的相关分析

树种	ST80(℃)	ST50(℃)	ST30(℃)	ST5(℃)	SWC80(%)	SWC30(%)	SWC5(%)
常绿	0.015	0.024	0.035	0.039	0.026	-0.011	0.047
落叶	-0.459*	-0.488**	-0.510**	-0.514**	-0.493**	-0.329*	-0.511**
灌木	-0.577**	-0.551**	-0.499**	-0.474**	-0.544**	-0.584**	-0.402**
地被	-0.472**	-0.470**	-0.451*	-0.439*	-0.468**	-0.424*	-0.399*
攀援	-0.520*	-0.482*	-0.418	-0.388	-0.473*	-0.565**	-0.308

分别对常绿针叶和落叶乔木树种、灌木、地被植物和攀援植物叶片 $\delta^{13}C$ 值与气象因子进行相关分析(表 5-5)，结果表明，常绿乔木树种叶片 $\delta^{13}C$ 值与气象因子的相关性都不显著，落叶乔木树种叶片 $\delta^{13}C$ 与气象因子的相关性较强，与空气温度和相对湿度呈显著负相关，而与风速和白天的光合有效辐射呈不显著正相关，但未达到显著水平；灌木树种叶片 $\delta^{13}C$ 与风速和光合有效辐射呈极显著正相关，与林冠层、林中层和林下的空气温湿度呈极显著负相关；地被植物与风速也呈显著相关，与光合有效辐射呈不显著正相关，与林中不同层次空气温湿度呈负相关，并且与林中层和林下层的空气温湿度达到显著或极显著负相关；攀援植物叶片 $\delta^{13}C$ 也与风速和光合有效辐射呈显著或极显著正相关，与空气温湿度呈负相关，且达到了显著水平。从前面结果看，落叶阔叶植物叶片 $\delta^{13}C$ 值通常

在春秋季节较大，而此时林中的空气温湿度较低，可能是由于植物气孔导度受湿度影响。当空气湿度降低时，气孔导度和胞间 CO_2 浓度降低(陈拓等，1999)，因而导致植物对 ^{13}C 分辨率下降，增加 ^{13}C 同化能力，即叶片 $\delta^{13}C$ 值增加。并且空气温度降低也会使叶片蒸腾减小，气孔导度下降，胞间 CO_2 浓度下降，导致叶片 $\delta^{13}C$ 值升高。夏季正午可能会存在短暂的气孔关闭，对叶片 $\delta^{13}C$ 是否存在影响需要进一步研究。刘广全等(2004) 利用 P-V 曲线研究 4 种针叶树抗旱性表明，P-V 曲线的各指标与短期的天气变化基本一致，夏初降雨后抗旱性降低，即各水分生理参数与其所生长环境的水分状况有密切关系。

表 5-5　叶片 $\delta^{13}C$ 与气象因子的相关分析

树种	风速 ($m \cdot s^{-2}$)	冠层 RH (%)	冠层 T (℃)	林中 RH (%)	林中 T (℃)	林下 RH (%)	林下 T (℃)	白天 PAR ($\mu mol \cdot m^{-2} \cdot s^{-1}$)
常绿	0.023	0.014	0.040	0.015	0.033	0.013	0.041	0.035
落叶	0.245	-0.453**	-0.515**	-0.458**	-0.508**	-0.450**	-0.515**	0.145
灌木	0.553**	-0.580**	-0.462**	-0.578**	-0.509**	-0.582**	-0.459**	0.496**
地被	0.375*	-0.371	-0.333	-0.472**	-0.456*	-0.471**	-0.432*	0.308
攀援	0.553**	-0.525*	-0.374	-0.521*	-0.429	-0.528*	-0.371	0.517*

5.2.1.3　碳同位素比率($\delta^{13}C$)与比叶面(SLA)的关系

(1)叶片碳同位素比率($\delta^{13}C$)与比叶面(SLA)的关系

常绿针叶乔木比叶面积(specific leaf area，SLA)在 2 ~ 8 $m^2 \cdot kg^{-1}$之间变化，落叶阔叶乔木 SLA 在 7 ~ 27 $m^2 \cdot kg^{-1}$之间变化，常绿针叶乔木 SLA 通常小于落叶阔叶乔木。Gulias 等(2003)也发现从常绿植物到半常绿植物到落叶植物，SLA 逐渐升高。在本书中，无论是常绿针叶还是落叶阔叶树种的叶片 $\delta^{13}C$ 都随 SLA 增加而降低，并都达到极显著水平，SLA 平均增加 1 个单位，常绿针叶树种 $\delta^{13}C$ 值降低 0.36‰，落叶阔叶树种降低 0.27‰(图 5-5)。Schulze 等(2006)研究桉树属植物 SLA 变化范围在 2 ~6 $m^2 \cdot kg^{-1}$，与叶片 $\delta^{13}C$ 值呈负相关。

通过对灌木树种叶片 $\delta^{13}C$ 与 SLA 的相关分析发现，灌木树种叶片 $\delta^{13}C$ 随叶片 SLA 增加而降低，并且它们的负相关达到了极显著水平，灌木树种 SLA 在 10 ~ 37 $m^2 \cdot kg^{-1}$变化，SLA 平均增加 1 个单位，$\delta^{13}C$ 值降低 0.15‰(图 5-6)。

地被植物的 SLA 变化在 8 ~ 24 $m^2 \cdot kg^{-1}$，而攀援植物的 SLA 则变化在14 ~ 37 $m^2 \cdot kg^{-1}$，可见攀援植物的 SLA 明显大于地被植物，更远远大于常绿乔木树种，但地被植物和攀援植物 SLA 与叶片 $\delta^{13}C$ 相关性未达到显著水平(图 5-7)。地

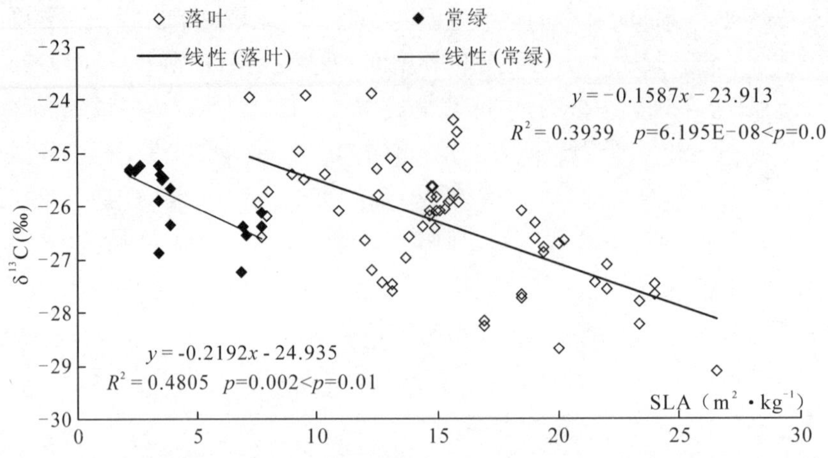

图 5-5　乔木叶片碳同位素比率与比叶面积的相关分析

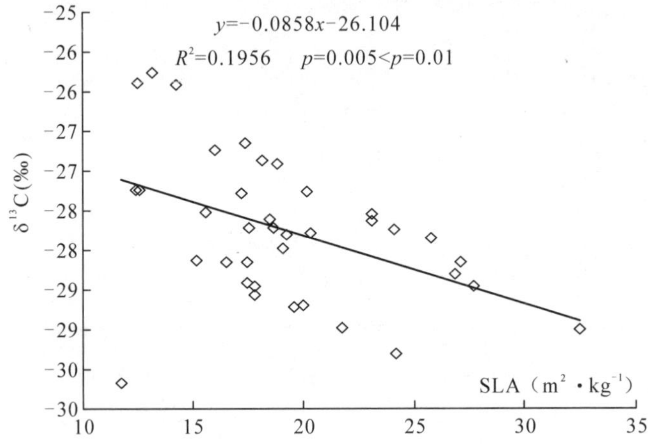

图 5-6　灌木碳同位素比率与比叶面积的相关分析

被植物类型较复杂，有木本和草本之分，生理代谢途径也有不同，在研究中需要区分对待，攀援植物可能也需要在种类和重复上进一步加强研究。

为了对所有供试绿化植物进行全面的分析，在不进行植物类型划分的基础上对所有绿化植物叶片 $\delta^{13}C$ 与 SLA 进行相关分析(图 5-8)。结果表明，叶片 $\delta^{13}C$ 和 SLA 可以达到极显著负相关，因此，可以利用这一关系来估算绿化植物水分利用效率的高低。一般来说，水分利用效率与单位面积叶氮含量成正相关，与比叶面积成负相关(Wilson *et al.*，1999；Poorter 和 Jong，1999)。目前碳稳定同位素技术普及上还受到一定限制，并且费用比较高，因此，我们可以根据 SLA 与碳同

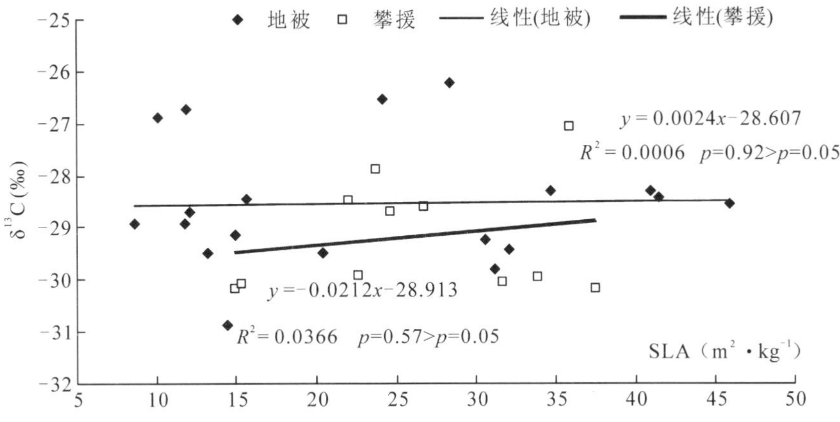

图5-7 地被和攀援植物碳同位素比率与比叶面积的相关分析

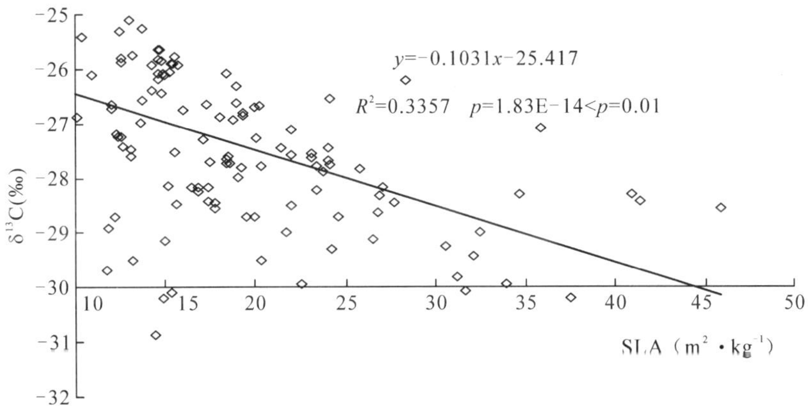

图5-8 植物叶片碳同位素比率与比叶面积的相关分析

位素比率的显著负相关关系，使用比叶面积SLA代替碳同位素比率(或碳同位素分辨率)来估测水分利用效率，这在实际应用中比使用质谱仪测定碳同位素简单快速。在以前的研究中也发现可以利用比叶重SLW(specific leaf weight，比叶重，SLA的倒数)来作为碳同位素分辨率△替代指标的（薛慧勤等，1999)。

(2)枝条碳同位素比率($\delta^{13}C$)与比叶面积(SLA)的关系

在树木枝条的碳同位素比率($\delta^{13}C$)与比叶面积(SLA)的关系中，常绿乔木树种的枝条$\delta^{13}C$与SLA的线性关系不显著，而落叶乔木树种枝条的$\delta^{13}C$与SLA呈显著负相关，与落叶乔木叶片的$\delta^{13}C$与比叶面积SLA关系相似(图5-9)。常绿乔木树种枝条的$\delta^{13}C$变化在−23.7‰～−25.6‰，随SLA增加，变化趋势不明显。落叶乔木树种枝条的$\delta^{13}C$变化在−23.2‰～−27.8‰，随SLA的增加枝条$\delta^{13}C$

明显下降，SLA 平均增加 1 个单位，枝条 δ¹³C 下降 0.23‰，下降的幅度略小于叶片 δ¹³C。常绿乔木树种的枝条 δ¹³C 与 SLA 关系可能与样本的数量有关，需要扩大树种样本的数量进一步研究与验证。

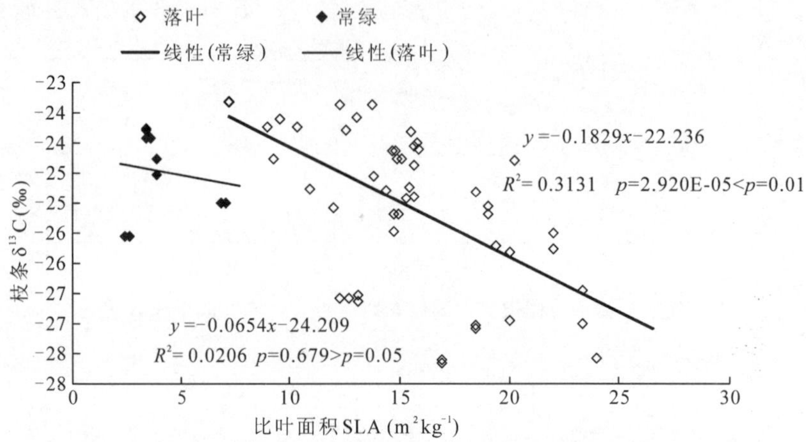

图 5-9 乔木枝条碳同位素比率与比叶面积的相关分析

在灌木树种中，灌木树种枝条 δ¹³C 与 SLA 呈显著负相关，与灌木叶片的δ¹³C与比叶面积 SLA 关系相似。枝条 δ¹³C −24.5 ~ −27.9‰变化，随 SLA 的增加枝条 δ¹³C 明显下降，SLA 平均增加 1 个单位，枝条 δ¹³C 下降 0.16‰，下降的幅度小于叶片 δ¹³C（图 5-10）。从乔木和灌木枝条的 δ¹³C 与 SLA 的关系来看，枝条的 δ¹³C 与 SLA 呈显著负相关，但是随 SLA 增加，枝条 δ¹³C 下降的幅度都小于叶片 δ¹³C 下降的幅度。

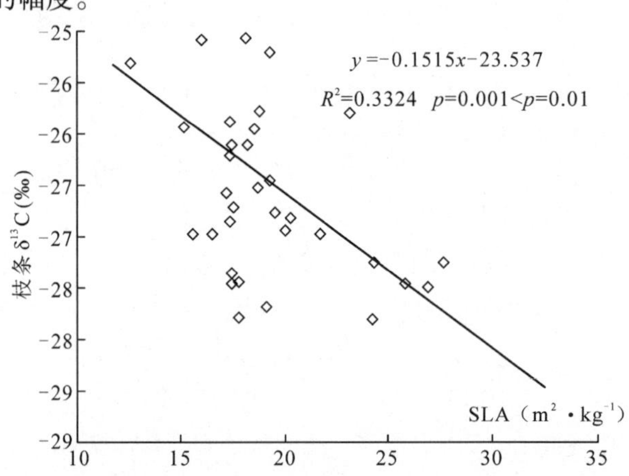

图 5-10 灌木碳同位素比率与比叶面积的相关分析

5.2.1.4　树木不同部位碳同位素比率($\delta^{13}C$)的变化

从树木不同部位碳同位素比率($\delta^{13}C$)的变化来看，乔木树种和灌木树种叶片的$\delta^{13}C$值小于枝条的$\delta^{13}C$值(图5-11和图5-12)，经方差分析差异达到极显著水平(乔木$p=0.0002$；灌木$p=5.49478E-05$)。Souza(2005)发现无论在在哪种灌溉条件下葡萄各部位的$\delta^{13}C$存在明显的变化，果肉的$\delta^{13}C$明显高于叶片、果皮和种子。尽管整株植物的$\delta^{13}C$都是由叶片吸收、扩散和同化CO_2来完成的，但是植物内部代谢和分压的不同可能会差生植物各器官$\delta^{13}C$的差异，特别是落叶树种(Ghashghaie *et al.*，2001；Souza *et al.*，2005)，这种差异在落叶植物上表现更为明显，主要是由于落叶植物一般会在早期积累碳源，为初春生长打下基础。

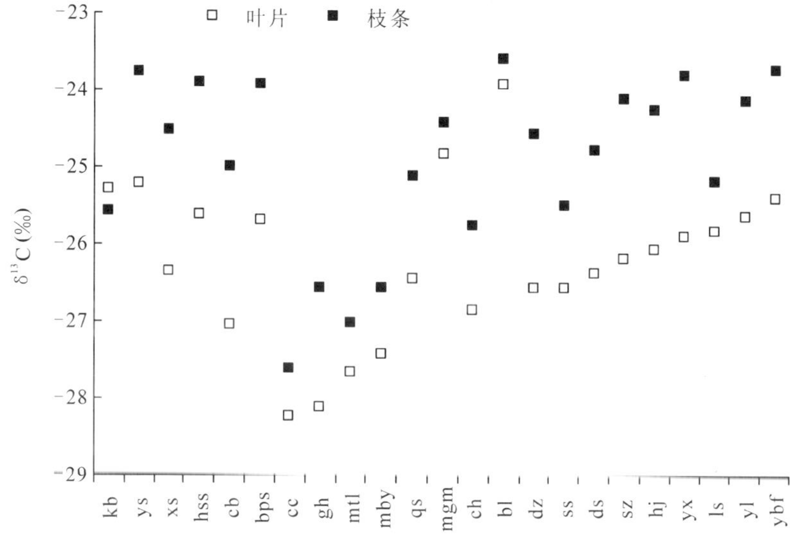

图5-11　乔木叶片和枝条碳同位素比率比较

乔木树种叶片的$\delta^{13}C$值变化在-23.9‰~-28.2‰，平均为-26.2‰，而乔木树种枝条的$\delta^{13}C$值比叶片的$\delta^{13}C$值高，在-23.6‰~-27.6‰，平均为-24.9‰，比叶片的$\delta^{13}C$值高1.3‰。总的来说，虽然叶片的$\delta^{13}C$值低于枝条，但同一树种的变化规律是一致的，即叶片的$\delta^{13}C$值高，则枝条的$\delta^{13}C$值也高。在不同绿化树种中，桧柏叶片与枝条$\delta^{13}C$差异最小，相差0.2‰，而银杏叶片与枝条$\delta^{13}C$差异最大，相差2.1‰。

灌木树种叶片的$\delta^{13}C$值变化在-25.1‰~-29.7‰，平均为-27.8‰，而灌木树种枝条的$\delta^{13}C$变化在-24.6‰~-28.0‰，平均为-26.6‰，叶片$\delta^{13}C$值比枝条$\delta^{13}C$值低1.2‰。在灌木树种中，除沙地柏叶片的$\delta^{13}C$值略高于枝条外，

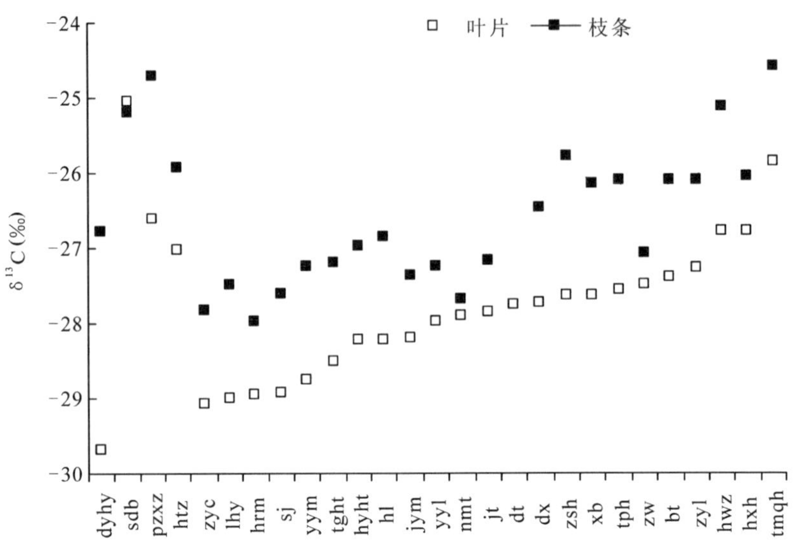

图 5-12　灌木叶片和枝条碳同位素比率比较

其他种均是叶片的 δ^{13}C 值低于枝条。与乔木树种相似，叶片 δ^{13}C 值高的灌木树种，其枝条的 δ^{13}C 也高，其中，沙地柏叶片与枝条 δ^{13}C 差异最小，相差 0.1‰，大叶黄杨叶片与枝条 δ^{13}C 差异最大，相差 2.9‰。

5.2.1.5　树木不同生长阶段叶片碳同位素比率(δ^{13}C)的变化

树木在不同生长阶段的叶片碳同位素比率(δ^{13}C)也有较大变化，苗木叶片的 δ^{13}C 值通常小于成年大树叶片 δ^{13}C 值，尤其在乔木、灌木和地被植物上表现更为明显(图 5-13 至图 5-16)。在乔木树种中，白蜡(bl)、雪松(xs)和火炬树(hj)苗木叶片 δ^{13}C 都明显小于成年大树在春夏秋 3 个季节的叶片 δ^{13}C 值，而桧柏(kb)苗木叶片 δ^{13}C 值小于夏季和秋季成年大树的叶片 δ^{13}C 值，大于春季成年大树的叶片 δ^{13}C 值；银杏(yx)苗木叶片 δ^{13}C 值小于春季和秋季成年大树的叶片 δ^{13}C 值。5 种乔木树种苗木叶片的 δ^{13}C 值平均为 -27.3‰，小于乔木树种在春夏秋 3 个季节的成年大树的叶片 δ^{13}C 值，即苗木(-27.3‰) < 夏季大树(-26.3‰) < 秋季大树(-25.5‰) < 春季大树(-25.1‰)(图 5-13)。

在灌木树种中，红王子锦带(hwz)、碧桃(bt)、紫薇(zw)和丁香(dx)苗木叶片的 δ^{13}C 值都明显小于成年大树在春夏秋 3 个季节的叶片 δ^{13}C 值，而醉鱼草(zyc)和天目琼花(tmqh)苗木叶片的 δ^{13}C 小于春季和秋季成年灌木的叶片 δ^{13}C 值，略大于夏季成年灌木的叶片 δ^{13}C 值。6 种灌木苗木叶片的 δ^{13}C 值平均为 -28.0‰，小于成年灌木在春夏秋 3 个季节叶片的 δ^{13}C 值，即苗木(-28.0‰) < 秋

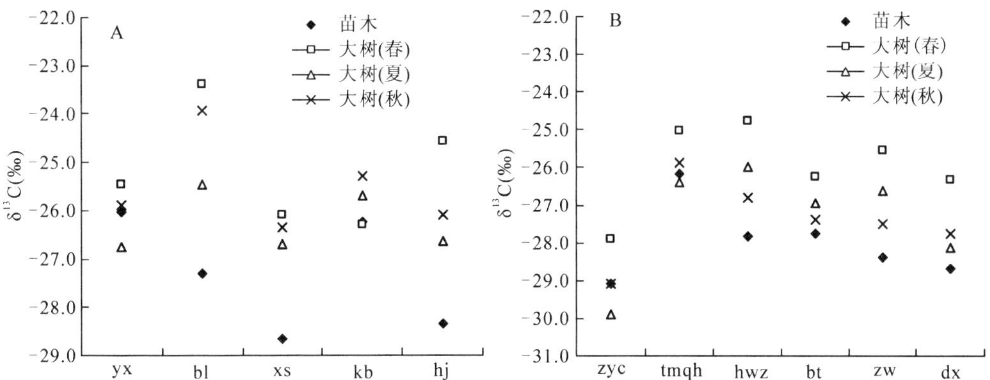

图 5-13　乔木不同生长阶段叶片 δ¹³C 比较　　**图 5-14　灌木不同生长阶段叶片 δ¹³C 比较**

季成年灌木（ －27.4‰）＜夏季成年灌木（ －27.3‰）＜春季成年灌木（ －26.0‰）（图 5-14）。

在地被植物中，沙地柏（sdb）、迎春（ych）、金叶莸（jyy）和紫叶小檗（xb）苗木叶片 δ¹³C 都明显小于成年地被植物在春夏秋 3 个季节的叶片 δ¹³C 值，而金叶女贞（jynz）苗木叶片的 δ¹³C 值小于春季和夏季成年地被植物叶片的 δ¹³C 值，略大于秋季成年地被植物叶片的 δ¹³C 值。5 种地被植物苗木叶片的 δ¹³C 值平均为 －29.0‰，小于成年地被植物在春夏秋 3 个季节的叶片 δ¹³C 值，即苗木（ －29.0‰）＜夏季成年地被植物（ －27.9‰）＜秋季成年地被植物（ －27.5‰）＜春季成年地被植物（ －26.0‰）（图 5-15）。

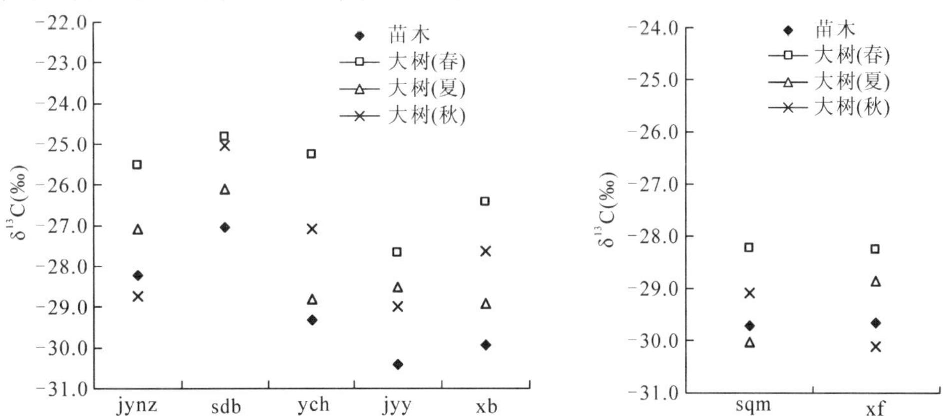

图 5-15　地被植物不同生长阶段叶片 δ¹³C 比较　　**图 5-16　攀援植物不同生长阶段叶片 δ¹³C 比较**

另外，2 种攀援植物山荞麦(sqm)和小叶扶芳藤(xf)苗木叶片 $\delta^{13}C$ 值也相对较小，都为 -29.7‰，(图 5-16)，其中山荞麦苗木叶片 $\delta^{13}C$ 值 < 大树秋季(-29.1‰) < 大树春季(-28.2‰)，比大树夏季(-30.0‰)略高，小叶扶芳藤苗木叶片 $\delta^{13}C$ 值 < 大树夏季(-28.8‰) < 大树春季(-28.3‰)，比大树秋季(-30.1‰)稍高。从图中可见攀援植物苗木叶片 $\delta^{13}C$ 值相对较小，与大树不同季节叶片 $\delta^{13}C$ 值关系仍需增加种类进一步验证。

5.2.2 乔木树种的长期水分利用效率

5.2.2.1 碳同位素比率($\delta^{13}C$)的季节变化

C_3植物^{13}C 的自然丰度提供了一个有效测定植物长期碳水平衡的措施，它与植物长期水分利用效率呈很强的相关性(Farquhar *et al.*，1882，1989)。从北京城市乔木绿化树种来看，其叶片 $\delta^{13}C$ 值具有明显的季节变化规律(图 5-17)。结果显示，落叶阔叶乔木树种叶片 $\delta^{13}C$ 值的季节变化大于常绿针叶乔木树种，表明落叶阔叶乔木与常绿针叶乔木树种 WUE 季节变化存在显著差异。由于叶片的寿命会影响植物碳同化速率(Warren，2006)，在测定常绿针叶乔木树种叶片 $\delta^{13}C$ 值时，对当年生和二年生针叶分别取样，结果表明，当年生和二年生针叶 $\delta^{13}C$ 均无明显季节变化，当年生针叶 $\delta^{13}C$ 值略大于二年生的。常绿针叶乔木树种当年生叶 $\delta^{13}C$ 值大于二年生叶，是由于二年生叶光合能力降低，对 CO_2的分辨力增加的结果。多个研究表明针叶树种光合能力随叶龄增加而下降(Marshall 和

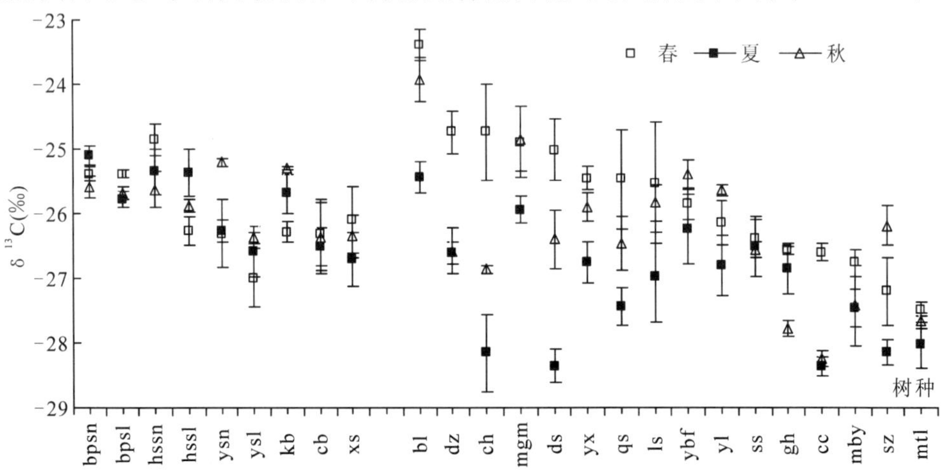

图 5-17 乔木树种叶片 $\delta^{13}C$ 的季节的变化

Zhang，1994；李明财等，2005；Warren *et al.*，2003），降低了植物对^{13}C的同化的能力。落叶阔叶乔木树种存在明显的季节变化，且规律比较一致，除国槐明显不同外，叶片$\delta^{13}C$值基本表现出夏季＜秋季＜春季的趋势。

常绿针叶乔木树种的叶片$\delta^{13}C$值变化在－27.0‰～－24.5‰，6 种常绿针叶乔木树种叶片$\delta^{13}C$值在春季、夏季和秋季的平均值分别为－25.988‰、－25.929‰、－25.819‰。油松当年生针叶的$\delta^{13}C$值季节变化最大，变幅为1.1‰，侧柏季节变化最小，变幅为0.19‰。常绿树种与落叶树种相比，有较高的叶片$\delta^{13}C$值。Marshall 和 Zhang(1994)研究发现在任一海拔高度，常绿树种叶片$\delta^{13}C$值都大于落叶植物(即常绿树种叶片△小于落叶植物)。6 种常绿针叶乔木树种的叶片$\delta^{13}C$值在春季差异为2.14‰，在夏季相差1.61‰，在秋季相差1.17‰，经方差分析，6 种常绿针叶乔木树种的叶片$\delta^{13}C$值在春夏秋 3 个季节种间差异均达到极显著水平($p=0.005<p=0.01$)，而相同季节间的差异未达到显著水平($p=0.343>p=0.05$)。比较 6 种常绿针叶乔木树种在春夏秋 3 个季节的叶片$\delta^{13}C$平均值，发现是松科植物中白皮松(－25.619‰)＞华山松(－25.840‰)＞雪松(－26.384‰)＞油松(－26.650‰)，桧柏(－25.755‰)＞侧柏(－26.401‰)，由于长期水分利用效率与$\delta^{13}C$呈正比，因此，长期水分利用效率白皮松＞华山松＞雪松＞油松，桧柏＞侧柏。

落叶阔叶乔木树种叶片$\delta^{13}C$值存在明显的季节变化，在－28.4‰～－23.4‰变化。椴树叶片$\delta^{13}C$值季节变化最大为3.3‰，落叶阔叶乔木树种叶片$\delta^{13}C$值在春夏秋 3 季，种间变化分别为4.08‰、2.91‰和4.32‰，春季平均为－25.766‰，比常绿针叶乔木树种小0.22‰，夏季平均为－27.131‰，低于常绿针叶乔木树种1.20‰，秋季平均为－26.357‰，低于常绿树种0.54‰，经方差分析，落叶阔叶乔木树种叶片$\delta^{13}C$值种间($p=1.65E-05<p=0.01$)和季节间($p=5.47E-06<p=0.01$)差异均达到极显著。这可能是不同叶形利用CO_2方式不同的结果。Marshall 和 Zhang (1994)研究表明落叶树种对CO_2的识别能力强，导致较低的叶片$\delta^{13}C$。李明财(2005)等人对青藏高原 10 科 28 种植物的叶片$\delta^{13}C$进行研究，也发现叶片$\delta^{13}C$夏季(8 月)＜春季(6 月)的现象，并认为与大气压、光照、降水和温度等环境因素密切相关。本书认为常绿树种$\delta^{13}C$值变化较小，可能与常绿树种前一年的营养积累以及树干木质部的营养物质再分配有关，其机理仍需进一步研究。比较 16 种落叶阔叶乔木 3 个季节的叶片$\delta^{13}C$平均值，发现白蜡(－24.258‰)＞杂种马褂木(－25.230‰)＞元宝枫(－25.834‰)＞杜仲(－25.973‰)＞银杏(－26.038‰)＞栾树(－26.114‰)＞玉兰(－26.200‰)＞

楸树(−26.460‰)>柿树(−26.486‰)>刺槐(−26.587‰)>椴树(−26.588‰)>国槐(−27.069‰)>山楂(−27.179‰)>毛白杨(−27.214‰)>馒头柳(−27.723‰)>臭椿(−27.736‰)。由于叶片 $\delta^{13}C$ 值与长期水分利用效率呈正比，因此，根据叶片 $\delta^{13}C$ 值来看，长期水分利用效率为白蜡>杂种马褂木>元宝枫>杜仲>银杏>栾树>玉兰>楸树>柿树>刺槐>椴树>国槐>山楂>毛白杨>馒头柳和臭椿。

5.2.2.2 叶片 $\delta^{13}C$ 与长期水分利用效率比较

Farquhar 等(1982，1989)研究表明植物组织的稳定碳同位素比率 $\delta^{13}C$ 与 C_3 植物的长期 WUE 具有很强的正相关性，可以作为植物 WUE_L 间接测定指标。依据此结论，分析北京 6 种常绿针叶绿化树种和 16 种落叶绿化树种的叶片 $\delta^{13}C$，可以发现常绿乔木 WUE_L 季节间和种间的变化较小，可见常绿树种的 WUE_L 的受物种和季节变化等环境因素的影响较小，而落叶乔木树种的 WUE_L 季节和种间变化较大，通常落叶乔木树种 WUE_L 夏季<秋季<春季。这可能是因为北京雨水主要集中在夏季 6、7 和 8 月，树种可利用的水资源相对较充分的原因，Ehleringer(1993)和 Schuster 等(1992)研究发现植物在高资源可利用条件下，具有较小的 $\delta^{13}C$ 值，较低的 WUE_L。相反，春季的土壤含水量小，叶片 $\delta^{13}C$ 值较大，这也表明城市绿化树种春季的 WUE_L 较高。Schulze 等(2006)对生长在不同地区的桉树 $\delta^{13}C$ 研究中也发现当降雨量大于 300mm 时，$\delta^{13}C$ 值会随降雨量的增加而减少，即桉树 WUE 随降雨量的增加而下降。另外 Claudia(2005)在葡萄和李明财等(2005)在 10 科 28 种高山植物的研究中也得出相同的结果。但有些研究表明植物叶片 $\delta^{13}C$ 值随土壤含水量的升高而升高(陈拓等，2003)，这与本书结果不一致，所以，在进行植物叶片 $\delta^{13}C$ 与环境因子的相关性研究时，要考虑到植物对环境的适应的特异性，多选择群落组成中的优势种。从本书的结果还可以看出 6 种常绿针叶乔木树种夏季叶片 $\delta^{13}C$ 平均值(−25.929‰)明显大于 16 种落叶阔叶乔木树种(−27.131‰)，这也表明常绿针叶乔木树种夏季 WUE_L 大于落叶阔叶乔木树种，也反映出常绿针叶乔木树种 WUE_L 受季节变化带来的环境因素变化的影响较小。

为了综合比较 6 种常绿针叶乔木树种和 16 种落叶阔叶乔木树种的 WUE_L，从而分析它们的节水性，对常绿针叶乔木树种和落叶阔叶乔木树种的春、夏和秋季的叶片 $\delta^{13}C$ 进行聚类(图 5-18 和图 5-19)。常绿针叶乔木树种按照 3 个季节水分效率的高低分为 3 类：Ⅰ类为白皮松，Ⅱ类为油松、华山松和桧柏，Ⅲ类为雪松和侧柏。水分利用效率高说明在相同水量下生产潜力或生物量高，具有节水的潜

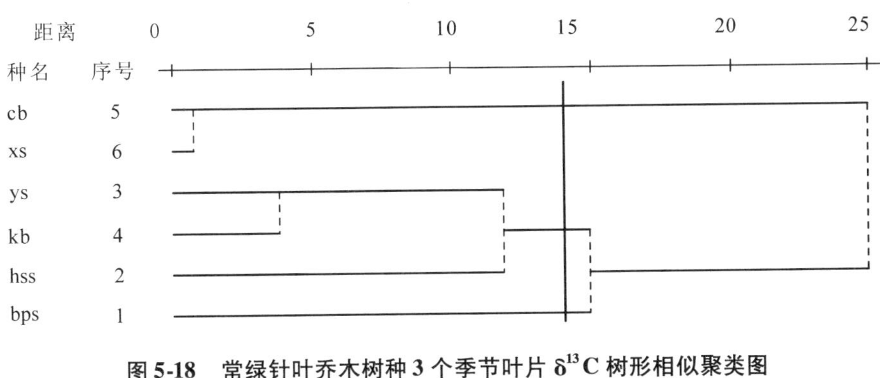

图5-18 常绿针叶乔木树种3个季节叶片δ¹³C树形相似聚类图

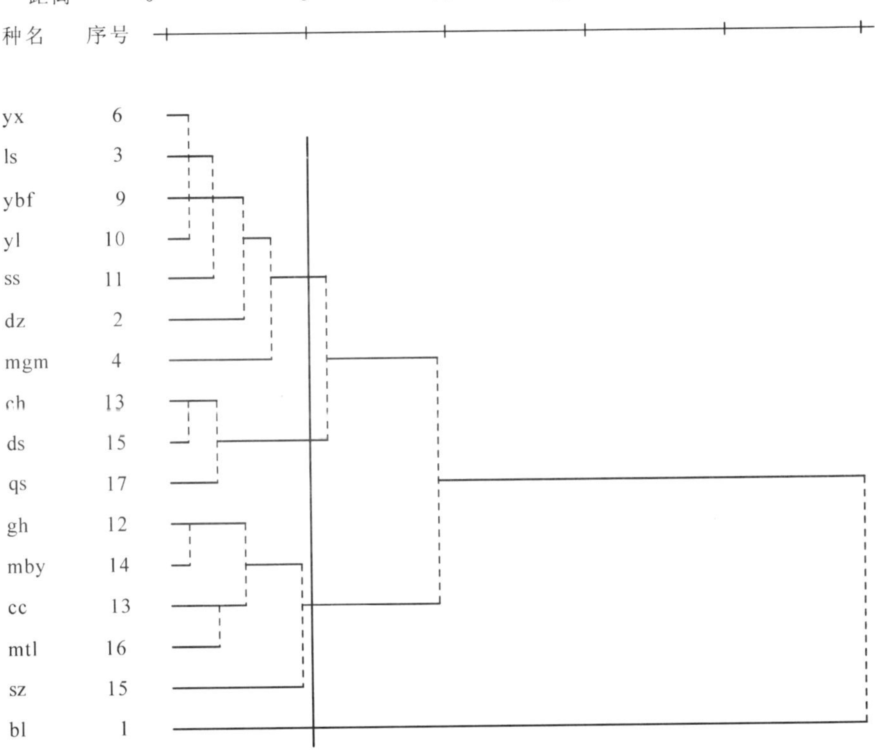

图5-19 落叶阔叶乔木树种3个季节叶片δ¹³C树形相似聚类图

质。节水的高低顺序既与抗旱强弱的顺序有一致性，也存在一定差异。对于柏科植物，侧柏抗旱性强于桧柏，而水分利用效率却稍低于桧柏，说明侧柏抗旱性强，但同时它的生长速率也较慢，而桧柏正好相反。在城市绿化中就要综合考虑二者特点，并且考虑立地条件，综合选择，由于桧柏具有独特的形状，美观度较高，所以在一些办公区，高速路边宜种植，适当灌溉；而侧柏适合种植在远郊的森林公园等地，雨养生长。对于松科的4个树种，水分利用效率大小是白皮松>油松、华山松>雪松，基本与抗旱性强弱的顺序相一致，白皮松和油松抗旱性和节水性都较高，在城市绿化中最宜选择此类树种，而雪松相反，抗旱性和节水性都较差，但是雪松独有的塔状树形，美观度极高，考虑到它对水分的需求，宜在一些对美观度要求较高的市内街旁和公园种植，但需要适当灌溉，而华山松抗旱性不高，节水性中等，可以在公园点缀种植，也需要适当灌溉。

从图5-19可以看出，可将落叶阔叶乔木树种按节水性分为4类，Ⅰ类只有白蜡一种，Ⅱ类包括银杏、栾树、元宝枫、玉兰、柿树、杜仲和杂种马褂木，Ⅲ类包括刺槐、椴树和楸树，Ⅳ类包括国槐、毛白杨、臭椿、馒头柳和山楂。节水性大小是Ⅰ类>Ⅱ类>Ⅲ类>Ⅳ类。Ⅱ类和Ⅲ类都属于节水中等类型，差异较小，但是有些3个季节差异较大的种，虽然3个季节的平均值稍高，在聚类时也被归于Ⅲ类，如楸树夏季的叶片$\delta^{13}C$极低，影响整个生长季节的水分利用效率。银杏和杂种马褂木抗旱性较差，但水分利用效率较高，可见二者在温暖湿润的地区有较高的生长潜力，不宜种植在干旱的地区，但因二者叶形叶色独特，树形挺拔，美观度较高，可在一些要求美观度较高的公共绿地种植，并且应给予适当的灌溉。馒头柳的抗旱性最高，但水分利用效率较低，馒头柳根系发达，主根深而侧根、须根分布皆较广，有研究表明深根耗水型抗旱植物的水分利用效率不高（张正斌，2003），馒头柳就属于深根耗水性抗旱植物，由于它能忍耐干旱，有发达的根系，因此在市区和郊区绿化中都可应用。玉兰、柿树、杜仲和元宝枫是抗旱性和节水性都较强的绿化植物，又由于它们在花、果、叶和树形等方面的美观性，可以在园林绿化中广泛应用。白蜡抗旱性中等，节水性最高，秋天翅果也较有特色，在路旁等处绿化也较常见。刺槐、楸树和椴树属于抗旱性中等，水分利用效率在3个季节的差异较大的类型，夏季的水分利用效率极低，可见这三者在夏季可以适当减少灌溉，增加其水分利用效率锻炼，减少不必要的水分使用。国槐、毛白杨、臭椿和山楂属于抗旱性和节水都较低的树种，但生长的速度都较快，也在树形和叶片果实方面有一些独特之处，可以适当种植，但需要适时灌溉。由于毛白杨飞絮给人们带来一些不便，在路旁应该尽量减少大面积的应用。

5.2.3　灌木树种的长期水分利用效率

5.2.3.1　碳同位素比率($\delta^{13}C$)的季节变化

一般可用 WUE 来表示灌木产量与水分的定量关系(李代琼，1999)。在相同水分条件下，水分利用效率高，则生产力高，也即较节水。图 5-20 为北京城市灌木绿化树种叶片 $\delta^{13}C$ 的季节变化，结果显示，灌木树种叶片 $\delta^{13}C$ 值春季都为最高，而秋季和夏季的叶片 $\delta^{13}C$ 值高低因种而异。叶片 $\delta^{13}C$ 夏季 < 秋季 < 春季的灌木树种包括棣棠、紫丁香、天目琼花、太平花、紫穗槐、醉鱼草和紫叶李等 7 种，另外一部分灌木树种叶片 $\delta^{13}C$ 秋季 < 夏季 < 春季，包括碧桃、大叶黄杨、黄栌、红王子锦带、海仙花、红玉海棠、金银木、糯米条、沙棘、贴梗海棠、银芽柳、榆叶梅和珍珠梅。可见这两种类型夏季和秋季的水分利用效率方式有所不同。

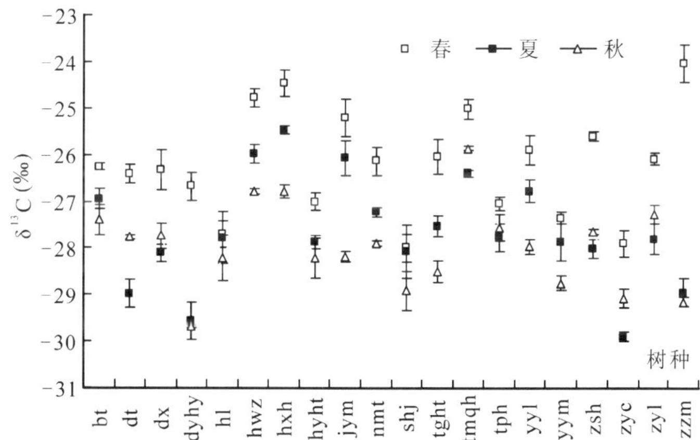

图 5-20　灌木树种叶片 $\delta^{13}C$ 的季节的变化

灌木绿化树种叶片 $\delta^{13}C$ 值春季平均 -26.196‰，在 -24.003‰ ~ -28.000‰变化，春季叶片 $\delta^{13}C$ 沙棘最小为 -28.000‰，在 -28‰ ~ -26‰有 12 种灌木，包括醉鱼草(-27.899‰)、黄栌(-27.705‰)、榆叶梅(-27.348‰)、太平花(-27.036‰)、红玉海棠(-27.001‰)、大叶黄杨(-26.674‰)、棣棠(-26.422‰)、丁香(-26.334‰)、碧桃(-26.258‰)、糯米条(-26.135‰)、紫叶李(-26.086‰)和贴梗海棠(-26.042‰)；在 -26‰ ~ -24‰之间有 7 种灌木，包括银芽柳(-25.893‰)、紫穗槐(-25.601‰)、金银木(-25.206‰)、天目琼花(-25.017‰)、红王子锦带(-24.773‰)、海仙花(-24.457‰)和珍

珠梅(−24.033‰)；夏季各树种叶片 $\delta^{13}C$ 平均为−27.656‰，小于春季1.6‰，变化在−25.467‰～−29.908‰，变化区间比春季向较小的方向移动了一个单位；在−30‰～28‰之间有7种灌木，包括醉鱼草(−29.908‰)、大叶黄杨(−29.575‰)、棣棠(−28.985‰)、珍珠梅(−28.953‰)、紫丁香(−28.105‰)、沙棘(−28.070‰)、紫穗槐(−28.020‰)；在−28‰～−26‰之间有12种灌木，包括榆叶梅(−27.873‰)、红玉海棠(−27.869‰)、紫叶李(−27.814‰)、黄栌(−27.787‰)、太平花(−27.772‰)、贴梗海棠(−27.533‰)、糯米条(−27.218‰)、碧桃(−26.954‰)、银芽柳(−26.775‰)、天目琼花(−26.389‰)、金银木(−26.069‰)，另外红王子锦带和海仙花叶片 $\delta^{13}C$ 较大，分别为−25.988‰和−25.467‰；秋季各树种叶片 $\delta^{13}C$ 平均为−27.970‰，变化在−25.855‰～−29.681‰之间，秋季从小到大分别为：大叶黄杨(−29.681‰)、珍珠梅(−29.155‰)、醉鱼草(−29.075‰)、沙棘(−28.919‰)、榆叶梅(−28.754‰)、贴梗海棠(−28.512‰)、红玉海棠(−28.220‰)、黄栌(−28.215‰)、金银木(−28.198‰)、银芽柳(−27.974‰)、糯米条(−27.904‰)、棣棠(−27.768‰)、紫丁香(−27.742‰)、紫穗槐(−27.638‰)、太平花(−27.561‰)、碧桃(−27.394‰)、紫叶李(−27.268‰)、红王子锦带(−26.786‰)、海仙花(−26.785‰)和天目琼花(−25.855‰)。经方差分析，灌木树种叶片 $\delta^{13}C$ 值种间($p=2.22E-05<p=0.01$)和季节间($p=2.57E-09<p=0.01$)差异均达到极显著水平。

5.2.3.2 叶片 $\delta^{13}C$ 与长期水分利用效率比较

灌木绿化树种也是春季的叶片 $\delta^{13}C$ 最大，即春季的 WUE_L 最大，这一点与落叶乔木树种相同，与乔木 WUE_L 夏季最低不同的是，部分灌木在秋季的 WUE_L 最低，或者与夏季相接近。产生这种差异的原因可能是灌木不同种生长期的差异造成的，秋季的生长基本停止，同化速率变慢造成的。

对北京20种灌木3个季节的叶片 $\delta^{13}C$ 进行综合聚类(图5-21)，结果显示，灌木树种的水分利用效率和抗旱性存在差异也有相似之处，可将20种灌木分为明显的3类：I类为 WUE_L 较高的类群包括红王子锦带、海仙花、天目琼花和金银木，II类为 WUE_L 较低的类群包括大叶黄杨、珍珠梅和醉鱼草，而第III类为WUE中等的类群，供试的大部分灌木属于该类型，包括碧桃、贴梗海棠、棣棠、紫丁香、紫叶李、太平花、紫穗槐、糯米条、银芽柳、沙棘、榆叶梅、黄栌和红玉海棠。

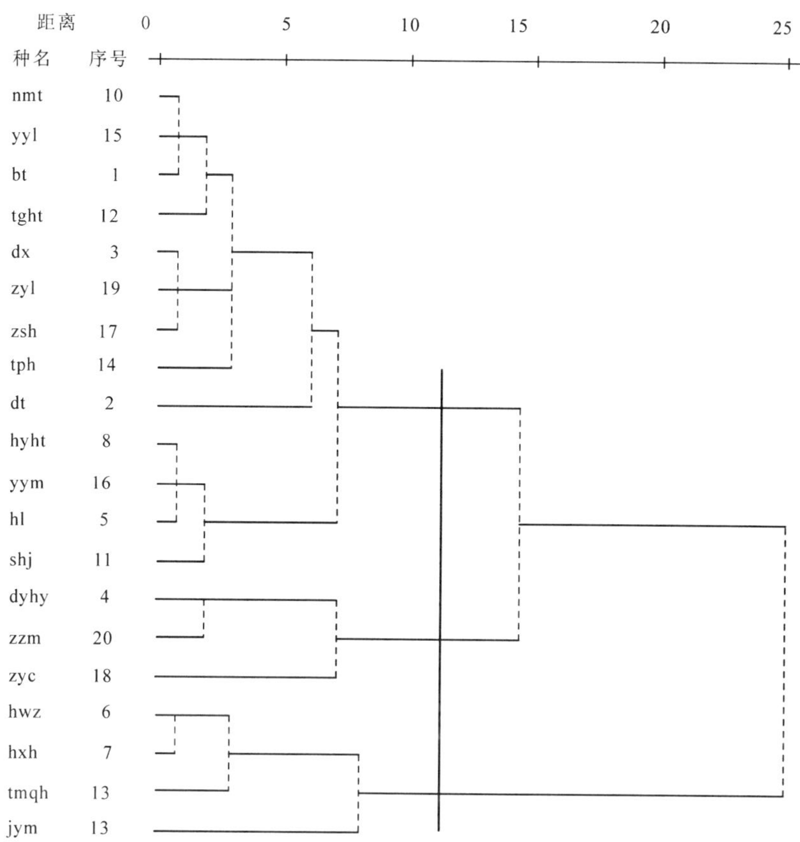

图 5-21　灌木树种 3 个季节叶片 $\delta^{13}C$ 树形相似聚类图

综合比较灌木绿化树种的抗旱和节水性发现，红王子锦带、海仙花和天目琼花 WUE_L较高，而抗旱性却较差，属于生长较快，萌蘖能力强的植物，耐阴，且花期长花色鲜艳，宜栽植在大树下，或较阴湿的地方；金银木抗旱性和水分利用效率均较高，且果实鲜红，经冬不落，宜广泛应用；大叶黄杨抗旱性和水分利用效率均不高，但是常绿，耐修剪；沙棘、珍珠梅、醉鱼草、黄栌、红玉海棠、银芽柳、丁香、太平花、贴梗海棠和紫穗槐偏抗旱，水分利用效率中等；而碧桃、棣棠、榆叶梅、糯米条 WUE 高，但不抗旱。

5.2.4　地被植物的长期水分利用效率

5.2.4.1　碳同位素比率($\delta^{13}C$)的季节变化

图 5-22 为北京城市地被植物叶片 $\delta^{13}C$ 的季节变化。由于地被植物，尤其是

草本地被植物多有典型的生长期。因此对部分草本地被植物只对典型生长期的叶片 $\delta^{13}C$ 进行测定，二月蓝为春季，孔雀草为秋季和美国薄荷春夏季。从图 5-22 中可以看出，木本地被植物叶片 $\delta^{13}C$ 值一般大于草本地被植物，八宝景天为 CAM 代谢，叶片 $\delta^{13}C$ 高于其他草本。无论是木本地被植物，还是草本地被植物，叶片 $\delta^{13}C$ 值都以春季最高。木本地被植物叶片 $\delta^{13}C$ 平均为 25.891‰，分别为金叶女贞 -25.512‰、平枝栒子 -24.039‰、紫叶小檗 -26.439‰、月季 -25.802‰和金叶莸 -27.661‰；草本地被植物叶片 $\delta^{13}C$ 春季平均为 -27.167‰，分别是八宝景天 -25.185‰、二月蓝 -28.414‰、金鸡菊 -28.043‰、美国薄荷 -28.101‰、婆婆那 -26.120‰、萱草 -25.984‰、玉簪 -26.054‰、紫花地丁 -29.437‰。夏季木本地被植物平均为 -27.619‰，变化在 -28.915‰ ~ -27.082‰，金叶女贞最大，紫叶小檗最小；草本地被平均为 -28.965‰，变化在 -30.610‰ ~ -26.891‰，以八宝景天最大，以萱草最小。秋季木本地被植物平均为 -27.622‰，变化在 -28.994‰ ~ -26.175‰之间，以月季最大、以金叶莸最小；草本地被植物叶片平均 $\delta^{13}C$ 为 -28.766‰，变化在 -31.364‰ ~ -26.575‰，以八宝景天最大，而孔雀草最小。草本地被植物叶片 $\delta^{13}C$ 值种间差异达到显著水平（$p=0.024<p=0.05$）而季节间差异未达到极显著水平（$p=0.643>p=0.05$）；木本地被植物叶片 $\delta^{13}C$ 值种间差异不显著（$p=0.090>p=0.05$），季节间差异也未达到极显著（$p=0.451>p=0.05$）。另外，在地被植物中也可以观察到常绿植物的叶片 $\delta^{13}C$ 高于落叶植物，其规律性有待进一步研究。

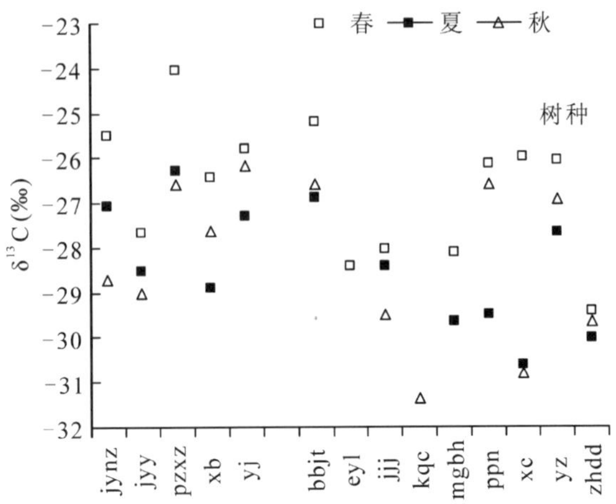

图 5-22 地被植物叶片 $\delta^{13}C$ 的季节的变化

5.2.4.2 叶片 $\delta^{13}C$ 与长期水分利用效率比较

由于木本地被植物的叶片 $\delta^{13}C$ 通常大于草本地被植物，因此木本地被植物的 WUE_L 通常大于草本地被植物。

根据 5 种木本地被植物在春夏秋 3 个季节的叶片 $\delta^{13}C$ 可以将其分为 3 类（图 5-23），平枝栒子和月季为 WUE_L 较高的类群，其次是金叶女贞，最后为紫叶小檗

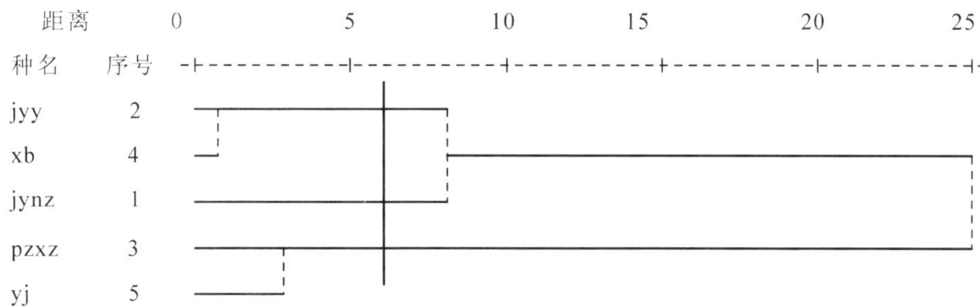

图5-23 木本地被植物3个季节叶片 δ¹³C 树形相似聚类图

和金叶莸，平枝栒子和金叶女贞在抗旱性和节水性方面表现都较好，且它们的叶色或果色比较独特，因此，在道路两边和房前屋后以及公园等处绿化中可以广泛应用。月季的抗旱性也相对较强并且水分利用效率又高，花色多样，绿化中也常见应用，金叶莸和紫叶小檗都为观叶植物，但抗旱性和水分利用效率相对较低，可以点缀使用并加适当灌溉。

根据9种草本地被植物叶片 $\delta^{13}C$ 将其分为4类(图5-24)，八宝景天、玉簪和婆婆那为 WUE_L 较高的一个类群，其次是二月蓝、金鸡菊、美国薄荷、紫花地丁。另外，萱草和孔雀草各成一类，WUE_L 都比较小。八宝景天以其独特的结构和CAM代谢途径，在抗旱性和节水方面都表现较好，并且花期较长，是很好的绿化植物；玉簪和婆婆那抗旱性不强但 WUE_L 较高，玉簪耐阴，可在林下种植，萱草和孔雀草是抗旱性较强，而 WUE_L 偏低，二月蓝、金鸡菊、美国薄荷、紫花地丁抗旱性较差，WUE_L 中等，宜零星种植。

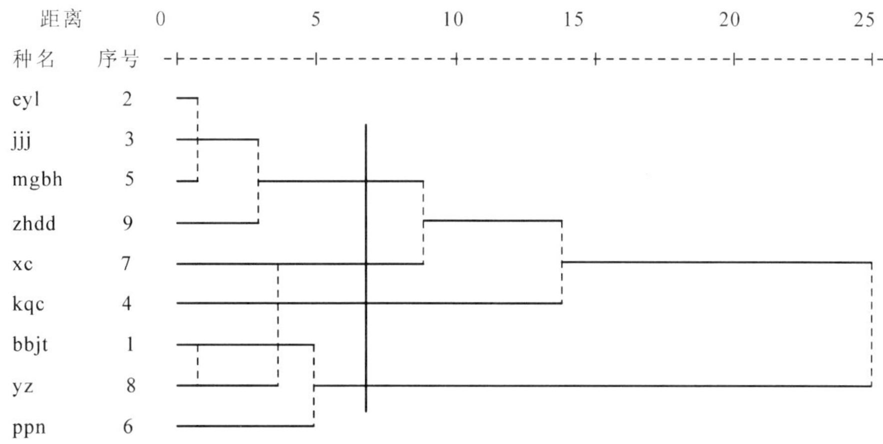

图5-24 草本地被植物3个季节叶片 δ¹³C 树形相似聚类图

5.2.5 攀援植物的长期水分利用效率

5.2.5.1 碳同位素比率($\delta^{13}C$)的季节变化

在北京城市绿化的攀援植物中，其叶片的 $\delta^{13}C$ 具有明显的季节变化(图 5-25)。结果显示，攀援植物与乔、灌和地被植物一样，是春季的 $\delta^{13}C$ 最大，夏秋季较低。7 种攀援植物春季叶片 $\delta^{13}C$ 平均 -27.068‰，从大到小为五叶地锦(-25.819‰)、紫藤(-26.039‰)、南蛇藤(-27.686‰)、美国凌霄(-27.901‰)、山荞麦(-28.215‰)、小叶扶芳藤(-28.267‰)和金银花(-25.55‰)，种间差异 2.72‰；夏季叶片 $\delta^{13}C$ 平均为 -28.247‰，金银花(-27.500‰) > 五叶地锦(-27.588‰) > 紫藤(-27.657‰) > 南蛇藤(-28.043‰) > 美国凌霄(-28.068‰) > 小叶扶芳藤(-28.843‰) > 山荞麦(-30.028‰)，种间差异 2.53‰；秋季叶片 $\delta^{13}C$ 平均为 -28.838‰，从小到大为南蛇藤(-30.332‰)、小叶扶芳藤(-30.112‰)、美国凌霄(-30.068‰)、山荞麦(-29.073‰)、五叶地锦(-28.610‰)、紫藤(-28.099‰)和金银花(27.322‰)，种间差异 3.01‰。7 种攀援植物叶片 $\delta^{13}C$ 种间差未达到显著水平($p=0.125>p=0.01$)，季节间差异也达到极显著水平($p=0.001<p=0.01$)。

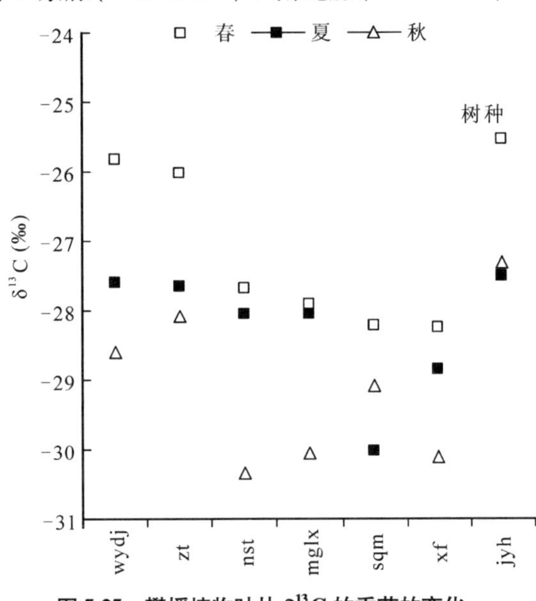

图 5-25 攀援植物叶片 $\delta^{13}C$ 的季节的变化

5.2.5.2 叶片 $\delta^{13}C$ 与长期水分利用效率比较

通过对攀援植物在春夏秋 3 个季节叶片 $\delta^{13}C$ 的聚类分析，可将 7 种攀援植物分为 3 类(图 5-26)，五叶地锦、金银花和紫藤为 WUE_L 较高的一类，其次为南蛇藤、美国凌霄和小叶扶芳藤，WUE_L 最低为山荞麦。与它们抗旱性相比较，金银花、紫藤为抗旱性和节水都比较好的攀援植物，金银花通常比较低矮，而紫藤是大型藤本，所以可以根据不同用途来选择。夏江宝(2007)研究也表明紫藤对光强和水分的适应能力较强，对逆境具有较高的潜在适应能力；山荞麦正好相反，抗

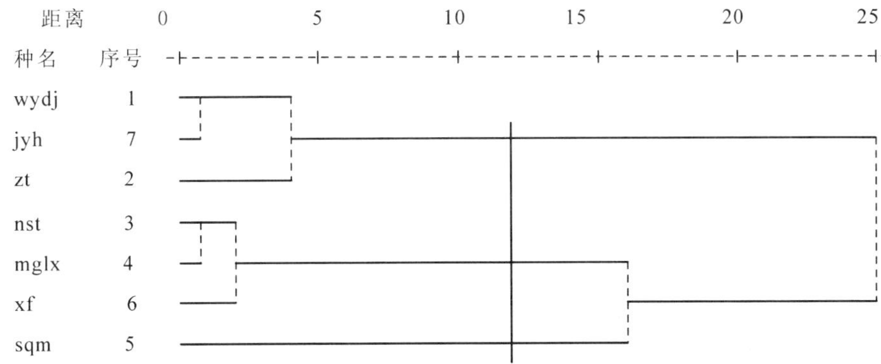

图5-26　攀援植物3个季节叶片δ¹³C树形相似聚类图

旱性和节水性都较差，可以适当减少应用或不用；美国凌霄、五叶地锦和南蛇藤抗旱性和节水性中等，可根据配置的目的适当选择。

5.2.6　不同类型绿化树种的水分利用效率比较

从上述结果可以看出，北京城市绿化的4种植物类型(乔木、灌木、地被植物、攀援植物)在春夏秋季3个季的叶片$\delta^{13}C$变化较大(图5-27)，常绿乔木树种叶片的$\delta^{13}C$在春夏秋季3个季节分别为-25.988‰、-25.9297‰和-25.819‰，3个季节的差异不大；落叶乔木树种在春夏秋季的叶片$\delta^{13}C$分别为-25.766‰、-27.131‰和 26.357‰，夏季明显低于春秋两季；灌木树种叶片$\delta^{13}C$在3个季节分别为-26.196‰、-27.656‰和-27.970‰；木本地被植物叶片的$\delta^{13}C$值在3个季节都大于草本地被，分别为-25.891‰、-27.619‰和-27.622‰，而草本地被植物分别为-27.560‰、-29.239‰和-29.035‰；攀援植物3个季节叶片$\delta^{13}C$分别-27.068‰、-28.247‰和-29.088‰。灌木树种、地被植物和攀援植物叶片的$\delta^{13}C$值都是春季明显大于夏秋两季。

总之，所观测的北京城市绿化植物叶片的$\delta^{13}C$值存在明显的季节差异，落叶乔木、常绿或半常绿灌木、落叶灌木、草本和藤本植物都达到了显著或极显著水平，且差异主要表现在春季与夏秋之间，春季叶片的$\delta^{13}C$值最高。Farquhar等(1982)认为，植物组织的稳定碳同位素比率$\delta^{13}C$或稳定碳同位素分辨率Δ与C_3植物的WUE具有很强的相关性，可作为植物长期WUE的间接测定指标。由此可见，75种植物的WUE存在着明显的季节差异，春季WUE最高，这主要是由于北京春季少雨，雨水多集中在7、8月的缘故。许多研究也表明降雨量下降会

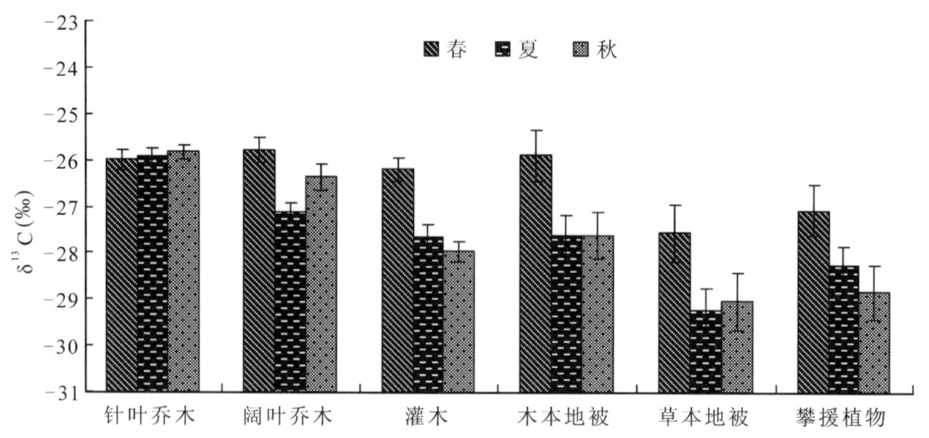

图 5-27　4 种类型绿化植物叶片 $\delta^{13}C$ 不同季节比较

使叶片的 $\delta^{13}C$ 即 WUE 增加(李明财等，2005；Shim *et al.*，2009)。

不同生活型植物叶片的 $\delta^{13}C$ 值差异达到显著水平，在春、夏、秋 3 个季节的表现不完全一致。除常绿乔木外，其余几种生活型都是春季叶片的 $\delta^{13}C$ 最大，3 个季节均为乔木和灌木大于草本和藤本植物。Lloyd 和 Farquhar (1994) 早已应用模型预测了不同生活型植物之间存在显著的同位素分馏差异。李明财等(2008)对色季拉山林线不同生活型植物碳同位素特征的研究也表明，常绿乔木、常绿灌木、落叶灌木和草本植物叶片的 $\delta^{13}C$ 值逐渐减小。Chen (2003)等研究了内蒙古不同群落多种生活型植物的 $\delta^{13}C$，发现不同生活型之间有显著性差异。乔木和灌木的叶片 $\delta^{13}C$ 大于草本和藤本植物，即乔木和灌木的 WUE 大于草本和藤本植物。可能是由于乔木、灌木、草本之间形态的变化，主要是高度逐渐降低，降低了水分传输路径，使灌木及草本在水分供应方面有相对的优势，水资源相对充分，Ehleringer 等(1993)研究发现高资源可利用的条件下的植物具有较小的 $\delta^{13}C$ 值，因此，灌木、草本叶片 $\delta^{13}C$ 值小于高大乔木，即 WUE 较低。另外，Smedley 等(1991)发现，多年生植物碳同位素分辨率低于一年生植物(即多年生植物 $\delta^{13}C$ 大于一年生植物)，可能也是草本植物 $\delta^{13}C$ 较低的一个重要原因。藤本植物由于存在草本、木本及大小的差异需进一步分类观察。可见不同生活型植物的光合生理过程存在明显同位素分馏差异。

本书的研究结果还表明，常绿植物叶片的 $\delta^{13}C$ 值通常大于落叶植物，且季节变化小于落叶植物，即常绿植物的 *WUE* 通常高于落叶植物，且季节波动较小。Marshall 和 Zhang (1994)研究发现，常绿树种叶片的碳同位素分辨率 Δ 小于落叶植物（即常绿树种叶片的 $\delta^{13}C$ 大于落叶植物）。常绿植物叶片的 $\delta^{13}C$ 值大于落叶植物，这可能与其叶的形态及生理差异有关，常绿植物叶片寿命长、光合速率低（Li *et al.*，2006；Warren，2006）、气孔导度小（Reich *et al.*，1992；Li *et al.*，2006）、比叶面积小（*Gulías et al.*，2003）、低营养积累和高碳消耗，都会导致叶片对 ^{13}C 的分辨率降低，$\delta^{13}C$ 值变大。另外，落叶植物一般叶柄较长，易转动，充分接触空气，因此叶片有较高的界层导度，对 ^{13}C 的分辨率较高。廖德宝等（2008）对常绿和落叶植物季节光合特性的研究表明：季节变化导致的水分和温度的下降使落叶植物的最大气孔导度和最大光合速率下降远远大于常绿植物。可见，常绿植物对季节引起的温度和水分变化有一定的适应性，使其对 ^{13}C 分辨率的影响较小。而落叶植物相反，对温度土壤水分反应较灵敏，春秋季温度和土壤水分较低，气孔导度也较小，对 ^{13}C 的分辨率低，因此导致叶片 $\delta^{13}C$ 春秋高于夏季。Duursma 等（2006）研究还表明：$\delta^{13}C$ 的变化与光合能力变化密切相关，常绿植物可以通过调节气孔提高 WUE，并通过电子分配耗散多余的能量来适应干旱和低温胁迫，使叶片维持四季常绿，而落叶植物光合同化能力主要集中在生长季节，这可能也是常绿植物叶片的 $\delta^{13}C$ 季节波动较小的原因。

总的来看，观测的北京城市绿化植物的 WUE 存在季节变化，通常春季的 WUE 较高，在春、夏、秋 3 个季节都表现出乔木 > 灌木 > 藤本植物 > 草本植物，且常绿植物大于落叶植物的变化规律。因此，在城市景观建植中，要考虑到不同生活型植物的 WUE 和季节变化，合理配置高大乔木、灌木、草本植物的比例以及常绿植物和落叶植物的比例，另外，根据植物四季的 WUE 的变化制定灌溉用水管理制度，以使植物配置达到既美观又节水的效果。

第6章 北方城市绿化树种抗旱节水指标体系的建立与评价

6.1 树木抗旱节水的评价指标体系

6.1.1 树木抗旱节水性鉴定指标

研究植物对水分胁迫的反应和适应，其根本目的是对不同植物进行抗旱节水性鉴定，筛选出抗旱性强的物种或品种，以供生产利用。本书研究的主要目的是针对北方城市绿化植物进行抗旱性筛选，为城市绿化提供理论基础和技术标准。依据什么样的性状进行鉴定或选择抗旱植物或品种，什么样的性状可用于指示抗旱能力的强弱，这一直是植物生理生态学家长期探索研究的问题，并一致认为植物的耐旱指标应具有遗传稳定性及可靠性。胡新生和王世绩(1998)指出在不考虑其他育种目标时，理想的耐旱性指标应该是遗传上稳定(受环境影响小)与耐旱性相关稳定的性状。目前，关于植物抗旱性指标筛选的研究较多，主要鉴定植物抗旱性的指标有：

(1)形态解剖解构指标，主要表现在根、茎和叶等部分，前面已详述。

(2)生长指标，植物的抗旱性归根结底就是水分胁迫下植物能否正常生长、发育，完成生活史的能力。植物在水分胁迫下的生产能力是评价其抗旱能力强弱的比较可靠的指标。主要包括成活率或存活率和生长指标，其中存活率有两种调查方式，即反复干旱的存活率和半数植株达到永久萎蔫或死亡所需的时间，而生长指标主要包括株高、地径、叶数、叶面积、根长、生物量和比叶面积等。

(3)生理生化指标，如水势、叶片相对含水量、水分饱和亏缺、质膜透性(电导率)、气孔扩散阻力、渗透调节能力(PV 曲线技术导出渗透调节参数)、光合速率、蒸腾速率、水分利用效率、硝酸还原酶活性、保护酶活性(SOD、POD、CAT、PPO)、脯氨酸和丙二醛(MDA)和可溶性蛋白等。

上述各项指标是植物抗旱性在不同方面、不同层次的反映，在维持 SPAC 水分平衡中具有不同的贡献。要准确评价植物的抗旱性，必须选择与植物抗旱性紧密相关、有明显效应、稳定可靠的指标。

6.1.2　树木抗旱能力的评价

水分胁迫对植物生长发育、生理生化过程产生的影响是多方面的，植物对水分胁迫的反应和适应也是多方面的。因此，单从某一个或少数几个指标来鉴定植物的抗旱性和进行抗旱品种筛选都有一定的局限性，采用多指标综合评价成为耐旱性评价的主流。在我国，李吉跃(1988，1989，1990，1991a)率先依据树木耐旱性是一种从形态解剖、水分生理生态特征，及生理生化反映到组织细胞、光合器官乃至原生质结构特征的复合性状的特点，通过苗木的叶解剖构造、叶子的运动和脱落；叶水势及水分饱和亏缺、叶肉质化程度和比叶面积、叶失水速率、水分释放曲线、PV 曲线的水分参数、渗透调节和细胞弹性模量；蒸腾作用和气孔调节、光合作用及水分利用效率、叶绿素含量和叶绿素 a 荧光；以及苗木死亡的临界水势等指标，从节水能力、持水能力、吸水能力、耐旱生产力及存活能力等五个方面，首次建立了树木耐旱性定量化研究模式，综合评价了树木的耐旱特性及其机理，为综合性定量研究树木的耐旱特性开辟了新途径。蒋进和王永增(1992)等人依据叶片水分状况、蒸腾速率、叶片解剖构造等指标对西北主要旱生树种进行了排序，张建国(1993)在研究我国北方主要造林树种耐旱性机理时，对叶片保水力、渗透调节、耐干旱能力等进行分类排序，这些研究为综合抗旱指标体系的应用打下了基础。在耐旱性基因标记、定位研究尚未完善之前，应用综合指标评价植物耐旱性仍有很大潜力。目前，植物抗旱性的综合评价主要有以下 3 种方法：

(1)抗旱性分级评价法

即把所测指标值分为几个等级，把同一物种或品种的几个级别值相加，即得该物种的抗旱总级别值，以此来比较不同种类或品种抗旱能力的强弱。这种多指标分级评价植物抗旱性的方法要比单指标评价法更可靠。Scott 和 Knott 的聚值法也可用于抗旱性的分级评定。

(2)抗旱性隶属函数法

抗旱性隶属函数法是目前应用最普遍的抗旱性综合评价法，这种方法采用 Fuzzy 数学中隶属函数的方法对树种各个抗旱指标值的隶属函数值进行累加，求取平均数以评定抗旱性。抗旱性隶属函数值的计算方法如下：

如某一指标与抗旱性成正相关，可用公式：$X(\mu)=\dfrac{X-X_{min}}{X_{max}-X_{min}}$ (6－1)

如某一指标与抗旱性成负相关，可用公式：

$$X(\mu)=1-\frac{X-X_{min}}{X_{max}-X_{min}} \tag{6-2}$$

式中：$X(\mu)$——抗旱性隶属函数值；

X——某一指标的测定值；

X_{max}——某一指标测定值中的最大值；

X_{min}——某一指标测定值中的最小值。

(3)抗旱性综合指数法

根据各指标变量在抗旱性中的贡献，确定其权重，对经过标准化的指标变量值进行加权求和，即得抗旱性综合指数(D)(王非等，2007)，D值越大，其抗旱性越强。抗旱性综合指数计算公式如下：

$$\text{抗旱性综合评价值}\ D=\sum_{i=1}^{n}\left[\frac{X_i-X_{min}}{X_{max}-X_{min}}\times\frac{P_j}{\sum_{j=1}^{n}P_j}\right] \tag{6-3}$$

式中：X_i——第i个综合指标；

X_{min}——第i个综合指标的最小值；

X_{max}——第i个综合指标的最大值。

(4)灰色关联度分析法

$$\zeta_i(k)=\frac{\min\limits_i\min\limits_k|X_0(k)-X_i(k)|+\zeta\max\limits_i\max\limits_k|X_0(k)-X_i(k)|}{|X_0(k)-X_i(k)|+\zeta\max\limits_i\max\limits_k|X_0(k)-X_i(k)|} \tag{6-4}$$

式中$\xi_i(k)$为X_i对X_0在K点的关联系数，ζ为分辨系数，取值范围在(0～1)之间，一般取0.5。$\min\limits_k|X_0(k)-X_i(k)|$和$\max\limits_k|X_0(k)-X_i(k)|$分别为第一层次最小差和第一层次最大差，即在绝对差$X_0(k)-X_i(k)$中按不同的$k$值分别挑选其中最小者和最大者；$\min\limits_i\min\limits_k|X_0(k)-X_i(k)|$和$\max\limits_i\max\limits_k|X_0(k)-X_i(k)|$分别为第二层次最小差和第二层次最大差，即在绝对差$\max\limits_i\max\limits_k|X_0(k)-X_i(k)|$中挑选最小者和最大者。

按各性状赋予不同的权重计算加权关联度：

$$r_i=\sum_{k=1}^{N}W_k\zeta_i(k) \tag{6-5}$$

式中 W_k 为权重系数，由于反映品种优劣的各项性状指标的重要性不同而赋予各性状不同的权重系数，权重系数的给出是根据目前城市绿化对树种/品种的要求而定的。

6.2 不同类型城市绿化树种抗旱节水指标的关联分析

应用灰色关联分析法，将所有参试植物视为一个灰色系统，各指标为系统中的一个因素。把各类群视为该系统内因素构建出适于目前生态条件下的“理想抗旱节水植物”，以“理想抗旱节水植物”各性状值构建参考数列，记作 X_0，参试植物各项性状指标构建比较数列 $X_i(i=1, 2, 3\cdots, m)$，其中 m 为参试植物数，各性状指标用 k 表示($k=1, 2, 3, \cdots, n$)，其中 n 为性状指标数。然后计算各指标与“理想抗旱节水植物”各指比较之间的关联度，公式如下：

$$\zeta_i(k)=\frac{\min\limits_i\min\limits_k|X_0(k)-X_i(k)|+\zeta\max\limits_i\max\limits_k|X_0(k)-X_i(k)|}{|X_0(k)-X_i(k)|+\zeta\max\limits_i\max\limits_k|X_0(k)-X_i(k)|} \tag{6-6}$$

式中 $\xi_i(k)$ 为 X_i 对 X_0 在 k 点的关联系数，ζ 为分辨系数，取值范围在(0～1)之间，一般取 0.5，$\min\limits_k|X_0(k)-X_i(k)|$ 和 $\max\limits_k|X_0(k)-X_i(k)|$ 分别为第一层次最小差和第一层次最大差，即在绝对差 $X_0(k)-X_i(k)$ 中按不同的 k 值分别挑选其中最小者和最大者；$\min\limits_i\min\limits_k|X_0(k)-X_i(k)|$ 和 $\max\limits_i\max\limits_k|X_0(k)-X_i(k)|$ 分别为第二层次最小差和第二层次最大差，即在绝对差 $\max\limits_i\max\limits_k|X_0(k)-X_i(k)|$ 中挑选最小者和最大者。

按各性状关联系数计算等权关联度：

$$r_i=\frac{1}{m}\sum_1^m\zeta_i(k) \tag{6-7}$$

对于落叶乔木树种、灌木、地被植物和攀援植物选取上表皮角质层厚度(K1)、下表皮角质层厚度(K2)、上表皮厚度(K3)、上表皮厚度(K4)、叶厚(K5)、海绵组织厚度(K6)、栅栏组织厚度(K7)、叶片组织结构紧密度（K8)、叶片组织结构疏松度(K9)、气孔密度(K10)、气孔的长径(K11)、气孔的长径(K12)、单个气孔面积(K13)、春季叶片 $\delta^{13}C$(K14)、夏季叶片 $\delta^{13}C$(K15)、秋季叶片 $\delta^{13}C$(K16)和比叶面积(K17)共 17 个指标，各指标以平均值进行统计分

表 6-1　参试落叶乔木树种主要指标

指标	K1	K2	K3	K4	K5	K6	K7	K8	K9	K10	K11	K12	K13	K14	K15	K16	K17
X_1	2.01	0.79	12	11.44	175.6	85.92	61.44	35.14	48.67	225.5	14.72	9.28	141.31	-23.396	-25.448	-23.930	9.57
X_2	1.10	0.3	10.88	10.08	104.1	31.04	49.68	47.84	29.63	105.2	9.60	5.12	49.92	-24.742	-28.154	-26.863	19.40
X_3	3.49	1.26	15.52	12.08	155.9	56.8	66.72	42.94	36.28	139.9	25.07	13.28	334.08	-26.601	-28.360	-28.246	16.89
X_4	0.83	0.24	19.68	11.92	161.0	61.84	67.36	41.97	38.38	271.1	19.68	14.93	297.98	-25.016	-28.356	-26.392	14.35
X_5	1.86	1.07	17.52	11.36	266.8	122.4	112.08	42.29	45.57	130.1	29.49	21.28	641.28	-24.741	-26.600	-26.578	13.79
X_6	0.84	0.58	18.16	13.92	170.2	63.68	72.72	42.87	37.29	351.0	17.36	10.40	181.44	-26.573	-26.850	-27.784	23.35
X_7	1.86	0.36	10.80	9.28	195.7	69.28	103.2	52.61	35.53	460.5	16.16	12.16	196.61	-25.529	-26.976	-25.837	14.90
X_8	4.08	3.03	42.64	22.08	283.4	130.4	85.92	29.68	44.28	153.3	22.83	16.43	379.49	-24.900	-25.946	-24.842	15.67
X_9	2.23	0.24	16.72	11.12	216.1	97.04	88.56	41.02	44.86	117.6	27.07	18.51	503.62	-25.475	-27.443	-26.462	26.53
X_{10}	3.06	0.64	26.8	15.12	253.4	99.68	107.2	41.95	39.51	283.7	27.79	20.59	581.57	-26.382	-26.507	-26.570	7.73
X_{11}	2.47	0.36	12.96	10.88	176.2	75.68	73.84	41.91	42.90	156.0	30.60	23.12	715.49	-27.199	-28.153	-26.185	14.67
X_{12}	1.54	1.14	18.64	15.68	223.5	88.56	100.64	45.00	39.65	400.3	17.16	13.32	235.10	-25.859	-26.241	-25.401	10.33
X_{13}	2.20	1.21	15.12	10.16	174.3	74.94	73.76	42.47	41.41	259.0	22.07	20.03	469.32	-26.766	-27.453	-27.422	12.69
X_{14}	3.08	1.08	17.44	11.68	220.2	90.32	96.00	43.64	40.98	383.3	25.71	17.73	462.46	-26.142	-26.814	-25.644	15.10
X_{15}	3.09	2.33	16.96	21.76	300.4	197.6	58.48	19.53	65.75	102.2	17.92	12.96	233.86	-25.453	-26.759	-25.902	15.52
X_0	4.08	3.03	42.64	22.08	216.1	31.04	112.08	52.61	29.63	460.5	9.6	5.12	469.32	-23.396	-25.448	-23.93	7.73

表 6-2　原始数据的无量纲化

指标	K1	K2	K3	K4	K5	K6	K7	K8	K9	K10	K11	K12	K13	K14	K15	K16	K17
X_1	0.4926	0.2607	0.2814	0.5181	0.8126	0.3613	0.5482	0.6679	0.6088	0.4897	0.6522	0.5517	0.3011	1.0000	1.0000	1.0000	0.8084
X_2	0.2696	0.0990	0.2552	0.4565	0.4817	1.0000	0.4433	0.9093	1.0000	0.2284	1.0000	1.0000	0.1064	0.9456	0.9039	0.8908	0.3988
X_3	0.8554	0.4158	0.3640	0.5471	0.7214	0.5465	0.5953	0.8162	0.8167	0.3038	0.3829	0.3855	0.7118	0.8795	0.8973	0.8472	0.4581
X_4	0.2034	0.0792	0.4615	0.5399	0.7450	0.5019	0.6010	0.7978	0.7720	0.5887	0.4878	0.3429	0.6349	0.9352	0.8974	0.9067	0.5390
X_5	0.4559	0.3531	0.4109	0.5145	0.8100	0.2536	1.0000	0.8038	0.6502	0.2825	0.3255	0.2406	0.7318	0.9456	0.9567	0.9004	0.5607
X_6	0.2059	0.1914	0.4259	0.6304	0.7876	0.4874	0.6488	0.8149	0.7946	0.7622	0.5530	0.4923	0.3866	0.8804	0.9478	0.8613	0.3312
X_7	0.4559	0.1188	0.2533	0.4203	0.9056	0.4480	0.9208	1.0000	0.8339	1.0000	0.5941	0.4211	0.4189	0.9164	0.9434	0.9262	0.5192
X_8	1.0000	1.0000	1.0000	1.0000	0.7625	0.2380	0.7666	0.5642	0.6692	0.3329	0.4205	0.3117	0.8086	0.9396	0.9808	0.9633	0.4937
X_9	0.5466	0.0792	0.3921	0.5036	1.0000	0.3199	0.7901	0.7797	0.6605	0.2554	0.3546	0.2767	0.9319	0.9184	0.9273	0.9043	0.2915
X_{10}	0.7500	0.2112	0.6285	0.6848	0.8528	0.3114	0.9565	0.7974	0.7499	0.6161	0.3454	0.2487	0.8070	0.8868	0.9600	0.9006	1.0000
X_{11}	0.6054	0.1188	0.3039	0.4928	0.8154	0.4101	0.6588	0.7966	0.6907	0.3388	0.3137	0.2215	0.6559	0.8602	0.9039	0.9139	0.5271
X_{12}	0.3775	0.3762	0.4371	0.7101	0.9669	0.3505	0.8979	0.8554	0.7473	0.8693	0.5594	0.3844	0.5009	0.9048	0.9698	0.9421	0.7491
X_{13}	0.5392	0.3993	0.3546	0.4601	0.8066	0.4142	0.6581	0.8073	0.7155	0.5624	0.4350	0.2557	1.0000	0.8741	0.9270	0.8727	0.6095
X_{14}	0.7549	0.3564	0.4090	0.5290	0.9814	0.3437	0.8565	0.8295	0.7230	0.8324	0.3734	0.2887	0.9854	0.8950	0.9491	0.9332	0.5122
X_{15}	0.7574	0.7690	0.3977	0.9855	0.7194	0.1571	0.5218	0.3712	0.4506	0.2219	0.5357	0.3951	0.4983	0.9192	0.9510	0.9239	0.4984

表 6-3 各参试植物与理想植物的绝对差[$\triangle_i(k)$]

指标	K1	K2	K3	K4	K5	K6	K7	K8	K9	K10	K11	K12	K13	K14	K15	K16	K17
X_1	0.5074	0.7393	0.7186	0.4819	0.1874	0.6387	0.4518	0.3321	0.3912	0.5103	0.3478	0.4483	0.6989	0.0000	0.0000	0.0000	0.1916
X_2	0.7304	0.9010	0.7448	0.5435	0.5183	0.0000	0.5567	0.0907	0.0000	0.7716	0.0000	0.0000	0.8936	0.0544	0.0961	0.1092	0.6012
X_3	0.1446	0.5842	0.6360	0.4529	0.2786	0.4535	0.4047	0.1838	0.1833	0.6962	0.6171	0.6145	0.2882	0.1205	0.1027	0.1528	0.5419
X_4	0.7966	0.9208	0.5385	0.4601	0.2550	0.4981	0.3990	0.2022	0.2280	0.4113	0.5122	0.6571	0.3651	0.0648	0.1026	0.0933	0.4610
X_5	0.5441	0.6469	0.5891	0.4855	0.1900	0.7464	0.0000	0.1962	0.3498	0.7175	0.6745	0.7594	0.2682	0.0544	0.0433	0.0996	0.4393
X_6	0.7941	0.8086	0.5741	0.3696	0.2124	0.5126	0.3512	0.1851	0.2054	0.2378	0.4470	0.5077	0.6134	0.1196	0.0522	0.1387	0.6688
X_7	0.5441	0.8812	0.7467	0.5797	0.0944	0.5520	0.0792	0.0000	0.1661	0.0000	0.4059	0.5789	0.5811	0.0836	0.0566	0.0738	0.4808
X_8	0.0000	0.0000	0.0000	0.0000	0.2375	0.7620	0.2334	0.4358	0.3308	0.6671	0.5795	0.6883	0.1914	0.0604	0.0192	0.0367	0.5063
X_9	0.4534	0.9208	0.6079	0.4964	0.0000	0.6801	0.2099	0.2203	0.3395	0.7446	0.6454	0.7233	0.0681	0.0816	0.0727	0.0957	0.7085
X_{10}	0.2500	0.7888	0.3715	0.3152	0.1472	0.6886	0.0435	0.2026	0.2501	0.3839	0.6546	0.7513	0.1930	0.1132	0.0400	0.0994	0.0000
X_{11}	0.3946	0.8812	0.6961	0.5072	0.1846	0.5899	0.3412	0.2034	0.3093	0.6612	0.6863	0.7785	0.3441	0.1398	0.0961	0.0861	0.4729
X_{12}	0.6225	0.6238	0.5629	0.2899	0.0331	0.6495	0.1021	0.1446	0.2527	0.1307	0.4406	0.6156	0.4991	0.0952	0.0302	0.0579	0.2509
X_{13}	0.4608	0.6007	0.6454	0.5399	0.1934	0.5858	0.3419	0.1927	0.2845	0.4376	0.5650	0.7443	0.0000	0.1259	0.0730	0.1273	0.3905
X_{14}	0.2451	0.6436	0.5910	0.4710	0.0186	0.6563	0.1435	0.1705	0.2770	0.1676	0.6266	0.7113	0.0146	0.1050	0.0509	0.0668	0.4878
X_{15}	0.2426	0.2310	0.6023	0.0145	0.2806	0.8429	0.4782	0.6288	0.5494	0.7781	0.4643	0.6049	0.5017	0.0808	0.0490	0.0761	0.5016

表 6-4　各参试植物的关联系数

指标	K1	K2	K3	K4	K5	K6	K7	K8	K9	K10	K11	K12	K13	K14	K15	K16	K17
X_1	0.4757	0.3838	0.3905	0.4886	0.7107	0.4189	0.5347	0.5810	0.5406	0.4743	0.5696	0.5067	0.3971	1.0000	1.0000	1.0000	0.7061
X_2	0.3866	0.3382	0.3820	0.4586	0.4704	1.0000	0.4526	0.8355	1.0000	0.3737	1.0000	1.0000	0.3400	0.8943	0.8273	0.8083	0.4337
X_3	0.7610	0.4408	0.4199	0.5041	0.6230	0.5038	0.5322	0.7147	0.7152	0.3981	0.4273	0.4283	0.6150	0.7926	0.8176	0.7508	0.4593
X_4	0.3663	0.3333	0.4609	0.5001	0.6436	0.4804	0.5357	0.6948	0.6688	0.5282	0.4734	0.4120	0.5577	0.8767	0.8178	0.8315	0.4997
X_5	0.4583	0.4158	0.4387	0.4867	0.7078	0.3815	1.0000	0.7012	0.5683	0.3909	0.4057	0.3774	0.6319	0.8944	0.9140	0.8221	0.5117
X_6	0.3670	0.3628	0.4450	0.5547	0.6843	0.4732	0.5673	0.7132	0.6915	0.6594	0.5074	0.4756	0.4288	0.7939	0.8981	0.7685	0.4077
X_7	0.4583	0.3432	0.3814	0.4426	0.8298	0.4548	0.8532	1.0000	0.7349	1.0000	0.5314	0.4430	0.4421	0.8464	0.8904	0.8618	0.4892
X_8	1.0000	1.0000	1.0000	1.0000	0.6597	0.3766	0.6636	0.5137	0.5819	0.4083	0.4427	0.4008	0.7063	0.8840	0.9600	0.9261	0.4762
X_9	0.5038	0.3333	0.4310	0.4812	1.0000	0.4037	0.6869	0.6764	0.5756	0.3821	0.4164	0.3889	0.8711	0.8494	0.8636	0.8279	0.3939
X_{10}	0.6481	0.3686	0.5534	0.5936	0.7577	0.4007	0.9136	0.6944	0.6480	0.5453	0.4129	0.3800	0.7046	0.8027	0.9202	0.8225	1.0000
X_{11}	0.5385	0.3432	0.3981	0.4758	0.7138	0.4384	0.5744	0.6936	0.5981	0.4105	0.4015	0.3716	0.5723	0.7671	0.8273	0.8424	0.4933
X_{12}	0.4251	0.4247	0.4499	0.6137	0.9329	0.4148	0.[illegible]185	0.7609	0.6456	0.7789	0.5110	0.4279	0.4799	0.8286	0.9384	0.8883	0.6473
X_{13}	0.4998	0.4339	0.4163	0.4603	0.7042	0.4401	0.5739	0.7049	0.6181	0.5127	0.4490	0.3822	1.0000	0.7853	0.8631	0.7833	0.5410
X_{14}	0.6526	0.4170	0.4379	0.4943	0.9611	0.4123	0.7624	0.7298	0.6244	0.7331	0.4235	0.3929	0.9692	0.8142	0.9004	0.8732	0.4856
X_{15}	0.6549	0.6659	0.4333	0.9695	0.6213	0.3533	0.4905	0.4227	0.4560	0.3717	0.4979	0.4322	0.4785	0.8507	0.9038	0.8581	0.4786

析。对于常绿乔木树种选择角质层、表皮、下皮层厚层、内皮层、维管束的木质部、维管束的韧皮部、气孔密度、气孔的下陷深度和宽度、叶肉、气孔长径和短径、春夏秋3季叶片$\delta^{13}C$和SLA等16个指标进行统计分析。以落叶乔木树种为例详细介绍各指标的灰色关联过程如下(表6-1至表6-7)。

由于原始数据中各性状的量纲不同，为便于分析，先将表6-1(各参试植物与抗旱相关的主要指标)进行无量纲化处理。本书研究采用上限性测度、适中性测度及下限性测度进行无量纲标准化处理见表6-2。对角质层厚度、表皮厚度、栅栏组织厚度、叶片CTR、气孔密度、春季叶片$\delta^{13}C$、夏季叶片$\delta^{13}C$、秋季叶片$\delta^{13}C$采用上限性测度，对叶厚、单个气孔面积和SLA采用适中性测度，对海绵组织厚度、叶片SR、气孔的长径、气孔的短径采用下限性测度。对常绿针叶树种的角质层、表皮、下皮层厚层、内皮层、维管束的木质部、维管束的韧皮部、气孔密度、气孔的下陷深度和宽度、春夏秋3季叶片$\delta^{13}C$采用上限性测度，叶肉厚度和SLA采用适中性测度，气孔长径和短径采用下限性测度。

利用表6-2中的数据求得参考数行X_0与15种落叶阔叶乔木的17个解剖结构和生理指标的绝对差，即$\Delta_i(k) = | X_0(k) - X_i(k) |$ $(i=1, 2, \cdots, 17)$，计算结果列于表6-3。由表6-3可以$\min\limits_i \min\limits_k | X_0(k) - X_i(k) | = 0$，$\max\limits_i \max\limits_k | X_0(k) - X_i(k) | = 0.9208$，将二级差值代入公式(6-1)，并取$\zeta = 0.5$，则

$$\zeta_i(k) = \frac{0 + 0.5 \times 0.9208}{i(k) + 0.5 \times 0.9208} \qquad (6-8)$$

计算的关联系数见表6-4代入公式(6-2)计算等权关联度，求得落叶乔木的等权关联度，结果见表6-5。

表6-5　落叶乔木树种各指标的关联度及排序

序号	指标	关联度	次序
K1	CTUE	0.5464	11
K2	CTLE	0.4403	17
K3	TUE	0.4692	14
K4	TLE	0.5683	10
K5	TL	0.7347	5
K6	TST	0.4635	15
K7	TPT	0.6620	7
K8	CTR	0.6958	6
K9	SR	0.6445	8

（续）

序号	指标	关联度	次序
K10	SD	0.5311	12
K11	SL	0.4980	13
K12	SW	0.4546	16
K13	SA	0.6130	9
K14	spring$\delta^{13}C$	0.8453	2
K15	summer$\delta^{13}C$	0.8895	1
K16	autumn$\delta^{13}C$	0.8443	3
K17	SLA	0.7133	4

从落叶乔木树种各指标的关联度及排序可以看出(表 6-5)，在春夏秋 3 个季节的叶片 $\delta^{13}C$、SLA、叶片厚度、叶片 CTR、栅栏组织厚度、叶片 SR、单个气孔面积互相的关联度较高，与植物抗旱性关系较为密切，与 Chartzoulakis *et al.*(2002) 在鳄梨(*Persea americana*)和孟庆杰等(2005)在桃树上抗旱性指标评价研究较一致。过去评价植物的抗旱性仅从供试植物或品种的一个或几个方面进行，对指标的重要性和关联性研究较少，利用灰色关联度分析法，可以对所有参试植物或品种各指标综合评价，筛选出相互关联且与抗旱节水密切的指标，对各参试植物或品种进行综合评价，有较强可比性和较大可靠性，并且可以为以后的研究简化工作量。灰色关联度分析也表明叶片 $\delta^{13}C$ 和 SLA 关联度较大，SLA 可以作为叶片 $\delta^{13}C$ 替代指标。

从常绿乔木树种关联度及排序可以看出(表 6-6)，3 个季节叶片 $\delta^{13}C$、角质层厚度、气孔的短径、表皮的厚度、SLA、气孔密度、内皮层的厚度、气孔的下陷深度和宽度、气孔的长径、维管束木质部、下皮层厚度和维管束韧皮部与抗旱关联度依次下降，可见对常绿于针叶树种角质层厚度、表皮厚度、气孔的密度和下陷情况对其的抗旱性影响最大。

表 6-6　常绿针叶树种各指标的关联度及排序

序号	指标	关联度	次序
K1	CTE	0.7408	4
K2	TE	0.7237	6
K3	HT	0.5468	15
K4	TMES	0.6640	9
K5	ET	0.6449	10

（续）

序号	指标	关联度	次序
K6	XT	0.5757	14
K7	PT	0.5318	16
K8	SS	0.6677	8
K9	SL	0.6326	13
K10	SW	0.7331	5
K11	DSC	0.6390	11
K12	WSC	0.6374	12
K13	spring$\delta^{13}C$	0.9399	3
K14	summer$\delta^{13}C$	0.9472	2
K15	autumn$\delta^{13}C$	0.9490	1
K16	SLA	0.6963	7

从灌木、地被植物和攀援植物的抗旱节水指标关联度及排序情况来看（表 6-7），无论哪种类型的植物在春夏秋 3 个季节的叶片 $\delta^{13}C$ 与抗旱节水的关联度都最高，对于灌木关联度高的指标还有叶片厚度、叶片 SR、叶片 CTR、气孔长度、上表皮角质层、气孔的密度和 SLA 等；对于木本地被植物关联度高的还有气孔长径、单个气孔的面积、SLA、叶片 SR、气孔密度、叶片厚度等；草本地被植物与木本地被植物基本相似，只是顺序有一定变化，关联度大的除了春夏秋 3 个季节的叶片 $\delta^{13}C$ 外，还有单个气孔的面积、气孔密度、SLA、叶片 CTR、气孔长径、叶片 SR 等；在攀援植物中，关联度排在前几位的指标还有叶片厚度、气孔密度、SLA、单个气孔的密度、海绵组织、上表皮厚度等。

从以上结果可以看出，跟植物抗旱节水关联度大的指标在各种类型中有一定的差异，但是关联度大的指标都非常相近，主要是春夏秋 3 个季节的叶片 $\delta^{13}C$、叶片的厚度、SLA、叶片的 CTR 和叶片的 SR、气孔的密度、气孔长径、单个气孔的大小，可见这几个指标在反映抗旱节水方面贡献较大。

表 6-7　灌木树种、地被植物和攀援植物各指标的关联度及排序

序号	指标	灌木树种		木本地被植物		草本地被植物		攀援植物	
		关联度	次序	关联度	次序	关联度	次序	关联度	次序
K1	CTUE	0.4084	16	0.5642	16	0.4658	17	0.4954	15
K2	CTLE	0.3682	17	0.5936	15	0.5016	16	0.4649	16
K3	TUE	0.6246	9	0.6523	14	0.5517	13	0.5635	9

（续）

序号	指标	灌木树种		木本地被植物		草本地被植物		攀援植物	
		关联度	次序	关联度	次序	关联度	次序	关联度	次序
K4	TLE	0.5823	11	0.6806	12	0.5573	12	0.5517	11
K5	TL	0.7473	4	0.7095	9	0.6060	10	0.6514	4
K6	TST	0.5307	14	0.7057	10	0.5078	15	0.5681	8
K7	TPT	0.5739	12	0.6575	13	0.5659	11	0.4605	17
K8	CTR	0.6762	6	0.6954	11	0.6961	7	0.5395	12
K9	SR	0.7179	5	0.7679	7	0.6175	9	0.5581	10
K10	SD	0.6406	7	0.7669	8	0.7720	5	0.6204	5
K11	SL	0.5290	15	0.8311	4	0.6613	8	0.5387	13
K12	SW	0.5465	13	0.5578	17	0.5349	14	0.4982	14
K13	SA	0.6335	8	0.8088	5	0.7906	4	0.5879	7
K14	spr$\delta^{13}C$	0.8572	3	0.8636	3	0.8880	3	0.8956	3
K15	sum$\delta^{13}C$	0.8638	2	0.9023	1	0.8890	2	0.9482	1
K16	aut$\delta^{13}C$	0.8690	1	0.8971	2	0.8914	1	0.9025	2
K17	SLA	0.6024	10	0.7772	6	0.7222	6	0.5887	6

6.3　城市绿化树种抗旱节水性评价指标确定

利用灰色相关确定了与抗旱相关度较高的指标，根据本书所选用的大量绿化植物的实际观测值，将 4 种绿化植物类型的抗旱性进行进一步划分为抗旱节水型、较抗旱节水型和不抗旱节水型（表 6-8），确定各类群绿化植物抗旱节水的指标范围。不同类群间各指标的范围存在一定重复区间，但也存在一定差异。可以根据表 6-8 中的数值范围简单鉴定植物的抗旱节水特性，使今后抗旱节水植物的筛选工作大大减少。

表 6-8 种类群植物的抗旱节水的指标范围

抗旱级别	指标	常绿乔木树种	落叶乔木树种	灌木树种	木本地被植物	草本地被植物	攀援植物
抗旱节水	TL/TE(μm)	>15 *	>240	>200	>300	>200	>200
	CTR(%)/CTE(μm)	>1.8 *	>45	>45	>42	>40	>50
	SR(%)/MES(μm)	>130 *	<40	<35	<40	<38	<30
	SLA($m^2 \cdot kg^{-1}$)	<3.5	<14	<14	—	—	—
	SD(个 · mm^{-2})	—	>350	>350	>500	>150	>300
	SA(μm^2)	<500	<200	<250	<350	<300	<250
	$\delta^{13}C$(‰)	>25.8	> −26.2	> −27.0	> −27.0	> −27.5	> −27.0
较抗旱节水	TL/TE	10 ~ 15 *	170 ~ 240	140 ~ 200	200 ~ 300	150 ~ 200	100 ~ 200
	CTR(%)/CTE(μm)	1.4 ~ 1.8 *	41 ~ 45	30 ~ 45	38 ~ 42	35 ~ 40	30 ~ 50
	SR(%)/MES(μm)	100 ~ 130 *	40 ~ 44	35 ~ 45	40 ~ 45	38 ~ 42	30 ~ 35
	SLA($m^2 \cdot kg^{-1}$)	3.5 ~ 6.0	14 ~ 20	14 ~ 20	—	—	—
	SD(个 · mm^{-2})	—	150 ~ 350	200 ~ 350	150 ~ 300	80 ~ 150	100 ~ 300
	SA(μm^2)	500 − 1300	200 ~ 400	250 ~ 400	350 ~ 500	300 ~ 500	400 ~ 600
	$\delta^{13}C$(‰)	25.8 ~ 26.4	−26.2 ~ −27.2	−27.0 ~ −28.0	−27.0 ~ −28.0	−27.5 ~ −29.0	−27.0 ~ −28.8
不抗旱节水	TL/TE	<10 *	<170	<140	<200	<150	<100
	CTR(%)/CTE(μm)	<1.8 *	<41	<30	<38	<35	<30
	SR(%)/MES(μm)	<100 *	>44	>45	>45	>42	>35
	SLA($m^2 \cdot kg^{-1}$)	>6.0	>20	>20	—	—	—
	SD(个 · mm^{-2})	—	<150	<200	<150	<80	<100
	SA(μm^2)	>1300	>450	>400	>500	>500	>600
	$\delta^{13}C$(‰)	< −26.4	< −27.2	< −28.0	< −28.0	< −29.0	< −28.8

注：3 个季节 $\delta^{13}C$ 的平均值，带 * 数值为 TE，CTE，MES。

6.4 城市绿化树种抗旱节水与观赏性评价

6.4.1 城市绿化树种观赏性评价

6.4.1.1 观赏性指标及评价标准

城市绿化植物除了具有良好的生态效益和经济效益以外，还有独特特的美化城市作用，因此，在注重植物的抗旱性同时还要考虑它的观赏性。城市绿化植物的观赏性评价是一个典型的多因素评价问题，评价指标既包括定量指标也包括定性指标，各指标间相互制约、相互关联。水分胁迫必然使植物的叶、花、果、茎枝和形姿 5 个主要作用于人的感受器官的形态发生变化，影响植物的观赏性。本试验主要通过水分胁迫对叶片的影响来定性评价绿化植物的观赏性。

按照叶色变化、叶卷曲程度和落叶的严重情况，将其分为 4 类，用阿拉伯数字 0、1、2、3 代替。

叶色(leaf color，CL)：0 为叶色正常；1 为叶片稍变色或枝条下部个别叶片变色；2 为叶片部分变色；3 为叶片严重变色。

卷曲(leaf curly degree，LCD)：0 为叶片无卷曲现象；1 为个别叶片卷曲，皱缩，下垂，对于针叶树种表现在松针干瘪扭转；2 为叶片部分卷曲，皱缩、下垂；3 为大部分叶片卷曲，皱缩、下垂，只有枝尖叶片未发生变化。

落叶(defoliation，DE)：0 为正常，无落叶；1 为轻微或个别落叶现象；2 为中度落叶；3 严重落叶。

6.4.1.2　水分胁迫对苗木观赏性的影响

干旱影响植物叶的观赏性，但程度各不相同(表 6-9)。从 4 种乔木树种苗木叶片的变化来看，轻度干旱不会影响白蜡、雪松和桧柏的观赏性，而银杏叶色会稍黄，出现萎蔫和落叶情况；中度水分胁迫基本不影响两个常绿针叶树种观赏性，而白蜡则出现叶色发白干瘪现象，银杏叶色黄绿，下垂并部分落叶。在重度水分胁迫时，雪松叶色出现灰白症状，松针干瘪扭曲，偶有松针脱落，桧柏部分鳞形叶发黄，干瘪变形，银杏叶色暗黄，下垂，大量落叶，白蜡叶色灰黄干瘪，少部分落叶。结果说明落叶阔叶树的观赏性比常绿针叶树种易受影响，银杏对干旱最敏感，最易影响观赏性，白蜡次之，而针叶树种表现较好。

表 6-9　水分胁迫对苗木的叶观赏性的影响

种类	植物	胁迫程度	LC	LCD	DE	植物	胁迫程度	LC	LCD	DE
乔木树种	yx	初期	1	1	1	xs	初期	0	0	0
		中期	2	1	2		中期	0	0	0
		后期	3	3	3		后期	1	扭曲 1	1
	bl	初期	0	0	0	xb	初期	0	0	0
		中期	1	1	0		中期	1	0	0
		后期	3	3	1		后期	1	1	0

（续）

种类	植物	胁迫程度	LC	LCD	DE	植物	胁迫程度	LC	LCD	DE
灌木树种	zyc	初期	1	1	0	tmqh	初期	0	0	0
		中期	2	2	1		中期	0	内卷1	0
		后期	3	3	1		后期	1	内卷3	0
	hwz	初期	1	正卷1	0	bt	初期	1	1	1
		中期	2	正卷2	1		中期	2	1	2
		后期	3	正卷3	1		后期	3	2	3
地被植物	jyy	初期	1	反卷1	0	jynz	初期	0	0	0
		中期	2	反卷2	1		中期	1	0	0
		后期	3	反卷3	1		后期	3	1	0
	yz	初期	1	1	0	xb	初期	0	0	0
		中期	2	2	0		中期	0	0	0
		后期	3	3	1		后期	1	1	0
攀援植物	sqm	初期	1	正卷1	0	xf	初期	0	0	0
		中期	2	正卷2	1		中期	1	0	0
		后期	3	正卷3	1		后期	2	2	1

对于4种灌木苗木，经轻度的水分胁迫，醉鱼草和碧桃都出现叶色发暗，下垂和脱落，红王子锦带植株下部叶片发黄，正卷但未见脱落，天目琼花叶特征未表现出异常，说明天目琼花较耐轻度干旱；中度和重度水分胁迫时，醉鱼草、红王子锦带和碧桃都出现了叶片变色、下垂卷曲和脱落现象，尤其以碧桃落叶最为严重，天目琼花叶片只是出现卷曲。从灌木苗木叶片对干旱的响应可以发现，干旱对天目琼花观赏性影响最小，醉鱼草和红王子锦带次之，影响最大的是碧桃。

轻度干旱对于金叶女贞和紫叶小檗观赏性没有影响，金叶莸和玉簪出现部分叶片变色卷曲或者皱缩现象。中度水分胁迫对于紫叶小檗的观赏性仍然没有影响，而金叶女贞叶色出现灰黄状，金叶莸和玉簪的症状继续加重。重度水分胁时，紫叶小檗叶色变暗，干瘪，但不脱落，此时金叶女贞叶色已经完全变暗灰色，干瘪扭曲，不脱落，金叶莸和玉簪叶色退色为灰绿色和黄白色，卷曲皱缩严重，部分脱落。可见紫叶小檗的观赏性最不易受干旱的影响，其次是金叶女贞，再次为金叶莸和玉簪。

水分胁迫对小叶扶芳藤的影响明显小于山荞麦，轻度水分胁迫不会影响小叶扶芳藤的观赏性，而山荞麦叶片已经出现褪色卷曲的现象。中度水分胁迫时，山荞麦叶片褪色卷曲严重，而且出现落叶，而小叶扶芳藤只是叶色稍变暗；重度水分胁迫，山荞麦叶片褪为棕褐色，严重卷曲脱落，小叶扶芳藤叶色灰白，叶片和枝条也出现干瘪现象，可见水分胁迫对小叶扶芳藤的影响明显小于山荞麦。

从上述结果来看，各类型植物在轻度干旱时对观赏性的影响都较小，或不影响。彭致功等人(2006)表明轻微水分胁迫处理能保证较好的草坪观赏品质，从而达到节约用水的功效。从北京 4 种绿化植物类型来看，也可以给其轻微的水分胁迫，既不影响观赏性，又可以达到节约用水的目的。

6.4.2　城市绿化树种抗旱节水性与观赏性综合评价

对于北京 4 种类型绿化植物苗木，利用人工模拟干旱的形式对其的抗干旱能力进行比较，为了综合比较其在水分胁迫不同阶段的抗旱节水能力和水分胁迫对美观效果的影响，同样利用灰色关联度分析法，明确各水分胁迫阶段生理指标与苗木耗水速率的主次关系及美观性，为绿化植物苗木抗旱节水性鉴定提供科学依据。

对于落叶乔木树种、灌木树种、地被植物和攀援植物以白天平均耗水速率(K0)为参照数列、选取表观量子效率(K1)、最大光合速率(K2)、暗呼吸速率(K3)、光补偿点(K4)、光饱和点(K5)、初始荧光(K6)、最大荧光（K7)、可变荧光(K8)、PS Ⅱ 的原初光能转换效率 F_v/F_m(K9)、PS Ⅱ 的潜在活性 F_v/F_o(K10)、叶片的碳同位素比率 $\delta^{13}C$（K11)、叶色变化 LC（K12)、叶卷曲程度 LCD 和落叶状况 DE。以落叶乔木树种为例详细介绍各指标的灰色关联过程如下：

表 6-10 列出各参试植物与抗旱相关的主要指标。由于原始数据中各性状的量纲不同，为便于分析，先将表 6-10 进行无量纲化处理。采用常金宝和李吉跃(2005)中方法进行，得出表 6-11。在利用表 6-11 中的数据求得参考数行 K0 与银杏和白蜡干旱不同时期的 14 个指标的绝对差，即 $\triangle_i(k) = |X_0(k) - X_i(k)|$ $(i=1, 2, \cdots, 8)$，并找出 $\min\triangle_i(k)$ 和 $\max\triangle_i(k)$，结果列于表 6-12。

表 6-10　不同处理乔木树种苗木各指标值

序号	yx_{ck}	yxl	yxm	yxs	blck	bll	blm	bls
K0	107.50	88.16	29.38	11.15	114.96	61.78	22.58	16.10
K1	0.054	–	0.004	–	0.078	–	0.002	–
K2	11.63	–	2.39	–	9.24	–	2.8	–

（续）

序号	yx_{ck}	yxl	yxm	yxs	blck	bll	blm	bls
K3	0. 474	–	0. 593	–	0. 653	–	0. 411	–
K4	24	–	107	–	10	–	73	–
K5	363	–	746	–	308	–	674	–
K6	634. 36	562	542. 33	897. 11	716. 28	–	671. 06	763. 58
K7	2605. 75	2775. 5	3066. 33	1648. 83	2819. 44	–	3235. 92	1518. 38
K8	1971. 39	2213. 5	2524	751. 72	2103. 17	–	2564. 86	754. 79
K9	0. 745	0. 796	0. 823	0. 438	0. 748	–	0. 79	0. 485
K10	3. 156	3. 941	4. 654	0. 833	2. 943	–	3. 974	1. 014
K11	–26. 033	–	–26. 044	–26. 193	–27. 309	–	–27. 036	–26. 814
K12	0	1	2	3	0	0	1	3
K13	0	1	1	3	0	0	1	3
K14	0	1	2	3	0	0	0	1

注：yx_{ck}为银杏水分充分状态，yxl 为银杏受到轻度水分胁迫，yxm 为银杏受到中度水分胁迫，yxs 为银杏受到重度水分胁迫；blck 为白蜡水分充分状态，bll 为白蜡受到轻度水分胁迫，blm 为白蜡受到中度水分胁迫，bls 为白蜡受到重度水分胁迫，下表同。

表 6-11　原始数据的无量纲化

序号	yx_{ck}	yxl	yxm	yxs	blck	bll	blm	bls
K0	1. 9043	1. 5617	0. 5204	0. 1976	2. 0364	1. 0944	0. 3999	0. 2852
K1	1. 5652	–	0. 1159	–	2. 2609	–	0. 0580	–
K2	1. 7851	–	0. 3668	–	1. 4183	–	0. 4298	–
K3	0. 8897	–	1. 1131	–	1. 2257	–	0. 7715	–
K4	0. 4486	–	2. 0000	–	0. 1869	–	1. 3645	–
K5	0. 6944	–	1. 4271	–	0. 5892	–	1. 2893	–
K6	0. 9277	0. 8219	0. 7931	1. 3119	1. 0475	0. 0000	0. 9813	1. 1166
K7	1. 0323	1. 0995	1. 2147	0. 6532	1. 1169	0. 0000	1. 2819	0. 6015
K8	1. 0711	1. 2027	1. 3714	0. 4084	1. 1427	0. 0000	1. 3936	0. 4101
K9	1. 0808	1. 1548	1. 1940	0. 6354	1. 0852	0. 0000	1. 1461	0. 7036
K10	1. 0769	1. 3447	1. 5880	0. 2842	1. 0042	0. 0000	1. 3560	0. 3460
K11	0. 9797	–	0. 9802	0. 9858	1. 0277	–	1. 0175	1. 0091
K12	0. 0000	0. 8000	1. 6000	2. 4000	0. 0000	0. 0000	0. 8000	2. 4000
K13	0. 0000	0. 8889	0. 8889	2. 6667	0. 0000	0. 0000	0. 8889	2. 6667
K14	0. 0000	1. 1429	2. 2857	3. 4286	0. 0000	0. 0000	0. 0000	1. 1429

表 6-12　不同处理乔木苗木各指标值绝对差

序号	yx_{ck}	yxl	yxm	yxs	blck	bll	blm	bls	min $\Delta_i(k)$	max $\Delta_i(k)$
K1	0. 3391	–	0. 4045	–	0. 2244	–	0. 3420	–	0. 4045	0. 2244
K2	0. 1192	–	0. 1536	–	0. 6182	–	0. 0298	–	0. 6182	0. 0298
K3	1. 0146	–	0. 5926	–	0. 8107	–	0. 3715	–	1. 0146	0. 3715
K4	1. 4557	–	1. 4796	–	1. 8495	–	0. 9645	–	1. 8495	0. 9645
K5	1. 2099	–	0. 9066	–	1. 4473	–	0. 8894	–	1. 4473	0. 8894
K6	0. 0234	0. 2602	0. 7274	0. 1143	0. 0110	0. 0944	0. 4186	0. 1685	0. 7274	0. 0110
K7	0. 8721	0. 4622	0. 6943	0. 4556	0. 9195	1. 0944	0. 8820	0. 3163	1. 0944	0. 3163
K8	0. 8332	0. 3590	0. 8509	0. 2108	0. 8937	1. 0944	0. 9936	0. 1249	1. 0944	0. 1249
K9	0. 8235	0. 4069	0. 6735	0. 4378	0. 9513	1. 0944	0. 7462	0. 4185	1. 0944	0. 4069
K10	0. 8274	0. 2170	1. 0676	0. 0866	1. 0323	1. 0944	0. 9560	0. 0608	1. 0944	0. 0608
K11	0. 0754	–	0. 5403	0. 2118	0. 0087	–	0. 3825	0. 2760	0. 5403	0. 0087
K12	0. 9043	0. 2383	0. 0796	1. 2024	1. 0364	0. 0944	0. 5999	1. 1148	1. 2024	0. 0796
K13	0. 9043	0. 3272	0. 6316	1. 4691	1. 0364	0. 0944	0. 5110	1. 3815	1. 4691	0. 0944
K14	0. 9043	0. 5812	0. 7653	2. 2310	1. 0364	0. 0944	0. 6001	0. 1423	2. 2310	0. 0944

将表 6-12 中数据代入公式(6 –6)计算的关联系数见表 6-13 代入公式(6 –7)计算等权关联度，求得乔木苗木的等权关联度(表 6-15)。

表 6-13　不同处理乔木苗木各指标值关联系数

序号	指标	yx_{ck}	yxl	yxm	yxs	blck	bll	blm	bls	关联度	排序
K1	AQY	0. 7882	–	0. 7032	–	1. 0000	–	0. 7840	–	0. 6507	7
K2	Pn_{max}	0. 7914	–	0. 7325	–	0. 3655	–	1. 0000	–	0. 5896	12
K3	R_d	0. 5775	–	0. 7990	–	0. 6668	–	1. 0000	–	0. 7382	5
K4	L_{CP}	0. 7937	–	0. 7858	–	0. 6810	–	1. 0000	–	1. 0124	1
K5	L_{SP}	0. 8342	–	0. 9894	–	0. 7430	–	1. 0000	–	0. 9839	2
K6	F_o	0. 9681	0. 6006	0. 3434	0. 7839	1. 0000	0. 8180	0. 4790	0. 7041	0. 6436	8
K7	F_m	0. 6085	0. 8555	0. 6956	0. 8612	0. 5888	0. 5260	0. 6042	1. 0000	0. 7151	6
K8	F_v	0. 4869	0. 7417	0. 4807	0. 8867	0. 4665	0. 4094	0. 4362	1. 0000	0. 6128	11
K9	F_v/F_m	0. 6960	1. 0000	0. 7815	0. 9686	0. 6367	0. 5812	0. 7376	0. 9880	0. 7891	3
K10	Fv/F_o	0. 4423	0. 7957	0. 3765	0. 9593	0. 3850	0. 3704	0. 4045	1. 0000	0. 5889	13

（续）

序号	指标	yx_{ck}	yxl	yxm	yxs	blck	bll	blm	bls	关联度	排序
K11	$\delta^{13}C$	0. 8069	–	0. 3441	0. 5785	1. 0000	–	0. 4273	0. 5106	0. 5271	14
K12	LC	0. 4522	0. 8109	1. 0000	0. 3774	0. 4157	0. 9786	0. 5668	0. 3967	0. 6280	10
K13	LCD	0. 5058	0. 7807	0. 6068	0. 3762	0. 4681	1. 0000	0. 6655	0. 3917	0. 6358	9
K14	DE	0. 5990	0. 7131	0. 6433	0. 3615	0. 5622	1. 0000	0. 7053	0. 9619	0. 7872	4

表 6-14　灌木树种、地被植物和攀援植物各指标的关联系数

序号	指标	灌木树种		指标	地被植物		指标	攀援植物	
		关联度	次序		关联度	次序		关联度	次序
K1	AQY	0. 6838	9	AQY	0. 6992	4	AQY	0. 7172	7
K2	Pn_{max}	0. 6819	10	Pn_{max}	0. 7374	10	Pn_{max}	0. 6738	12
K3	R_d	0. 6286	12	R_d	0. 6562	14	R_d	0. 7572	4
K4	L_{CP}	0. 5991	14	L_{CP}	0. 6822	13	L_{CP}	0. 7880	1
K5	L_{SP}	0. 7860	2	L_{SP}	0. 6300	1	L_{SP}	0. 7630	3
K6	F_o	0. 7264	4	F_o	0. 6504	5	F_o	0. 5905	14
K7	F_m	0. 7158	5	F_m	0. 6896	2	F_m	0. 7104	8
K8	F_v	0. 7097	7	F_v	0. 7377	7	F_v	0. 7181	6
K9	F_v/F_m	0. 7104	6	F_v/F_m	0. 7086	11	F_v/F_m	0. 7379	5
K10	F_v/F_o	0. 7752	3	F_v/F_o	0. 7528	12	F_v/F_o	0. 7656	2
K11	$\delta^{13}C$	0. 7972	1	$\delta^{13}C$	0. 5959	8	$\delta^{13}C$	0. 6884	11
K12	LC	0. 6237	13	LC	0. 5405	9	LC	0. 7033	9
K13	LCD	0. 6503	11	LCD	0. 6545	3	LCD	0. 6926	10
K14	DE	0. 6852	8	DE	0. 7087	6	DE	0. 6647	13

表 6-15　4 种类型植物与抗旱性的关联度及排序

类型	树种	关联度	关联次序
乔木	yx	0. 7005	Ⅱ
	bl	0. 7063	Ⅰ
灌木	zyc	0. 7119	Ⅲ
	tmqh	0. 8022	Ⅰ
	hwz	0. 7138	Ⅱ
	bt	0. 6298	Ⅳ

（续）

类型	树种	关联度	关联次序
地被植物	jyy	0.5619	Ⅳ
	yz	0.7490	Ⅰ Ⅱ
	jynz	0.7390	Ⅲ
	xb	0.6849	
攀援植物	sqm	0.6441	Ⅱ
	xf	0.7261	Ⅰ

从表6-13和6-14可以看出，4种类型植物遭受水分胁迫时，各指标与耗水速率的相关性不一致，但是表观量子效率、光饱和点、最大荧光、可变荧光和原初光能转换效率在4种类型中都与耗水速率相关性较强，与绿化植物苗木抗旱性关系较为密切。同时苗木暗呼吸速率、光补偿点、初始荧光和落叶情况(除攀援植物)也对耗水速率表现出较大的关联，意味着它们在维持叶片正常生理功能中起着重要作用。最大光合速率、叶色变化和叶卷曲程度与耗水速率的关联度最小，说明在植物苗木在水分胁迫下，它们对耗水速率的影响相对较小。

按主要考察的14项生理和解剖结构指标的综合评定来看，乔木苗木银杏和白蜡抗旱性非常接近，在干旱的初期白蜡的表现好于银杏；4种灌木苗木，天目琼花 > 醉鱼草和红王子锦带；地被植物金叶女贞和玉簪 > 紫叶小檗 > 金叶莸；攀援植物小叶扶芳藤 > 山荞麦。用各指标综合评价植物的抗旱性与前面多个指标逐一分析的结果基本一致，可见用灰色关联分析植物的抗旱性可行性较高。

综上所述，表观量子效率AQY、光饱和点L_{SP}、最大荧光F_m、可变荧光F_v和原初光能转换效率F_v/F_m与耗水速率的关联度最大，它们可以作为苗木重要的抗旱性鉴定指标。叶片光饱和点的关联度在4种类型都较高，可用以评价绿化植物苗木抗旱性以及在干旱条件下筛选可以利用强光的植物。从苗木荧光特性来看，叶片最大荧光、可变荧光及原初光能转化效率具有较高的关联度，可作为苗木抗旱鉴定的指标之一。在以往鉴定抗旱节水的指标多集中在蒸腾速率、光合速率、抗氧化系统和渗透调节方面(杨敏生等，2002；贾万利等，2007)，本书主要从苗木的光响应、荧光和叶片$\delta^{13}C$及观赏特性入手，对苗木抗旱性进行鉴定。绿化植物苗木抗旱性是在水分胁迫下，光合生理及形态发生一系列适应性改变的结果。由于苗木的抗旱性是受多种因素影响，故在苗木抗旱鉴定的实际应用中，不能单独依赖上述某个或某两个指标，必须根据一系列生理生化及形态指标的重复测定和综合评定才能提高鉴定结果的准确性。

参考文献

[1]安锋和张硕新. 2005. 7种木本植物根和小枝木质部栓塞的脆弱性[J]. 生态学报, 25(8): 1928 - 1933.

[2]敖红, 张羽. 2007. 水分胁迫对云杉光合特性的影响[J]. 植物研究, 27(4): 446 - 449.

[3]蔡永立, 王希华, 宋永昌. 1999. 中国东部亚热带青冈种群叶片的生态解剖[J]. 生态学报, 19(6): 844 - 849.

[4]蔡永立, 郭佳. 2000. 藤本植物适应生态学研究进展及存在问题[J]. 生态学杂志, 19(6): 28 - 33.

[5]蔡永立, 宋永昌. 2001. 浙江天童常绿阔叶林藤本植物的适应生态学Ⅱ. 叶片解剖特征的比较[J]. 植物生态学报, 25(1): 90 - 98.

[6]曾凡江, Andrea Foetzki, 李向义, 等. 2002. 策勒绿洲多枝柽柳灌溉前后水分生理指标变化的初步研究[J]. 应用生态学报, 13(7): 849 - 853.

[7]常金宝, 李吉跃. 2005. 干旱半干旱地区城市森林抗旱建植技术及生态效益评价[M]. 北京: 中国科学技术出版社, 22 - 24, 100.

[8]常学向, 赵文智, 张智慧. 2007. 荒漠区固沙植物梭梭耗水特征[J]. 生态学报, 27(5): 1826 - 1837.

[9]常学向, 赵文智. 2004. 黑河中游沙枣树干液流的动态变化及其与林木个体生长的关系[J]. 中国沙漠, 24(4): 473 - 478.

[10]车文瑞. 2008. 北京城区绿地主要乔灌草年耗水量的估算[M]. 北京: 北京林业大学博士论文.

[11]陈杰, 齐亚东. 1990. 对应用氚水法测定林木蒸腾量的评价[J]. 东北林业大学学报, 18(3): 105 - 113.

[12]陈拓, 秦大河, 康兴成, 等. 1999. 稳定碳同位素的研究现状及前景[J]. 大自然探索, 18(1): 59 - 65.

[13]陈拓，杨梅学，冯虎元，等.2003. 青藏高原北部植物叶片碳同位素组成的空间特征[J]. 冰川冻土，25(1)：83－87.

[14]陈英华，胡俊，李裕红，等.2004. 碳稳定同位素技术在植物水分胁迫研究中的应用[J]. 生态学报，24(5)：1027－1033.

[15]陈兆波. 2007. 生物节水研究进展及发展方向[J]. 中国农业科学，40(7)：1456－1462.

[16]陈之欢，孙国峰，张金政，等.2003. 耐旱节水型宿根花卉在北京城市绿化中的应用[J]. 中国农学通报，19(5)：157－159.

[17]程福厚，赵志军，张纪英，等.2007. 分区交替灌溉对梨生长结果及水分利用效率的影响[J]. 干旱地区农业研究，25(4)：130－134.

[18]崔秀萍，刘果厚，张瑞麟.2006. 浑善达克沙地不同生境下黄柳叶片解剖结构的比较[J]. 生态学报，26(6)：1842－1847.

[19]魏爱丽，王志敏，陈斌，等.2004. 土壤干旱对小麦绿色器官光合电子传递和光合磷酸化活力的影响[J]. 作物学报，30(5)：487－490.

[20]邓西平，山仑.1995. 旱地春小麦对有效灌溉水高效利用的研究[J]. 干旱地区农业研究，13(3)：42－46.

[21]邓艳，蒋忠诚，曹建华，等. 2004. 弄拉典型峰丛岩溶区青冈栎叶片形态特征及对环境的适应[J]. 广西植物，24(4)：317－322.

[22]邓彦斌，姜彦成，刘健.1998. 新疆10种藜科植物叶片和同化枝的旱生和盐生结构的研究[J]. 植物生态学报，22(2)：164－170.

[23]董学军.1998. 九种沙生灌木水分参数的实验测定及生态意义[J]. 植物学报，40(7)：657－664.

[24]董志新，韩清芳，贾志宽，等.2007. 不同苜蓿(*Medicago sativa* L.)品种光合速率对光和CO_2浓度的响应特征[J]. 生态学报，27(6)：2272－2278.

[25]杜太生，康绍忠，张霁，等.2006. 不同沟灌模式对沙漠绿洲区葡萄生长和水分利用的效应[J]. 应用生态学报，17(5)：805－810.

[26]段爱国，保尔江，张建国.2005. 水分胁迫下华北地区主要造林树种离体枝条叶片的叶绿素荧光参数[J]. 林业科学研究，18(5)：578－584.

[27]段爱国，张建国，张俊佩，等.2009. 金沙江干热河谷植被恢复树种盆栽苗蒸腾耗水特性的研究[J]. 林业科学研究，22(1)：55－62.

[28]樊巍.2000. 农林复合系统的林网对冬小麦水分利用效率影响的研究[J]. 林业科学，6(4)：16－20.

[29]方精云，费松林，樊拥军，等. 2000. 贵州梵净山亮叶水青冈解剖特征的生态格局及主导因子分析[J]. 植物学报，42(6)：636－642.

[30]冯玉龙，张亚杰，巨关升，等. 2001. 杨树无性系幼苗光合作用的光抑制[J]. 植物研究，21(4)：578－582.

[31]高建平，王彦涵，陈道峰. 2003. 不同产地华中五味子叶表皮结构和导管分子的解剖学特征及其与环境因子的关系[J]. 西北植物学报，23(5)：715－723.

[32]高世斌，李晚忱，荣廷昭. 2003. 玉米耐旱相关性状的QTLs研究[J]. 分子植物育种，1(5/6)：701－706.

[33]高照全，李天红，张显川. 2009. 苹果冠层蒸腾作用动态模拟[J]. 果树学报，26(6)：775－780.

[34]高照全，张显川，王小伟. 2006. 桃树冠层蒸腾动态的数学模拟[J]. 生态学报，26(2)：489－495.

[35]龚伟，宫渊波，胡庭兴，等. 2005. CO_2浓度升高对湿地松针叶蒸腾特性和水分利用效率的影响[J]. 水土保持学报，19(5)：178－182.

[36]郭连生和田有亮. 1992. 9种针阔叶幼树的蒸腾速率、叶水势与环境因子关系的研究[J]. 生态学报，12(1)：47－52.

[37]郭孟霞，毕华兴，刘鑫，等. 2006. 树木蒸腾耗水研究进展[J]. 中国水土保持科学，4(4)，114－120.

[38]郭志华，王伯荪，张宏达. 1998. 银杏的蒸腾特性及其对遮荫的响应[J]. 植物学报，40(6)：567－57.

[39]哈申格日乐，李吉跃，周泽福. 2006. 干旱胁迫对3个树种苗木蒸腾耗水日变化的影响[J]. 西北农林科技大学学报(自然科学版)，09：157－162.

[40]韩德梁，王彦荣. 2005. 紫花苜蓿对干旱胁迫适应性的研究进展[J]. 草业学报，14(6)：7－13.

[41]韩刚，李少雄，徐鹏，等. 2006. 6种灌木叶片解剖结构的抗旱性分析[J]. 西北林学院学报，21(4)：43－46.

[42]郝日明，李晓征，王中磊. 2004. 8种常绿阔叶树木的叶结构特点及其对光照变化的适应性分析[J]. 西北植物学报，24(9)：1616－1623.

[43]何军，许兴，李树华，等. 2004. 水分胁迫对牛心朴子叶片光合色素及叶绿素荧光的影响[J]. 西北植物学报，24(9)：1594－1598.

[44]何茜，李吉跃，陈晓阳，等. 2010. 毛白杨不同无性系苗木耗水量及其昼夜分

配[J]. 华南农业大学学报, 31(1): 47 - 50.

[45]何茜, 李吉跃, 齐涛. 2006. "施丰乐"对国槐蒸腾耗水日变化的影响[J]. 福建林学院学报, 4: 358 - 362.

[46]何茜, 李吉跃, 齐涛. 2007. 植物生长调节剂对国槐蒸腾耗水的影响[J]. 北京林业大学学报, 29(1): 74 - 78.

[47]胡新生, 王世绩. 1998. 树木水分胁迫生理与耐旱性研究进展及展望[J]. 林业科学, 3(44): 76 - 89.

[48]黄颜梅, 张健, 罗承德. 1997. 树木抗旱性研究[J]. 四川农业大学学报, 15(1): 49 - 54.

[49]黄振英, 吴鸿, 胡正海. 1997. 30 种新疆沙生植物的结构及其对沙漠环境的适应[J]. 植物生态学报, 21(6): 521 - 530.

[50]吉喜斌, 康尔泗, 陈仁升, 等. 2006. 植物根系吸水模型研究进展[J]. 西北植物学报, 26(5): 1079 - 1086.

[51]贾万利, 苗海霞, 孙明高, 等. 2007. 6 种苗木抗旱性评价指标分析[J]. 山东农业大学学报(自然科学版), 38 (2): 163 - 168.

[52]蒋高明, 林光辉, Marino B DV. 1997. 美国生物圈二号内生长在高 CO_2浓度下的 10 种植物气孔导度、蒸腾速率及水分利用效率的变化[J]. 植物学报, 39(6): 546 - 553.

[53]蒋高明, 何维明. 1999. 毛乌素沙地若干植物光合作用、蒸腾作用和水分利用效率种间及生境间差异[J]. 植物学报, 41(10): 1114 - 1124.

[54]蒋进. 1991. 八种荒漠珍稀濒危植物的抗旱性研究[J]. 干旱区研究, 8(2): 39 - 43.

[55]蒋进, 王永增. 1992. 集中旱生植物盆栽苗木的水分关系和抗旱性排序[J]. 干旱区研究, 9(4): 31 - 37.

[56]鞠强, 贡璐, 杨金龙, 等. 2005. 梭梭光合生理生态过程与干旱环境的相互关系[J]. 干旱区资源与环境, 19(4): 201 - 204.

[57]康博文, 侯琳, 王得祥, 等. 2005. 几种主要绿化树种苗木耗水特性的研究[J]. 西北林学院学报, 20(1): 29 - 33.

[58]康绍忠, 张建华, 梁宗锁, 等. 1997. 控制性分根灌溉一种新的农田节水调控思路[J]. 干旱地区农业研究, 15(1): 1 - 6.

[59]兰小中, 杨春贤, 陈敏, 等. 2007. 水分胁迫对中华芦荟部分药用成分含量的影响[J]. 西南大学学报(自然科学版), 29(4): 106 - 109.

[60]黎祜琛，邱治军. 2003. 树木抗旱性及抗旱造林技术研究综述[J]. 世界林业研究，16(4)：17 -22.

[61]李代琼. 1999. 半干旱黄土区沙棘的水分生理生态与形态解剖学特性研究[J]. 沙棘，12(3)：11 -16.

[62]李海涛，向乐，夏军，等. 2006. 应用热扩散技术对亚热带红壤区湿地松人工林树干边材液流的研究[J]. 林业科学，42(5)：31 -37. .

[63]李慧卿和马文元. 1998. 沙生植物抗旱性比较的主要指标及分析方法[J]. 干旱区研究，15(4)：12 -15. .

[64]李吉跃，张建国，姜金璞. 1993. 北方主要造林树种耐旱机理及其分类模型的研究[J]. 北京林业大学学报，15(3)：1 -11.

[65]李吉跃，周平，招礼军. 2002. 干旱胁迫对苗木蒸腾耗水的影响[J]. 生态学报，22(9)：1380 -1386.

[66]李吉跃，何茜，齐涛. 2006. 植物生长调节剂对火炬树和盐肤木蒸腾耗水影响的对比研究[J]. 北京林业大学学报，(S1)：17 -21.

[67]李吉跃. 1989. PV 技术在油松侧柏苗木抗旱特性研究中的应用[J]. 北京林业大学学报，11(1)：3 -11.

[68]李吉跃. 1991a. 太行山区主要造林树种耐旱特性的研究(I) ~ (VI)[J]. 北京林业大学学报，13 (增)：1 -24；230 -280.

[69]李吉跃. 1990. 太行山区主要造林树种耐旱特性的研究[D]. 北京：北京林业大学林学院.

[70]李吉跃. 1988. 油松侧柏苗木抗旱特性初探[J]. 北京林业大学学报，10(2)：23 -30.

[71]李吉跃. 1991b. 植物耐旱性及其机理[J]. 北京林业大学学报，13(3)：92 -100.

[72]李吉跃，翟洪波. 2000. 木本植物水力结构与抗旱性[J]. 应用生态学报，11(2)：301 -305.

[73]李吉跃，朱妍. 2006. 干旱胁迫对北京城市绿化树种耗水特性的影响[J]. 北京林业大学学报，(s1)：32 -37.

[74]李俊，于沪宁. 1997. 冬小麦水分利用效率及其环境影响因素分析[J]. 地理学报，52(6)：551 -560.

[75]李丽萍，马履一，王瑞辉. 2007. 北京市 3 种园林绿化灌木树种的耗水特性[J]. 中南林业科技大学学报，27(2)：44 -47，51.

[76]李明财，易现峰，李来兴，等.2005. 青藏高原东部典型高山植物叶片 $\delta^{13}C$ 的季节变化[J]. 西北植物学报，25(1)：77－81.

[77]李鹏，李占斌，赵忠，等.2002. 渭北黄土高原不同立地上刺槐根系分布特征研究[J]. 水土保持通报，22(5)：15－19.

[78]李小燕，王林和，李连国，等.2006. 沙棘叶片组织解剖构造与其生态适应性研究[J]. 干旱区资源与环境，20(5)：219－222.

[79]李延成，杨吉华，房用，等.2009. 稳态气孔计法和标准浸水法测定杨树蒸腾耗水的比较[J]. 山东大学学报(理学版)，1：7－11(23).

[80]李玉灵，尚国亮，殷晓洁.2007. 从切枝蒸腾失水比较几种园林植物的节水特性[J]. 河北林业科技，(3)：6－9.

[81]梁松洁，张金政，张启翔，等.2004. 北方地区藤本类忍冬叶表皮结构及其生态适应性比较研究[J]. 植物研究，24(4)：434－440.

[82]廖德宝，白坤栋，曹坤芳，等.2008. 广西猫儿山中山森林共生的常绿和落叶阔叶树光合特性的季节变化[J]. 热带亚热带植物学报，16，205 － 211.

[83]廖建雄，王根轩.2002. 干旱、CO_2和温度升高对春小麦光合、蒸发蒸腾及水分利用效率的影响[J]. 应用生态学报，13(5)：547－550.

[84]廖建雄，王根轩.1999. 谷子叶片光合速率日变化及水分利用效率[J]. 植物生理学报，25(4)：362－368.

[85]廖建雄，王根轩.2000. 植物的气孔振荡及其应用前景[J]. 植物生理学通讯，36(3)：272－276.

[86]林金科，赖明志，詹梓金.2000. 茶树叶片净光合速率对生态因子的响应[J]. 生态学报，20(3)：404－408.

[87]林植芳，林桂珠，孔国辉，等.1995. 生长光强对亚热带自然林两种木本植物稳定碳同位素比、细胞间 CO_2浓度和水分利用效率的影响[J]. 热带亚热带植物学报，3(2)：77－82.

[88]刘丹，陈祥伟.2006. 水分胁迫对银中杨耗水特征与水分利用的影响[J]. 生态学杂志，25 (3)：290－294.

[89]刘广明，杨劲松，姜艳，等.2005. 节水灌溉条件下水稻需水规律及水分利用效率研究[J]. 灌溉排水学报，24(6)：49－53.

[90]刘广全，赖亚飞，李文华，等.2004. 4 种针叶树抗旱性研究[J]. 西北林学院学报，19(1)：22－26.

[91]刘家琼.1982. 我国荒漠不同生态类型植物的旱生结构[J]. 植物生态学与地

植物学丛刊，6(4)：314－319.
[92]刘建立，程丽莉，余新晓.2009. 乔木蒸腾耗水的影响因素及研究进展[J]. 世界林业研究，22(4)：34－40.
[93]刘全宏，王孝安，田先华，等.2001. 太白红杉(*Larix chinensis*)叶的形态解剖学特征与环境因子的关系[J]. 西北植物学报，21(5)：885－893.
[94]刘淑明，王得祥，孙长忠.2004. 干旱胁迫下雪松土壤水分及生理特性的研究[J]. 西北植物学报，24(11)：2057－2060.
[95]刘英杰，邓文奎，龚维斌.2004. 中国生态环境安全[M]. 合肥：安徽教育出版社.
[96]刘永红.2005. 玉米根、叶器官对花期干旱的响应及其复水补偿生长研究[D]. 四川农业大学 18－48.
[97]刘友良.1992. 植物水分逆境生理[M]. 北京：农业出版社，128－138.
[98]刘宇锋，萧浪涛，童建华，等.2005. 非直线双曲线模型在光合光响应曲线数据分析中的应用[J]. 农业基础科学，21(8)：76－79.
[99]刘志民，Thompson K.，R. E. Spencer，等.2000. 在旱化土壤条件下来自不同生境的20种植物幼苗根系的形态反应的比较[J]. 植物学报，42(6)：628－635.
[100]刘祖琪.1994. 植物抗性生理学研究[M]. 北京：中国农业出版社，43－44.
[101]马焕成，吴延熊，JackA. McConchie. 2001. 元谋干热河谷几种外来树种在旱季的光合特点[J]. 浙江林学院学报，18(1)：46－49.
[102]马洁，韩烈保.2006. 北京地区野生草本地被植物引种、筛选与利用[J]. 四川草原，(2)：30－33.
[103]马书荣，阎秀峰，陈柏林，等.1999. 不同海拔裂叶沙参和泡沙参气孔形态的对比研究[J]. 东北林业大学学报，27(6)：94－97.
[104]马武昌，王雁，彭镇华.2006. 车前和紫花地丁对水分胁迫的生理反应[J]. 林业科学研究，19(5)：633－637.
[105]满荣洲，董世仁，等.1986. 华北油松人工林蒸腾的研究[J]. 北京林业大学学报，8(2)：1－7.
[106]梅秀英，姜在民，高绍棠.1998. 核桃和铁核桃品种(优系)叶形态构造与其抗旱性的研究[J]. 西北林学院学报，13(1)：16－20.
[107]孟凡荣，乔芳，张志强.2005. 北京城区种绿化树种蒸腾耗水性比较[J]. 福建林学院学报，25(2)：176－180.

[108]孟平，张劲松，高峻．2005. 山茱萸幼树光合及水分生理生态特性[J]. 林业科学研究，18(1)：47－51.

[109]孟庆辉，潘青华，鲁韧强，等．2005. 4 个品种扶芳藤茎叶解剖结构及其与抗旱性的关系[J]. 农业基础科学，22(4)：138－142.

[110]孟庆杰，王光全，董绍锋，等．2005. 桃叶片组织结构与其抗旱性关系的研究[J]. 西北林学院学报，20(1)：65－67.

[111]聂立水，李吉跃．2004. 应用 TDP 技术研究油松树干液流流速[J]. 北京林业大学学报，26(6)：46－54.

[112]潘瑞炽．2004. 植物生理学(第 5 版)[M]. 北京：高等教育出版社，15－17.

[113]彭致功，杨培岭，任树梅，等．2006. 再生水灌溉草坪观赏品质及其综合评价[J]. 中国农业大学学报，11(5)：81－87.

[114]齐红岩，刘洋，刘海涛．2009. 水分亏缺对番茄叶片气孔特性及叶绿体超微结构的影响[J]. 西北植物学报，29(1)：1－15.

[115]丘国雄．1992. 植物光合作用效率∥余叔文．植物生理学和分子生物学[M]. 1 版. 北京：科学出版社，236－243.

[116]渠春梅，韩兴国，苏波，等．2001. 云南西双版纳片断化热带雨林植物叶片 $\delta^{13}C$ 值的特点及其对水分利用效率的指示[J]. 植物学报，43(2)：186－192.

[117]茹桃勤．2007. 刺槐无性系水分利用效率和适应性研究[D]. 北京：北京林业大学林学院，24－42.

[118]阮宏华，郑阿宝，钟育谦，等．1999. 次生栎林蒸腾强度与蒸腾量的研究[J]. 南京林业大学学报，23(4)：32－36.

[119]山仑和陈培元．1998. 旱地农业生理生态基础[M]. 北京：科学出版社，44－46.

[120]沈成国．2001. 植物衰老生理与分子生物学[M]. 北京：中国农业出版社，70－ 93.

[121]史刚荣，赵金丽，马成仓．2007a. 淮北相山不同群落中 3 种禾草叶片的生态解剖[J]. 草业学报，16(3)：62－68.

[122]史刚荣．2004. 七种阔叶常绿植物叶片的生态解剖学研究[J]. 广西植物，24(4)：334－338.

[123]史刚荣，邢海涛．2007b. 淮北相山 8 个树种叶片的生态解剖特征[J]. 林业

科学，43(3)：28－33.

[124]史作民，程瑞梅，刘世荣.2004. 高山植物叶片 $\delta^{13}C$ 的海拔响应及其机理[J]. 生态学报，24(12)：2901－2906.

[125]宋凤斌，戴俊英.2005. 玉米茎叶和根系的生长对干旱胁迫的反应和适应性[J]. 干旱区研究，22(2)：256－258.

[126]宋丽华，王世虹.2009. 干旱胁迫对7种绿化树种苗木蒸腾耗水的影响[J]. 林业科技，4：6－9.

[127]杨锋伟，陈丽华，朱清科，等.2008. 晋西黄土区主要造林树种耗水特性分析[J]. 水土保持研究，15(1)：41－45.

[128]苏波，韩兴国，李凌浩，等.2000. 中国东北样带草原区植物 $\delta^{13}C$ 值及水分利用效率对环境梯度的响应[J]. 植物生态学报，24(6)：648－655.

[129]孙洪仁，张英俊，历卫宏，等.2007. 北京地区紫花苜蓿建植当年的耗水系数和水分利用效率[J]. 草业学报.16(1)：41－46.

[130]孙会忠，薛娴，侯小改，等.2009. 山茱萸茎的解剖结构特征研究[J]. 中国农学通报，25(19)：73－75.

[131]孙鹏森，马履一，王小平.2000. 油松树干液流的时空变异性研究[J]. 北京林业大学学报，22(5)：1－6.

[132]孙守家，古润泽，从日晨，等.2006. 银杏树干茎流变化及其对抑制蒸腾措施的响应[J]. 林业科学，42(5)：22－28..

[133]孙伟，王德利，王立，等.2004. 贝加尔针茅不同枝条叶片蒸腾特性与水分利用效率对瞬时 CO_2 和光照变化的响应[J]. 生态学报，24(11)：2437－2443.

[134]孙伟，王德利，王立，等.2003. 模拟光条件下禾本科植物和藜科植物蒸腾特性与水分利用效率比较[J]. 生态学报，23(4)：814－819.

[135]滕胜，钱前，曾大力，等.2002. 水稻苗期耐旱性基因位点及其互作的分析[J]. 遗传学报，29(3)：235－240.

[136]田有亮，郭连生.1994. 呼和浩特地区不同种源油松个体光合和水分生理特性的研究[J]. 干旱区资源与环境，8(3)：96－101.

[137]王安志，裴铁璠.2001. 森林蒸散测算方法研究进展与展望[J]. 应用生态学报，12(6)：933　－937.

[138]王才斌，郑亚萍，成波，等.2004. 高产花生冠层光截获和光合、呼吸特性研究[J]. 作物学报，30(3)：274－278.

[139]王得祥，康博文，刘建军，等.2004. 主要城市绿化树种苗木耗水特性研究[J]. 西北林学院学报，19(4)：20－23.

[140]王非，于成龙，刘丹.2007. 植物生长调节剂对苗木抗旱性影响的综合评价[J]. 林业科技，32(3)：56－60.

[141]王根轩，廖建雄，吴冬秀.2001. 荒漠条件下甘草气孔振荡的水被动证据[J]. 植物学报，43(1)：41－45.

[142]王国富，李连国，李晓燕，等.2006. 沙棘叶片表面形态特征与抗旱性的关系[J]. 园艺学报，33(6)：1310－1312.

[143]王海珍，韩路，李志军.2009. 胡杨、灰叶胡杨蒸腾耗水规律初步研究[J]. 干旱区资源与环境，8：186－189.

[144]王华芳，张建华，梁建生，等.1999a. 木本植物根系和木质部汁液 ATP 对土壤干旱信息的响应[J]. 科学通报，44(10)：1063－1068..

[145]王华芳，张建华，梁建生，等.1999b. 木本植物根系及木质部汁液 ABA 对土壤干旱信息的感应[J]. 科学通报，44(10)：2053－2069.

[146]王华田，马履一，孙鹏森.2002. 油松、侧柏深秋边材木质部液流变化规律的研究[J]. 林业科学，38(5)：31－37.

[147]王继强，李吉跃，刘娟娟.2005. 八个绿化树种水分状况与水力结构的季节变化[J]. 北京林业大学学报，27(4)：43－48.

[148]王建伟，周凌云.2007. 土壤水分变化对金银花叶片生理生态特征的影响[J]. 土壤，39(3)：479－482.

[149]王沙生，高荣孚，吴贯明.1991. 植物生理学[M]. 北京：中国林业出版社，192－201.

[150]王天铎.1990. 植物群落的光利用效率与数学模型//王天铎. 光合作用研究进展[M].(1 版). 北京：科学出版社，128－211.

[151]王万里.1984. 压力室(PRESSURE CHAMBER) 在植物水分状况研究中的应用[J]. 植物生理学通讯，(3)：52－57.

[152]王晓琦，张艳馥，沙伟，等.2006. 三江平原不同生境下小叶章茎解剖结构的比较[J]. 生态学杂志，25(7)：785－788.

[153]王勋陵，王静.1989. 植物的形态结构与环境[M]. 兰州：兰州大学出版社，105－138.

[154]王玉涛，李吉跃，胡东燕，等.2008. 常见绿化树种绦柳(*Salix matsudana* ‘Pendula’)耗水特性[J]. 生态学杂志，27(12)：2087－2093.

[155]王玉涛，李吉跃，等. 2010. 不同生活型绿化植物叶片碳同位素组成的季节特征[J]. 植物生态学报，34(2)：151－159.

[156]王玉涛. 2005. 节水抗旱优良沙柳种源的筛选与抗旱造林技术研究[M]. 北京：北京林业大学林学院，25－33.

[157]温国胜，田海涛，张明如，等. 2006. 叶绿素荧光分析技术在林木培育中的应用[J]. 应用生态学报，17(10)：1973－1977.

[158]吴吉林，李永华，叶庆生. 2005. 美丽异木棉光合特性的研究[J]. 园艺学报，32(6)：1061－1064.

[159]吴林，霍焰，聂小兰，等. 2003. 沙棘叶片组织结构观察及其与抗旱性关系的研究[J]. 吉林农业大学学报，25(4)：390--393.

[160]伍维模，李志军，罗青红，等. 2007. 土壤水分胁迫对胡杨、灰叶胡杨光合作用－光响应特性的影响[J]. 林业科学，43(5)：30－35.

[161]武哲敏. 2009. 翅果油树濒危成因的叶片解剖学浅析[J]. 山西农业大学学报(自然科学版)，29(4)：348－350.

[162]夏江宝，张光灿，刘刚，等. 2007. 不同土壤水分条件下紫藤叶片生理参数的光响应[J]. 应用生态学报，18(1)：30－34.

[163]肖洪浪，段争虎，宋耀选，等. 2006. 黄土高原西部兰州市郊植被的水环境响应[J]. 中国沙漠，26(4)：517－521.

[164]谢洋，吴军，马晓，等. 2005. 银杏观叶新品种叶片解剖结构研究[J]. 河南农业大学学报，39(3)：265－269.

[165]徐德应，曾庆波. 1989. 海南岛尖峰岭热带森林蒸散[J]. 林业科学研究，2(1)：34－41.

[166]徐玲玲，张宪洲，石培礼，等. 2004. 青藏高原高寒草甸生态系统表观量子产额和表观最大光合速率的确定[J]. 中国科学(D 辑)，34 (S2)：125－130.

[167]徐世昌，崔钦. 1995. 水分胁迫对玉米光合性能及产量的影响[J]. 作物学报，21(3)：356－363.

[168]许大全，张玉忠，张荣铣. 1992. 植物光合作用的光抑制[J]. 植物生理学通讯，28 (4)：237－243.

[169]许大全. 1995. 气孔的不均匀关闭与光合作用的非气孔限制[J]. 植物生理学通讯，31(4)：246－252.

[170]许大全. 2002. 光合作用效率(1 版)[M]. 上海：上海科学技术出版社，

33 -40.

[171]薛慧勤，甘信民，孙明辉，等.1999. 干旱条件下花生水分利用效率与叶片碳同位素辨别力的相关性研究[J]. 中国油料作物学报，21(1)：27 -34.

[172]薛智德，韩蕊莲，侯庆春，等.2004. 延安地区5种灌木叶旱性结构的解剖研究[J]. 西北植物学报，24(7)：1200 -1206.

[173]严昌荣，Doweny A，韩兴国，等.1999. 北京山区落叶阔叶林中核桃楸在生长中期树干液流研究[J]. 生态学报，19(6)：793 -797.

[174]严昌荣，韩兴国，陈灵芝，等.1998. 温带落叶林叶片$\delta^{13}C$的空间变化和种间变化[J]. 植物学报，40(8)：853 -859.

[175]严昌荣，韩兴国，陈灵芝.2001. 六种木本植物水分利用效率和其小生境关系研究[J]. 生态学报，21(11)：1952 -1956.

[176]杨甲定，赵哈林，张铜会.2005. 黄柳与垂柳的耐热性和耐旱性比较研究[J]. 植物生态学报，29(1)：42 -47 .

[177]杨敏生，裴保华，朱之悌.2002. 白杨双交杂种无性系抗旱性鉴定指标分析[J]. 林业科学，38(6)：36 -42.

[178]姚允聪，高遐虹，程继鸿.2001. 苹果种质资源抗旱性鉴定研究Ⅶ：干旱条件下苹果幼树生长与叶片形态特征变化[J]. 北京农学院学报，16(2)：16 -21.

[179]郁继华，秦舒浩.2001. 黄瓜品种间嫁接苗和自根苗光合特性研究[J]. 兰州大学学报(自然科学版)，37(6)：63 -68.

[180]岳广阳，张铜会，赵哈林，等.2006. 科尔沁沙地黄柳和小叶锦鸡儿茎流及蒸腾特征[J]. 生态学报，26(10)：3206 -3213..

[181]张建国，李吉跃，姜金璞.1994a. 京西山区人工林水分参数的研究(Ⅰ)[J]. 北京林业大学学报，16(1)：1 -12.

[182]张建国，李吉跃，姜金璞.1994b. 京西山区人工林水分参数的研究(Ⅲ)[J]. 北京林业大学学报，16(4)：46 -54.

[183]张建国.1993. 中国北方主要造林树种耐旱特性及其机理的研究[D]. 北京：北京林业大学林学院.

[184]张建华，贾文锁，康绍忠.2001. 根系分区灌溉和水分利用效率[J]. 西北植物学报，21(2)：191 -197.

[185]张劲松，孟平，尹昌君.2004. 植物蒸散耗水量计算方法综述[J]. 世界林业究，14(2)：2328.

[186]张弥，吴家兵，关德新，等.2006H 长白山阔叶红松林主要树种光合作用的光响应曲线[J]. 应用生态学报，17(9)：1575－1578.

[187]张乃群，舒理慧，祝莉莉，等.2005. 中国稻属植物叶片亚显微结构比较研究[J]. 西北植物学报，25(11)：2204－2208.

[188]张守仁.1999. 叶绿素荧光动力学参数的意义及讨论[J]. 植物学通报，16(4)：444－448.

[189]张守仁，高荣孚.1998. 白杨派新无性系气孔生理生态特性的研究[J]. 生态学报，18(4)：22－31.

[190]张岁岐，山仑.2001. 根系吸水机理研究进展[J]. 应用与环境生物学报，4：396－402.

[191]张小由，龚家栋，周茂先.2003. 应用热脉冲技术对胡杨和柽柳树干液流的研究[J]. 冰川冻土，25(5)：585－590..

[192]章英才，闫天珍.2003. 花花柴叶片解剖结构与生态环境关系的研究[J]. 宁夏农学院学报，24(1)：31－34.

[193]张迎辉，王华田，亓立云，等.2005. 水分胁迫对3个藤本树种蒸腾耗水性的影响[J]. 江西农业大学，27(5)：723－728.

[194]张正斌.2000. 植物对环境胁迫整体抗逆性研究若干问题[J]. 西北农业学报，9(3)：112－116.

[195]张正斌.2003. 作物抗旱节水的生理遗传育种基础[M]. 北京：科学出版社，1－60.

[196]张正斌，王德轩.1992. 小麦抗旱生态育种[M]. 西安：陕西人民教育出版社，1－20.

[197]招礼军.2003. 我国北方主要造林树种耗水特性及抗旱造林技术研究[D]. 北京：北京林业大学林学院，72－77.

[198]赵凤君，沈应柏，高荣孚.2006. 叶片$\delta^{13}C$与长期水分利用效率的关系[J]. 北京林业大学学报，28(6)：40－45.

[199]赵明，郭志中，王耀琳，等.2003. 不同地下水位植物蒸腾耗水特性研究[J]. 干旱区研究，20(4)：286－291.

[200]赵燕，李吉跃，刘海燕，等.2008. 水分胁迫对5个沙柳种源苗木水势和蒸腾耗水的影响[J]. 北京林业大学学报，30(5)：19－25.

[201]赵长明，魏小平，尉秋实，等.2005. 民勤绿洲荒漠过渡带植物白刺和梭梭光合特性[J]. 生态学报，25(8)：1908－1913.

[202]赵忠，李鹏，王乃江. 2000. 渭北主要造林树种根系抗旱性研究[J]. 水土保持研究，7(1)：92－94.

[203]郑淑霞和上官周平. 2007. 黄土高原油松和刺槐叶片光合生理适应性比较[J]. 应用生态学报，18(1)：16－22.

[204]钟章成. 2005. 攀援植物行为生态学的理论与研究方法[M]. 北京：科学出版社，19－26.

[205]周平，李吉跃，招礼军. 2002. 北方主要造林树种苗木蒸腾耗水特性研究[J]. 北京林业大学学报，24(suppl)：50－55.

[206]周秀梅. 2004. 金叶女贞气孔特性研究[J]. 河南职业技术师范学院学报，32(1)：39－41.

[207]朱妍，李吉跃，史剑波. 2006. 北京六个绿化树种盆栽蒸腾耗水量的比较研究[J]. 北京林业大学学报，28(1)：65－70.

[208]Anderson J E, Kriedemann P E, Austin M P, *et al.*. 2000. Eucalypts forming a canopy functional type in dry sclerophyll forests respond differentially to environment [J]. Australian Journal of Botany, 48(6): 759－775.

[209]Aroca R, Ferrante A, Vernier P, *et al.*. Drought, abscisic acid and transpiration rate effects on the regulation of PIP aquaporin gene expression and abundance in *phaseolus vulgaris* plants[J]. Annals of Botany, 98(6): 1301－1310.

[210]Arslan A, Zapata F, Kumarasinghe K S. 1999. Carbon isotope discrimination as indicator of water use efficiency of spring wheat as affected by salinity and gypsum additions [J]. Communications in Soil Science and Plant Analysis, 30(18): 2681－2693..

[211] Baquedano F. J. & Castilo F. J. 2006. Comparative ecophysiogical effects of drought on seedlings of the Mediterranean water-saver*Pinus halepensis* and water-spender *Quercus coccifera* and *Quercus ilex*[J]. Trees, 20(6): 689－700.

[212]Bassman J. B. & Zwier J. C. 1991. Gas exchange characteristics of *Populus trichocarpa*, *Populus deltoids* and *Populus trichocarpa* × *P. deltoidesclone* [J]. Tree Physiology, 9(1－2): 145－149.

[213]Bergmann T., Richardson T. L., Paerl H. W., *et al.*. 2002. Synergy of light and nutrients on the photosynthetic efficiency of phytoplankton populations from the Neuse river estuary, North Carolina[J]. Journal of Plankton Research, 24(9): 923－933.

[214] Bettarini I. , Calderoni G. , Miglietta F. , *et al.*. 1995. Isotopic carbon discrimination and leaf nitrogen content of *Erica arborea* L. along a CO_2 concentration gradient in a CO_2 spring in Italy[J]. Tree Physiology, 15(5): 327 -332.

[215] Bohn B. A. & Kershner J L. 2002. Establishing aquatic restoration priorities using a watershed approach[J]. Journal of Environmental Management, 64(4): 355 -363.

[216] Bonal D. , Born C. , Brechet C. , *et al.*. 2007. The successional status of tropical rainforest tree species is associated with differences in leaf carbon isotope discrimination and function traits[J]. Annals of Forest Science, 64(2): 169 - 176.

[217] Bosabalidis A. M. & Kofidis G. 2002. Comparative effects of drought stress on leaf anatomy of two olive cultivars[J]. *Plant Science*, 163(2): 375 -379.

[218] Brooks J. R. , Flanagan L. B. , Buchman N. , *et al.*. 1997. Carbon isotope composition of boreal plants: functional grouping of life forms[J]. Oecologia, 110(3): 301 -311.

[219] Brugnoli E. , Hubick K. T. , Caemmerer S. , *et al.*. 1988. Correlation between the carbon isotope discrimination in leaf starch and intercellular and atmospheric partial pressures of sugars of C_3 plants and the ratio of carbon dioxide[J]. Plant Physiology, 88(4): 1418 -1424 .

[220] Čermák J. , Kučera J. , Bauerle W. L, *et al.* 2007. Tree water storage and its diurnal dynamics related to sap flow and changes in stem volume in old-growth Douglas-fir trees[J]. Tree Physiology, 27: 181 -198. .

[221] Chartzoulakis K. , Patskas A. , Kofidis G. , *et al.*. 2002. Water stress affects leaf anatomy, gas exchange, water relations and growth of two avocado cultivers. Scientia Horticulturae, 95(1): 39 -50.

[222] Chen S. P. , Bai Y. F. , Han X. G. 2003. Variations in composition and water use efficiency of plant Functional Groups based on their water ecological groups in the Xilin river basin[J]. Acta Botanica Sinica, 45(10): 1251 -1260.

[223] Claudia R. S. , João P. , Maroco *et al.*. 2005. Impact of deficit irrigation on water use efficiency and carbon isotope composition ($\delta^{13}C$) of field-grown grapevines under Mediterranean climate[J]. Journal of Experimental Botany, 56(12): 2163 -2172.

[224] Condon A. G. , Richards R. A. , Farquhar G. D. 1992. The effect of variation in soil water availability, vapour pressure deficit and nitrogen nutrition on carbon isotope discrimination in wheat[J]. Australian Journal of Agricultural Research, 43(10): 935 -947.

[225] Cornic G. 2000. Drought stress inhibits photosynthesis by decreasing stomatal aperture-not by affecting ATP synthesis[J]. Trends in Plant Science, 5(5): 187 -188.

[226] Damesin C. , Rambal S. , Joffre R. 1997. Between-tree variations in leaf $\delta^{13}C$ of *Quercus pubescens* and *Quercus ilex* among Mediterranean habitats with different water availability[J]. Oecologia, 111(1): 26 -35.

[227] Dang Q. , Margolis H. A. , Coyea M. r. *et al.*. 1997. Regulation of branch - level gas exchange of boreal trees: roles of shoot water potential and vapour pressure deficit[J]. Tree Physiology, 17: 521 -535.

[228] Dawson T E & Ehleringer J R. 1993. Gender-specific physiology carbon isotope discrimination and habitat distribution in boxelder*Acer negundo* [J]. Ecology, 74(3): 798 -815.

[229] Devitt D. A. , Smith S. D. , Neuman DS. 1997. Leaf carbon isotope ratios in three landscape species growing in an arid environment[J]. *Journal of Arid Environments*, 36, 249 -257.

[230] Dominique C. B. & Fred D. Sack. 2007. Stomatal development[J]. The Annual Review of Plant Biology, 58: 163 -181.

[231] Duursma R. A. & Marshall J. D. 2006. Verical canopy gradients in $\delta^{13}C$ correspond with leaf nitrogen content in a mixed-species conifer forest [J]. Trees, 20(4): 496 -506.

[232] Ebdon J. S. , Petrovic A. M. , Dawson T. E. 1998. Relationship between carbon isotope discrimination, water use efficiency and evapotranspiration inKentucky blue grass[J]. Crop Science. 38(1): 157 -162.

[233] Ehleringer J. R. & Ceding T. E. 1995. Atmospheric CO_2 and the ratio of intercellular to ambient CO_2 concentrations in plants[J]. Tree Physiology, 15(1): 105 -111.

[234] Ehleringer J. R. & Cooper T. A. 1988. Correlations between carbon isotope ratio and microhabitat in desert plants[J]. Oecologia, 76(4): 562 -566.

[235] Ehleringer J. R. , Klassen S. , Clayton C, *et al.*. 1991. Carbon isotope discrimination and transpiration efficiency in common bean[J]. Crop Science, 31(5): 1611 – 1615.

[236] Ehleringer J R. 1993. Carbon and water relations in desert plants: an isotopic perspective. In: Ehleringer J R, A E Hall, G D Farquhar eds. Stable isotopes and plant carbon water relations[M]. San Diego: Academic Press, 155 – 172.

[237] Fahn A. 1982. Plant anatony[M]. Oxford: Pergamon Press, 56 – 67.

[238] Farquhar G. D. , Ehleringer J. R. , Hubick K. T. . 1989. Carbon isotope discrimination and photosynthesis[J]. Annual Review Plant Physiol Plant Molecule Biology, 40: 503 – 537.

[239] Farquhar G. D. , OLeary M. H. , Berry J. A. 1982. On the relationship between carbon isotope discrimination and the intercellular carbon dioxide concentration in leaves[J]. Australian Journal of Plant Physiology, 9(1): 121 – 137.

[240] Farquhar G. D. , Richards R. A. 1984. Isotopic composition of plant carbon correlates with water use efficiency of wheat genotypes[J]. Australian Journal of Plant Physiology, 11(5): 539 – 552.

[241] Farquhar G. D. , Von C. S. 1982. Modelingof photosynthetic response to environmental conditions. In: Lange OL, Nobel PS, Osmond C B, *et al.*. Ecolopedia of plant physiology new series[M]. Berlin: Springer-Verlag, 549 – 587.

[242] Ferit Kocacinar, Rowan F. Sage. 2004. Photosynthetic pathway alters hydraulic structure and function in woody plants[J]. Oecologia, 139(2): 214 – 223.

[243] Flexas J. & Medrano H. 2002. Drought-inhibition of photosynthesis in C_3 plants: stomatal and non-stomatal limitations revisited[J]. Annals of Botany, 89(2): 183 – 189 .

[244] Franks P. J. , Farquhar G. D. 2007. The Mechanical Diversity of Stomata and Its Significance in Gas-Exchange Control [J]. Plant Physiology, 143(1): 78 – 87.

[245] Ghashghaie J. , Duranceau M. , Badeck F. W. , *et al.* 2001. Carbon isotope composition of sugars in grapevines, an intergrated indicator of vineyard water status[J]. Journal of Experimental Botany, 53: 757 – 763.

[246] Guehl J. M. , Fort C. , Ferhi A. 1995. Differential response of leaf conductance, carbon isotope water-use efficiency to nitrogen deficiency in maritime pine and pedunculate oak plants[J]. New Phytologist, 131(1): 149 – 157.

[247] Gulías J. , Flexas J. , Maurici MUS, *et al.*. 2003. Relationship between maximum leaf photosynthesis, nitrogen content and specific leaf area in Balearic endemic and non-endemic Mediterranean species. Annals of Botany, 92, 215 – 222.

[248] Henry A. , Doucette W. , Norton J. , *et al.*. 2007. Changes in crested wheatgrass root exudation caused by flood, droughtand nutrient stress[J]. Journal of Environmental Quality, 36(3): 904 – 912.

[249] Herppich W B & Willert D J. 1995. Dynamic changes in leaf bulk water relations during stomatal oscillations in mangrove species: continuous analysis using a dew-point hygrometer[J]. Physiologia Plantarum, 94(3): 479 – 485.

[250] Herrick J D & Thomas R B. 1999. Effects of CO_2 enrichment on the photosynthetic light response of sun and shade of canopy sweetgum trees (*Liguidambar styraciflua*) in a forest ecosystem[J]. Tree Physiology, 19(12): 779 – 786.

[251] Heschel M S, Donohue K, Hausmann N, *et al.*. 2002. Population differentiation and natural selection for water-use efficiency in impatiens capensis (*Balsaminaceae*) [J]. International Journal of Plant Science, 163(6): 907 – 912.

[252] Hinckley T. M. , Brooks J. R. , Čermák J *et al.*. 1994. Water flux in a hybrid poplar stand[J]. Tree Physiology, 14(7, 8, 9): 1005 – 1018.

[253] Högberg P. , Johannisson C. , Hallgern J. E. 1993. Studies of $\delta^{13}C$ in the foliage reveal interactions between nutrients and water in forest fertilization experiments [J]. Plant and Soil, 152(2): 207 – 214.

[254] Hubock K. T. , Farquhar G. D. 1987. Carbon isotope discrimination selecting for water use efficiency[J]. Australian Cotton Grower, 8(1): 66 – 68.

[255] Hubock K. T. , Farquhar G. D. 1989. Genetic variation of transpiration efficiency among barley genotypes is negatively correlated with carbon isotope discrimination [J]. Plant Cell and Environment, 24(1): 92 – 99.

[256] Hubock K. T. , Shorter R. , Farquhar G. D. 1988. Heritability and genotype environmental interaction of carbon isotope discrimination and transpiration efficiency in peanut (*Arachis hypogaea*) [J]. Australian Journal of Plant Physiology, 15 (6): 799 – 813.

[257] Hugo A. P. , FÁBIO M. D. , Agnaldo R. M. C. , *et al.*. 2005. Drought tolerance is associated with rooting depth and stomatal control of water use in clones of cof-

fea canephora[J]. Annals of Botany, 96(1): 101 -108.

[258] Hultine K. R., Marshall J. D. 2000. Altitude trends in conifer leaf morphology and stable carbon isotope composition[J]. Oecologia, 123(1): 32 -40.

[259] Impa S. M., Nadaradjan S., Oominathan P. B., *et al.*. 2005. Carbon isotope discrimination arrurately reflects variability in WUE measureed at a whole plant level in rice [J]. Crop science, 45(6): 2517 -2522 .

[260] Johnson D. A., Asay K. H., Tieszen L. L., *et al.*. 1990. Carbon-isotope discrimination: potential in screening cool-season grasses for water limited environments[J]. Crop Science, 30: 338 -343.

[261] Jones H. G. 1990. Plants and microclimate[M]. Cambridge: Cambridge University Press.

[262] Kadiglu A. & Terzi R. 2007. A dehydration avoidance mechanism: leaf rolling [J]. The botanical Review, 73(4): 279 -289.

[263] Kaiser H. & Kappen L. 2001. Stomatal oscillations at small apertures: indications or a fundamental insufficiency of stomatal feedback-control inherent in the stomatal turgor mechanism[J]. Journal of Experimental Botany, 52(6): 1303 - 1313.

[264] Katul G., Leuning R., Oren R. 2003. Relationship between plant hydraulic and biochemical properties derived from a steady-state coupled water and carbon transport model[J]. Plant Cell and Envronment, 26: 339 -350..

[265] Korol R. L., Kirschbaum MUF, Farquhar G. D., *et al.*. 1999. Effects of water status and soil fertility on the C - isotope signature in Pinus radiate[J]. Tree Physiology, 19(9): 551 -562.

[266] Kramer P. J. & Kozlowski T. T. 1979. Physiology of trees(second edition)[M]. New York: McGraw-Hill.

[267] Kumagi T., Aoki S., Shimizu T., *et al.* 2007. Sap flow estimates of stand transpiration at two slope positions in a Japanese cedar forest watershed[J]. Tree physiology, 27: 161 -168..

[268] Larcher W. 2003. Physiological plant ecology (fourth edition)[M]. New York: Heidelberg Springer-Verlag, 231 -245.

[269] Lauteri M, Brugnoli E, Spaccino L. 1993. Carbon isotope discrimination in leaf soluble sugars and in whole-plant dry matter in Helianrhus annuus L. grown un-

der different water conditions. In: Ehleringer J R, Hall A E, Farquhar GD (eds.). Stable Isotopes and Plant Carbon-Water Relations. San Diego: Academic Press, 93 – 108.

[270] Lemoine D., Cochard H., Granier A. 2002. Within crown variation in hydraulic architecture in veech(*Fagus sulvatica* L.): ecidence for a stomatal control of xylem embolism[J]. Annals of Forest Science, 59: 19 – 27.

[271] Levitt J. 1980. Responses of plants to environmental stresses. Ⅱ. Water, radiation, salt and other stresses (second edition) [M]. New York: Academic Press.

[272] Li MC, Liu HY, Yi XF, Li LX. 2006. Characterization of photosynthetic path way of plant species growing in the eastern Tibetan plateau using stable carbon isotope composition[J]. Photosynthetica, 44, 102 – 108..

[273] Lloyd, J., and Farquhar G. D. ^{13}C discrimination during CO_2 assimilation by the terrestrial biosphere. Oecologia, 99, 201 – 215.

[274] Loewenstein N. J. & Pallardy S. G. 1998. Drought tolerance, xylem sap abscisic acid and stomatal conductance during soil drying: a coMParison of young palnts of four temperate deciduous angiosperms [J]. Tree Physiology, 18(4): 421 – 430.

[275] Loustau D., Berbigier P., Roumagnac P. *et al.*. 1996. Transpiration of a 64 – year – old maritime pine stand in Portugal[J]. Oecologia, 107(1): 33 – 42.

[276] Ma Ruiping, Calos henquire B A Prado, Zhang Weihui. 2000. Analysis on the daily courses of water potential of nine woody species from Cerrado vegetation during wet season [J]. Journal of Forestry Research, 11(1): 7 – 12.

[277] Madhavan D., Treichel I., O'Leary M. H. 1991. Effects of relative humidity on carbon isotope fractionation in plants[J]. Botanica Acta, 104(2): 292 – 294.

[278] Malse J. & Farquhar G. D. 1988. Effects of soil strengthon the relation of water use efficiency and growth to carbon isotope discrimination in wheat seedlings[J]. Plant Physiology, 86(1): 32 – 38.

[279] Marshall J. D. & Zhang J. W.. 1994. Carbon isotope discrimination and water use efficiency in native plants of the north-central Rockies[J]. Ecology, 75(7): 1887 – 1895.

[280] Maruyama Y., Matsumoto Y., Morikawa Y., *et al.*. 1997. Leaf water relations of some dipterocarps [J]. Journal of Tropical Forest Science, 10(2): 249 –

255.

[281] Masle J. , Gilmore S. R, Farquhar G. D. 2005. The ERECTA gene regulates plant transpiration efficiency in *Arabidopsis*[J]. Nature, 436(5): 866 – 870.

[282] Medrano H. , Escalona J. M. , Bota J. , *et al.*. 2002. Regulation of photosynthesis of C_3 plants in response to progressive drought: stomatal conductance as a reference parameter [J]. Annals of Botany, 89(7): 895 – 905.

[283] Meinzer F C & Grantz D A. 1990. Stomatal and hydraulic conductance in growing sugarcane: stomatal adjustment to water transport capacity[J]. Plant, Cell and Environment, 13: 383 – 388.

[284] Meinzer F C, Goldstein G, Jachson P. 1995. Environmental and physiological regulation of transpiration in tropical forest gap species: the influence of boundary layer and hydraulic properties[J]. Oecologia, 101(4): 514 – 522.

[285] Meinzer F C. 1993. Stomatal control of transpiration [J]. Trends in Ecology and Evolution, 8: 289 – 294.

[286] Meinzer F. C. , Sharifi M. R, 1988. Nilsen E T. *et al.*. Effects of manipulation of water and nitrogen regime on the water relations of the desert shrub *Larrea tridentate*[J]. Oecologia, 77: 480 – 486.

[287] Monti A, Brugnoli E, Scartazza A, *et al.*. 2006. The effect of transient and continuous drought on yield, photosynthesis and carbon isotope discrimination in sugar beet (*Beta vulgaris* L.) [J]. Journal of Experimental Botany, 57(6): 1253 – 1262.

[288] Morecroft M. D. & Woodward F. I. 1990. Experimental investigations on the environmental determination of $D^{13}C$ at different altitude [J]. Journal of Experimental Botany, 41(231): 1303 – 1308.

[289] Muchow R. C. , Sinclair T. R. 1989. Epidermal conductance, stomatal density and stomatal size among genotypes of Sorghum bicolor L. Moench [J]. Plant Cell and Environment, 12(4): 425 – 431 .

[290] Nadeau J A, Sack F D. 2002. Control of stomatal distribution on the Arabidopsis leaf surface [J]. Science, 296(8): 1697 – 1700.

[291] Osorio J. , Pereira J. S. 1994. Genotypic differences in water use efficiency and ^{13}C discrimination in *Eucalyptus globules* [J]. Tree Physiology, 14(7 – 9): 871 – 882.

[292] Panek J A, Blaring R H. 1997. Stable carbon isotopes as indicators of limitations to forest growth imposed by climate stress [J]. Ecological Applications, 7(4): 854 –863.

[293] Petersen M M. 1999. A natural approach to watershed planning, restoration and management [J]. Water Sciences and Technology, 39(12): 347 –352.

[294] Philip J. R. 1996. Plant water relations: some physical aspects[J]. Annual Review of Plant Physiolog, 17: 245 –268. .

[295] Poorter H & Jong RD. 1999. A comparison of specific leaf area, chemical composition and leaf construction costs of field plants from 15 habitats differing in productivity [J]. New Phytologist, 143(1): 163 –176.

[296] Proctor M C F, Ligrone R, Duckett J G. 2007. Desiccation tolerance in the moss polytrichum formosum: physiological and fine-structural changes during desiccation and recovery [J]. Annals of Botany, 99(1): 75 –93.

[297] Prytz G, Futsaether C M, Johnsson A. 2003. Self-sustained oscillations in plant water regulation: induction of bifurcations and anomalous rhythmicity [J]. New Phytologist, 158(2): 259 –267.

[298] Reich P. B, Walters M B, Ellsworth D S. 1992. Leaf life-span in relation to leaf, plant and stand characteristics among diverse ecosystems[J]. Ecological Monographs, 62, 365 –392.

[299] Rhizopoulou S. & Psaras G. K. 2003. Development and Structure of Drought –tolerant Leaves of the Mediterranean Shrub Capparis spinosa L. [J]. Annals of Botany, 92: 377 –383.

[300] Roden J. S. & Ehleringer J. R. 2007. Summer precipitation influences the stable oxygen and carbon isotopic composition of tree-ring cellulose in *Pinus ponderosa* [J]. Tree Physiology, 27(4): 491 –501.

[301] Saglam A. , Kadioglu R. T. , Saruhan N. 2008. Leaf rolling and biochemical changes in them in post-stress emerging *Ctenanthe Setosa* plants under drought conditions[J]. Russian Journal Plant. Physiology, 55(1): 48 –53.

[302] Sam O. , Jerez E. , Dell' Amiico J, *et al.*. 2000. Water stress induced changes in anatomy of tomato leaf epidermis[J]. Biologia Plantum, 43(2): 275 –277.

[303] Schulze E D, Neil C Turner, Dean Nicolle, *et al.*. 2006. Leaf and wood carbon isotope ratios, specific leaf areas and wood growth of Eucalyptus species across a

rain fall gradient in Australia[J]. Tree Physiology, 2006, 26(4): 479 -492.

[304] Schuster W S F, Sandquist D R, Phillips S L, *et al.*. 1992. Comparisons of carbon isotope discrimination in populations of arid land plant species differing in life span [J]. Oecological, 91(3): 332 -337.

[305] Sellin A. & Kupper P.. 2004. Within-crown variation in leaf conductance of Norway spruce: effects of irradiance, vapour pressure deficit , leaf water status and plant hydraulic constraints[J]. Annals of Forest Science, 61: 419 -429.

[306] Shabala S. , Lisa J, Schimanski *et al.*. 2002. Heterogeneity in Bean leaf mesophyll tissue and ion flux profiles: leaf electrophysiologyical Characteristics correlate with the anatomical structure [J]. Annals of botany, 89(2): 221 -226.

[307] Sheshesheayee M. S. , Bindumadhava H, Shankar A. G. , *et al.*. 2003. Breeding strategies to exploit water use efficiency for crop improvement [J]. Plant Biology, 30(2): 253 -268 .

[308] Shim J. H. , Pendall E, Morgan J A, *et al.*. 2009. Wetting and drying cycles drive variations in the stable carbon isotope ratio of respired carbon dioxide in semi-arid grassland[J]. Oecologia, 160, 321 - 333..

[309] Smedley M. P. , Dawson T. E. , Comstock J P. , *et al.* 1991. Seasonal carbon isotope discrimination in a grassland community[J]. Oecologia, 85, 314 -320.

[310] Souza C R. de, Maroco J P, Santos T P. dos, *et al.*. 2005. Impact of deficit irrigation on water use efficiency and carbon isotope composition ($\delta^{13}C$) of field - grown grapevines under Mediterranean climate[J]. Journal of Experimental Botany, 56(6): 2163 -2172.

[311] Sperry J S, Pockman W T. 1993. Limitation of transpiration by hydraulic conductance and xylem cavitation in *Betula occidentalis*[J]. Plant, Cell and Environment, 16: 279 -287.

[312] Steppe K, Sebinasi Dzikiti, Raoul Lemeur, *et al.*. 2006. Stomatal oscillations in Orange trees under natural climatic conditions [J]. Annals of Botany, 97(5): 831 -835.

[313] Sun Z. J. , Livingston N. J. , Guy R. D. , *et al.*. 1996. Stable carbon isotopes as indicators of increased water use efficiency an productivity in white spruce(Picea glauca(Moench)Voss seedlings[J]. Plant Cell and Environment, 19(7): 887 - 894.

[314] Tardieu F & Simonneau T. 1998. Variability among species of stomatal control under fluctuationg soil water status and evaporative demand: modeling isohydric and anisohydric behaciors[J]. Journal of Experimental botany, 49(3): 419 - 432.

[315] Thomas D. S. & Turner D W. 2001. Banana (Musasp.) leaf gas exchange and chlorophyll fluorescence in response to soil drought, shading and lamina folding [J]. Scientia Horticulture, 90(1): 93 - 108.

[316] Todd E Dawson, Stefania Mamblli, Agneta H Plamboeck, *et al.*. 2002. Stable isotopes in plant ecology [J]. Annual review of ecology and systematics, 33: 507 - 559.

[317] Turner N C. 1979. Drought resistance and adaptation to water deficits in crop plants [M]. In: Mussell H, Staples R C (eds). Stress physiology in cfrop plants. New York: John Wiley, 175 - 190.

[318] Turner N. C. 1986. Adaptation to water deficits: a changing perspective [J]. Australian Journal Plant Physiology, 13(2): 175 - 190.

[319] Tyree M. T., Cochard H., Cruiziat P., *et al.*. 1993. Drought-induced leaf shedding in walnut: Evidence for vulnerability segmentation[J]. Plant Cell and Environment, 16: 879 - 882..

[320] Vanderklein D. W., Wilkens R. T., Anna Cartier, *et al.*. 2004. Plant Architecture and Leaf Damage in Bear Oak I: Physiological Responses [J]. Northeastern Naturalist, 11(3): 343 - 356.

[321] Walker D. A. 1989. Automated measurement of leaf photosynthetic O_2 evolution as a function of photon flux density [J]. Biological Sciences, 323(1216): 313 - 325.

[322] Warren C. R., Dreyer E., Adams M. A. 2003. Photosynthesis-Rubisco relationships in foliage of *Pinus sylvestris* in response to nitrogen supply and the proposed role of Rubisco and amino acids as nitrogen stores [J]. Trees, 17(4): 359 - 366.

[323] Warren C. R., McGrath J. F., Adam M. A. 2001. Water availability and carbon isotope discrimination in conifers[J]. Oecologia, 127(4): 426 - 486.

[324] Warren C. R. 2006. Why does photosynthesis decrease with needle age in *Pinus pinaster*? [J]. Trees, 20(2): 157 - 164.

[325] Welker J. M. , Wookey P. A. , Parsons A. N. , *et al.* . 1993. Leaf carbon isotope discrimination and vegetative responses of *Dryas octopetala* to temperature and water manipulations in a High Arctic polar semi-desert, Svalbard [J]. Oecologia, 95(4): 463 –469.

[326] West J. D. , Peak D. , Peterson J. Q. , *et al.* . 2005. Dynamics of stomatal patches for a single surface of Xanthium strumarium L. leaves observed with fluorescence and thermal images [J]. Plant Cell and Environment, 28(5): 633 – 641.

[327] Williams D. G. , Gempko V. , Fravolini A. , *et al.* . 2001. Carbon isotope discrimination by Sorghum biocolor under CO_2 enrichment and drought [J]. New Phytologist, 150(2): 285 –293.

[328] Wilson P. J. , Thompson K. , Hodgson J. . 1999. Specific leaf area and leaf drymatter content as alternative predictors of plant strategies [J]. New Phytologist, 143(1): 155 –162.

[329] Wullschleger S. D. , Meinzer F. C. and Vertessy R. A. 1998. A review of whole-plant water use studies in tree[J] . Tree Physiology, 18(8 –9): 499 –512.

[330] Zhu L H, Peppel A V D, Li X. Y, *et al.* . 2004. Changes of leaf water potential and endogenous cytokinins in young apple trees treated with orwithout paclobutrazol under drought conditions[J]. Scientia Horticulturae, 99(2): 133 – 141

附表　缩略字母的中英文名列表

缩写	英文名	中文名	单位
CTE	Cuticle thickness of epidermis	角质层厚度	μm
CTUE	cuticle thickness of upper epidermis	上表皮角质层厚度	μm
CTLE	cuticle thickness of lower epidermis	下表皮角质层厚度	μm
TE	thickness of epidrmis	表皮厚度	μm
TUE	thickness of upper epidrmis	上表皮厚度	μm
TLE	tThickness of lower epidermis	下表皮厚度	μm
TL	thickness of leaves	叶厚	μm
TST	thickness of spongy tissue	海绵组织厚度	μm
LST	layer of spongy tissue	海绵组织层数	层
WST	width of spongy tissue cells tissue	海绵组织细胞宽度	μm
TPT	thickness of palisade	栅栏组织厚度	μm
LPT	layer of palisade tissue	栅栏组织层数	层
WPT	width of palisade tissue cells	栅栏组织细胞宽度	μm
CTR	cell tense ratio	叶片组织结构紧密度	%
SR	spongy ratio	叶片组织结构疏松度	%
TMES	thick of mesophll	叶肉厚度	μm
HT	hyperdomis thick	下皮层厚度	μm
ET	endodermis thick	内皮层厚度	μm
XT	xylem thick	维管束木质部厚度	μm
PT	phloem thick	维管束韧皮部厚度	μm
SL	stomatal long diameter	气孔的长径	μm
SW	stomatal wide diameter	气孔的短径	μm
SD	stomatal density	气孔密度	个·mm^{-2}
L/W	stomatal long/Stomatal width	气孔长径/短径	-
SA	stomatal area	单个气孔面积(长径×短径)	μm^2
SS	strip of stoma	气孔带	条

（续）

缩写	英文名	中文名	单位
DSC	depth of stomatal cave	气孔下室深度	μm
WSC	width of stomatal cave	气孔下室宽度	μm
$\delta^{13}C$	carbon isotope composition	碳同位素比率	‰
WUE_L	long-term water use efficiency	长期水分利用效率	–
WUE_i	instantaneous water use efficiency	瞬时水分利用效率	$\mu mol \cdot mmol^{-1}$
SLA	specific leaf area	比叶面积	$m^2 \cdot kg^{-1}$
P_n	photosynthetic rate	净光合速率	$\mu mol \cdot m^{-2} \cdot s^{-1}$
T_r	transpiration rate	蒸腾速率	$mmol \cdot m^{-2} \cdot s^{-1}$
SWC	soil water content	土壤含水量	%
ST	soil temperature	土壤温度	℃
WS	wind speed	风速	$m \cdot s^{-1}$
RH	air relative humidity	空气相对湿度	%
T	air temperature	空气温度	℃
PAR	photosynthetically active radiation	光合有效辐射	$\mu mol \cdot m^{-2} \cdot s^{-1}$
WCR	water comsumption rate	耗水速率	$g \cdot m^{-2} \cdot h^{-1}$
P_{nmax}	maximal photosynthetic rate	最大光合速率	$\mu mol \cdot m^{-2} \cdot s^{-1}$
LCP	light compensation point	光补偿点	$\mu mol \cdot m^{-2} \cdot s^{-1}$
LSP	light saturation point	光饱和点	$\mu mol \cdot m^{-2} \cdot s^{-1}$
AQY	apparent quantum yield	表观量子效率	–
R_d	dark respiratory rate	暗呼吸速率	$\mu mol \cdot m^{-2} \cdot s^{-1}$
F_o	minimal fluorescence	初始荧光	–
F_m	maximal fluorescence	最大荧光	–
F_v	variable fluorescence	可变荧光	–
F_v/F_m	primary conversion. of light energy of photosystem Ⅱ	PS Ⅱ的原初光能转换效率	–
F_v/F_o	potential photosynthetic activities of photosystem Ⅱ	PS Ⅱ的潜在活性	–
LC	leaf color	叶色	–
LCD	leaf kurl degree	叶卷曲度	–
DE	defoliation	落叶程度	–

附图

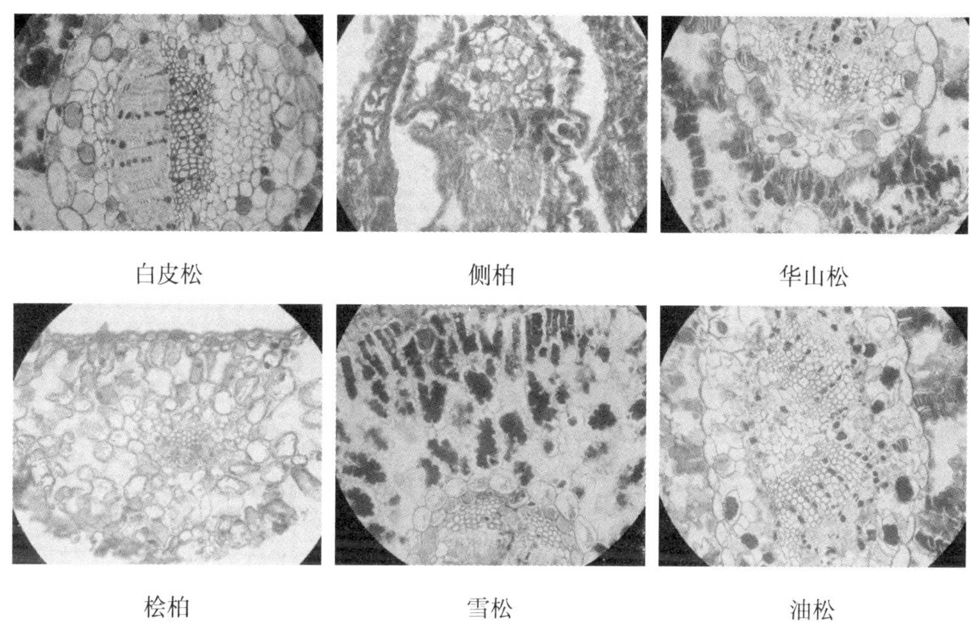

图1　常绿乔木树种叶片解剖图片

白蜡　玉兰　臭椿　刺槐

椴树　杜仲　国槐　栾树

毛白杨 杂种马褂木 馒头柳 楸树

柿树 山楂 元宝枫 银杏

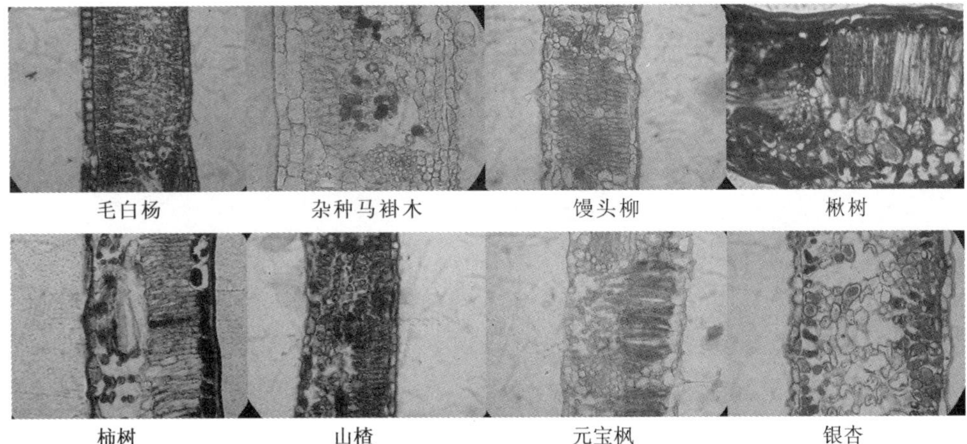

图2 落叶乔木树种叶片解剖图片

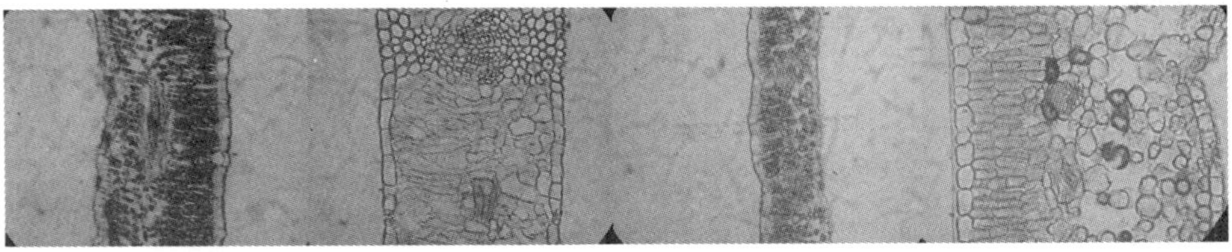

碧桃 丁香 棣棠 大叶黄杨

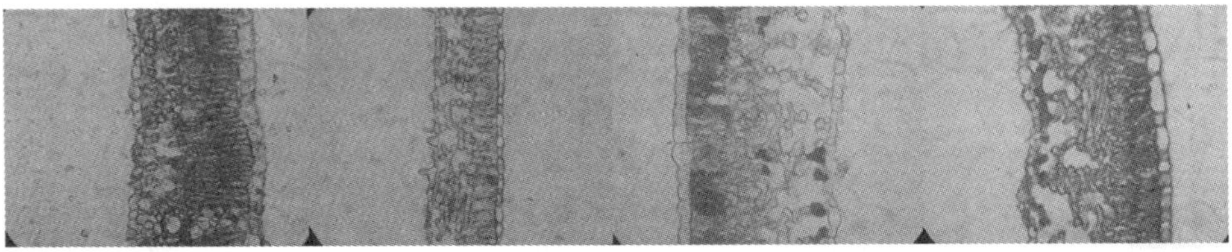

黄栌 红端木 红王子锦带 海仙花

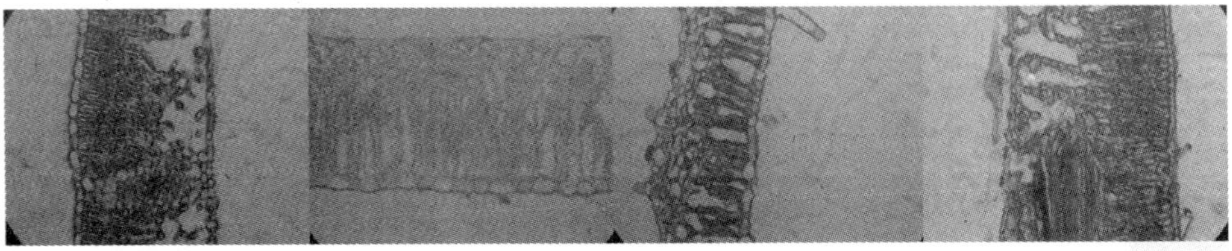

红玉海棠 金银木 糯米条 沙棘

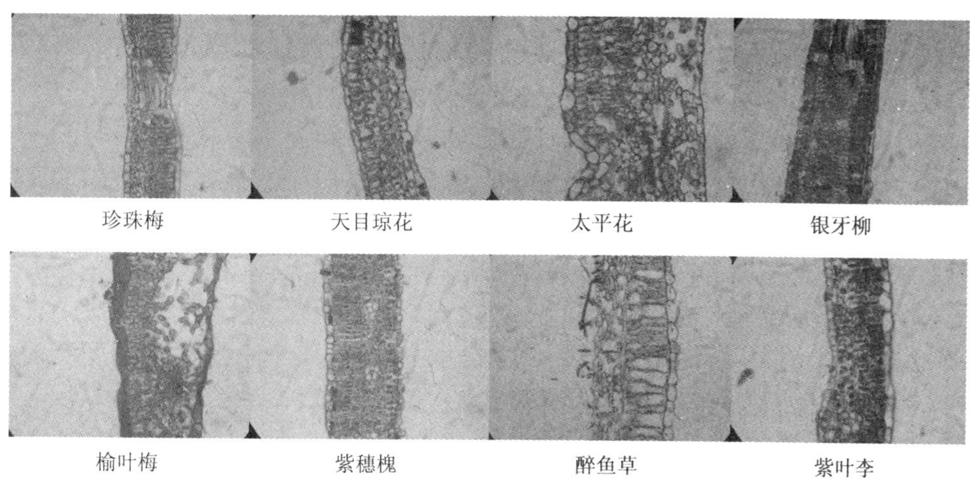

附图 3　灌木树种叶片解剖图片

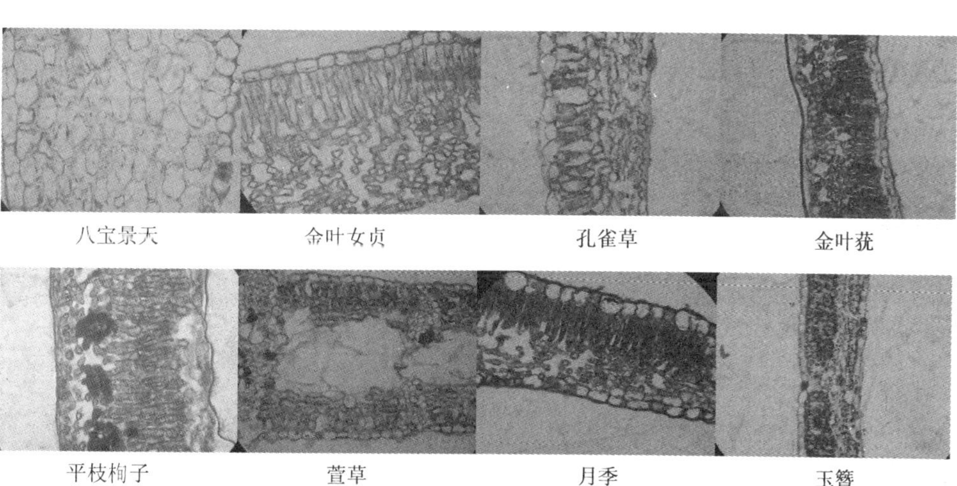

附图 4　地被植物叶片解剖图片

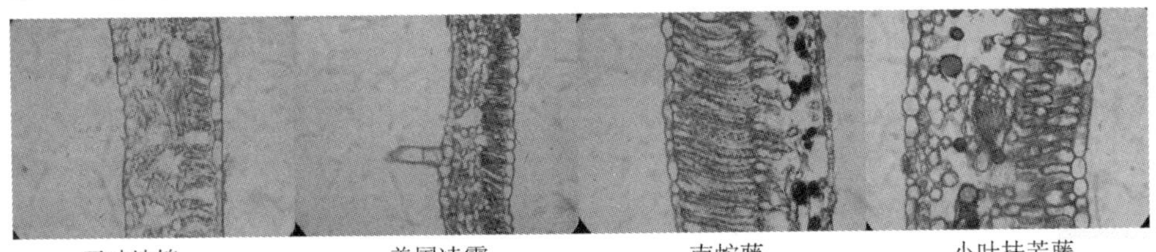

五叶地锦　美国凌霄　南蛇藤　小叶扶芳藤

附图 5　攀援植物叶片解剖图片

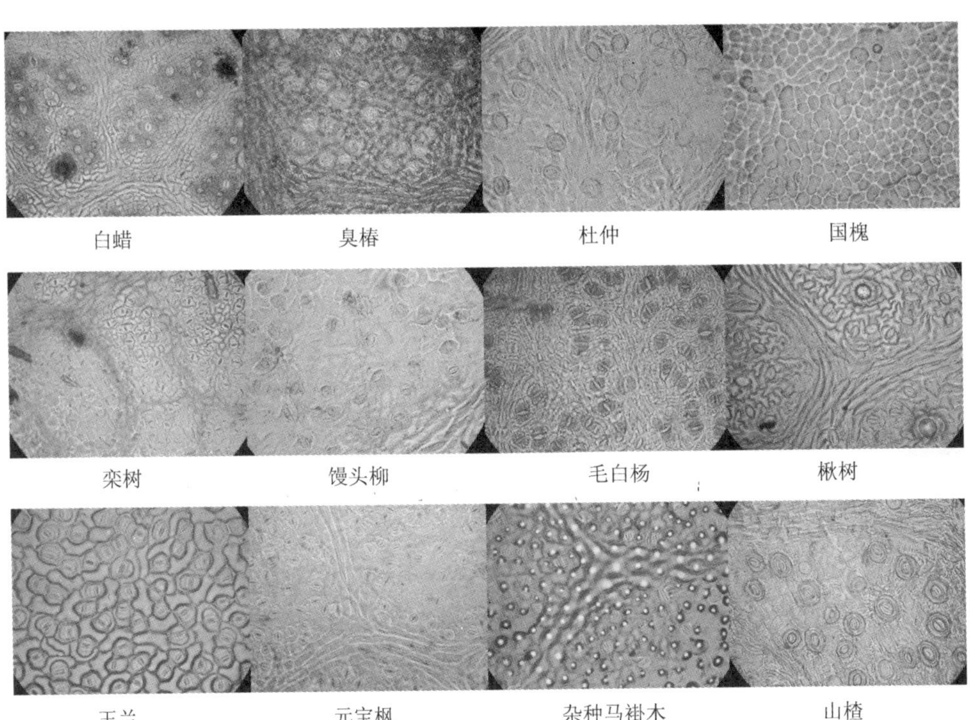

白蜡　臭椿　杜仲　国槐

栾树　馒头柳　毛白杨　楸树

玉兰　元宝枫　杂种马褂木　山楂

附图 6　落叶乔木树种叶片气孔图片

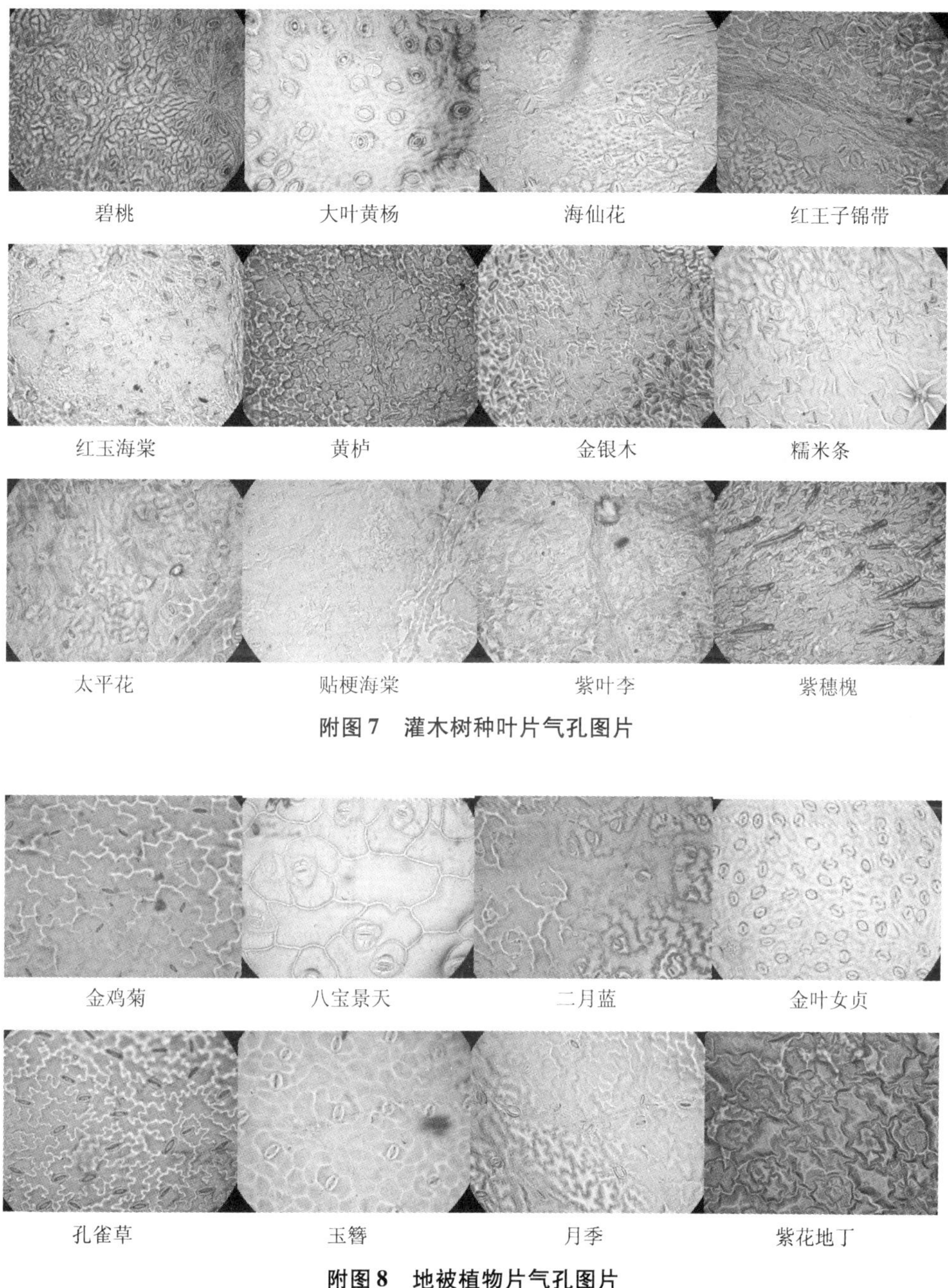

附图7　灌木树种叶片气孔图片

附图8　地被植物片气孔图片

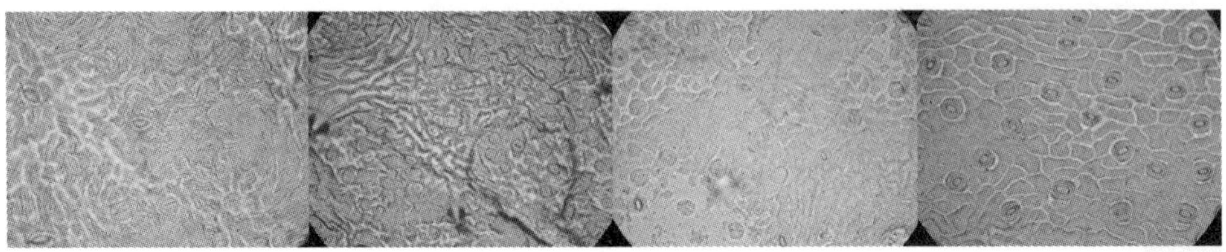

五叶地锦　　金银花　　南蛇藤　　小叶扶芳藤

附图9　攀援植物叶片气孔图片

后记

城市绿化建设的飞速发展和绿地面积的迅速扩大，与城市供水不足形成鲜明对比，为实现高效用水且不影响绿化植物观赏性的目标，筛选与定植一些抗旱型的树种尤为重要，这需要充分挖掘植物抗旱性和水分利用效率的潜力，科学评价植物的耐旱节水性，为合理配植绿化植物，减少灌溉用水提供科学依据，从而达到节水条件下的最佳绿化美化效果。由于植物的抗旱性体现在植物的形态特征和生理特征各方面，笔者就从4种类型绿化树种及部分绿化常用的草本植物入手，从其形态、生理和苗木耗水及对干旱胁迫的适应方面进行抗旱节水植物的筛选，有一些初步的研究结果与大家共同探讨。节水绿化植物的研究适应节水型社会的发展，就目前的研究来看，主要表现在利用形态和生理特性对抗旱节水绿化植物进行筛选，对绿化植物控水基因、年龄结构和配置方式研究较少，关于灌溉制度的制定还缺乏可操控的指标。另外，对于一些抗旱节水的野生乡土品种利用不足。为了提高城市绿化水平，应该从驯化增加低耗水绿化植物品种和植物合理配置两方面上入手，利用微观的生物技术手段和宏观的遥感等手段，准确定位植物中与水分相关的调控基因和单位绿化面积上的耗水量，要达到这样一个目标还需要系统和长期的研究。

前期的研究是本书出版的基础。本书研究来自北京市科技计划项目“北京城市园林绿化耐旱、节水园林植物筛选和应用研究”(D065001040191)、北京林业大学省部共建森林培育与保护教育部重点实验室课题“北京城市绿地水分经济生态的研究”(JD100220535)、沈阳农业大学青年教师科研基金(20081014、20070206、20092004)和辽宁省教育厅科研项目(L2010503)，这些项目为本书研究提供了有力的资金保障。本书作者李吉跃教授主持的国家自然科学基金项目“树木碳同位素分辨力与水分利用效率的遗传稳定性研究”(批准号:30671675)和教育部高等学校博士点基金及骨干教师资助项目“我国北方主要造林树种水分运输机理及其调控技术研究”也为本书研究和出版提供了研究思路和经费支持。在研究过程中，北京植物园和北京林业大学森林培育学科提供了各种便利条件，并得到了北京植物园的程炜副园长、胡东燕工程师、耿欣工程师、刘东焕工程师和北京林业大学的林平高级实验师的大力支持和帮助，在此表示深深的感谢。同时，在研究的试验中还得到了何茜、马达、陈松、张雪海、李玲莉等同学的帮助，还有常金宝、王瑞辉、王希群、李国雷、马书燕、白柯君、姜岳忠、许景伟、王艳梅、孙慧彦、王兰珍、方文娟、贺随超和李效文等老师和同学也给予了各种支持和帮助，在此表示衷心的感谢!

还要特别感谢沈阳农业大学、华南农业大学和北京林业大学各级领导和同事们给予的支持与帮助，为本书的研究和出版提供了物质上和经费上的有力保障。

作者
2010 年 6 月